U0272149

小动物 脾胃病 辨证论治

XIAODONGWU PIWEIBING
BIANZHENG LUNZHI

蔡　玮　韩金潭　楼晶莹◎主编

中国农业科学技术出版社

图书在版编目（CIP）数据

小动物脾胃病辨证论治 / 蔡玮，韩金潭，楼晶莹主编. --北京：中国农业科学技术出版社，2024.5

ISBN 978-7-5116-6776-2

Ⅰ.①小… Ⅱ.①蔡… ②韩… ③楼… Ⅲ.①动物疾病－脾胃病－辨证论治 Ⅳ.①S853.3

中国国家版本馆CIP数据核字（2024）第 077565 号

责任编辑　张诗瑶
责任校对　李向荣
责任印制　姜义伟　王思文

出 版 者　中国农业科学技术出版社
　　　　　北京市中关村南大街 12 号　　邮编：100081
电　　话　（010）82106625（编辑室）　　（010）82106624（发行部）
　　　　　（010）82109709（读者服务部）
网　　址　https:// castp.caas.cn
经 销 者　各地新华书店
印 刷 者　北京地大彩印有限公司
开　　本　185 mm×260 mm　1/16
印　　张　14.5
字　　数　335 千字
版　　次　2024 年 5 月第 1 版　　2024 年 5 月第 1 次印刷
定　　价　168.00 元

大醫精誠

澤被生靈

振邦題

白术　　　　　　　　　　麦芽　　　　　　　　　　葛根

陈皮　　　　　　　　　　丹参　　　　　　　　　　黄连

茯苓　　　　　　　　　　黄芩　　　　　　　　　　姜黄

《小动物脾胃病辨证论治》
编审人员

主　编：蔡　玮　爱迪森（江苏）生物科技有限公司

韩金潭　爱迪森（江苏）生物科技有限公司

楼晶莹　爱迪森（江苏）生物科技有限公司

副主编：丁　宁　北京生泰尔科技股份有限公司

参　编：俞悦晖　南宁德逾中西医结合宠物医院

宾柱英　杭州博闻中西结合宠物诊疗中心

范元朋　杭州虹泰宠物医院总院

丁　梅　重庆优贝中西医宠物诊疗中心

于善一　沈阳我宠我爱动物医院

孙亚东　辽宁生态工程职业学院

姜　渊　常州星承动物医院名门汪族分院

李登玉　南京天圆宠物医院

陈满福　苏州卓越动物医院

方学超　仪征爱心宠物医院

陈明超　宠憨憨中西医结合宠物医院

杨　娟　重庆瑞派名望伴侣动物医院

赵雯雯　爱迪森（江苏）生物科技有限公司

何　晟　爱迪森（江苏）生物科技有限公司

徐德重　爱迪森（江苏）生物科技有限公司

邢秀琳　爱迪森（江苏）生物科技有限公司

曹瑞邦　北京安立宠物医院

侯晓礁　北京生泰尔科技股份有限公司

秦俊杰　北京生泰尔科技股份有限公司

李学良　爱迪森（北京）生物科技有限公司

赵微微　爱迪森（北京）生物科技有限公司

朱　浩　爱迪森（北京）生物科技有限公司

黄雪利　爱迪森（北京）生物科技有限公司

周常喜　北京生泰尔科技股份有限公司

武　超　北京生泰尔科技股份有限公司

主　审：闻久家

序 言

　　《小动物脾胃病辨证论治》由爱迪森（江苏）生物科技有限公司宠物事业部技术总监蔡玮硕士主编，即将出版问世。他非常谦虚、诚恳地向中兽医界的前辈闻久家老师请教，之后又请我给这本书写一个序言。

　　我看了这本书的内容之后，感触很深。没想到他能把这个题目写得这么详细，而且是引经据典，把古人对于脾胃病的论述系统地梳理一遍。同时，结合他近些年来在小动物临床培训，小动物食品和处方粮研发等方面的经验，把脾胃病这个题目论述得比较全面，特别是临床上关于脾胃病的辨证论治、处方、用药等都介绍得很到位。

　　中医认为，脾胃为后天之本。所谓后天，指的是动物出生以后，其机体健康状况是与脾胃功能密切相关的。当然，食物的营养好与不好，不是小动物能选择的。但是，同样营养条件下，小动物脾胃的消化与吸收功能情况、小动物脾胃病的治疗情况，以及正确的调理与用药方案等就会影响小动物后天的健康。

　　现代医学对于脾胃病的治疗有方法，也有一些药物。但是对于脾胃病的调理、用药和对于脾胃病的病机及辨证等远远不如中国传统医学认识得全面和系统。比如，中医治疗疾病的"八法"，即：汗，吐，下，和，温，补，清，消。这八种治疗方法又可以衍生出多种治疗方案，其中的汗法、下法、温法、补法等都是独特的，而且经过千百年的临床实践证明其是有效的。

《小动物脾胃病辨证论治》把有关脾胃病及其辨证论治的中医学说系统地联系在一起，对于临床上诊疗小动物疾病是一个很好的参考，同时也是一个尝试，即把动物的一个功能系统生理、病理、辨证、施治等单独加以整理，更方便于临床医生查找资料，也更方便于临床对症下药。

蔡玮硕士现在兼任华夏中兽医学院的教务长、宠物营养与健康研究所技术经理，相信他在这些方面都能继续努力，为小动物的健康不断推出新的佳作，对小动物临床及小动物临床医师们有所贡献，对我们这个行业有所贡献。

真诚希望这本书能为同行提供参考！

施振声

中国农业大学　教授

2023年9月20日于北京

前 言

中医药学，博大精深，是中华民族的文化瑰宝。几千年来，中医药学庇佑着中华民族的传承，同时也形成了其独特的医学体系。其中，脾胃学说是其重要的组成部分。因脾胃属中焦，五行为中土，起到承接上下焦，为金、木、水、火之轴，是机体正常运转的核心。现代医学也表明，脾胃的功能与消化系统、神经系统、内分泌系统及免疫功能等都有密切的联系，也充分证明了脾胃功能的重要性。

编者参考人医相关的脾胃病学经典书籍，结合小动物临床特点，编写了本书。《小动物脾胃病辨证论治》共分为两篇，上篇为总论，重点论述了脾胃病基础理论，从脾胃的生理、病理到脾胃病的辨证、论治和预防等方面，系统地分析了脾胃病的中医诊治方法及常用方药。下篇为各论，讲解了小动物临床常见的呕吐、泄泻、厌食、便秘等10个病证，为小动物医生对脾胃病辨证论治提供了详细的理论依据与方法。小动物与人在脾胃病生理、病理上虽大致相同，但在临床上却无法完全按照人医方法进行诊疗，特别是小动物无法表达自己的感受与情绪，需要医生根据小动物的临床表现，甚至是小动物主人的言语、表情及反应进行判断。因此，本书虽参考了人医的相关书籍和文献，但在编写上注重小动物与人在临床诊疗上的不同，结合了小动物临床的特点。

本书基本涵盖了小动物临床脾胃病辨证论治的全部理论知识，可以为小动物医生诊疗提供理论依据。此次出版为本书第一版，书中缺少临床医案，也在此呼吁广大小动物医生能够为我们提供更多的临床病例，这也将成为此书再版时要添加的重要内容。希望本书能够抛砖引玉，与广大小动物医生一起，为小动物脾胃病诊治的发展做出贡献。同时，本书中难免存在一些不妥之处，也请医界同仁批评指正。

蔡　玮

2023年8月14日晨

目 录

上篇　脾胃病辨证与治疗概要

下篇　脾胃病辨证论治

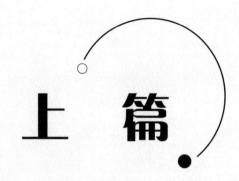

上 篇

脾胃病辨证与治疗概要

第一章

脾胃的生理

第一节　脾的生理功能

脾的生理功能主要包括主运化、主生血、主统血、主思虑四个方面。

一、主运化

运化即运输和转化。脾主运化功能主要包括两个方面，即运化水谷精微和运化水液。

1. 运化水谷精微

饮食入胃，经过消化之后，其中的水谷精微，由脾运化，在其他脏腑的参与下，通过三焦、经脉而输送到全身，以供各脏腑、组织、器官的需要。脾的这种功能强健，则营养充足，保证了机体进行生理活动的物质需要。如果脾的这种功能减退，就会引起消化、吸收和运输的障碍，发生腹胀、腹泻、食欲不振、倦怠消瘦等病证。

2. 运化水液

《素问·经脉别论》曰："饮入于胃，游溢精气，上输于脾，脾气散精，上归于肺，通调水道，下输膀胱，水精四布，五经并行。"说明在体内水液的吸收与运转过程中，脾起着促进作用。肺、脾、肾、三焦、膀胱互相配合，共同维持机体水液的正常代谢。如果脾运化水液的功能减退，则可导致水湿潴留的各种病变，或凝聚而成痰饮，或流注肠道而成泄泻，或溢于肌肤而为水肿。诚如《素问·至真要大论》云"诸湿肿满，皆属于脾"。

二、主生血

《灵枢·绝气》篇云："中焦受气取汁，变化而赤，是为血。"水谷在中焦消化之后，化生出水谷精微，其中的精微部分通过脾的运化输送到肺脉，在心的化赤作用下，变为红色而成血。水谷精微生化的全过程如图1-1所示。

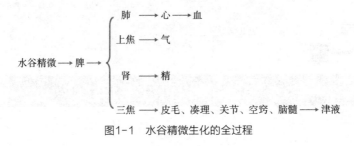

图1-1　水谷精微生化的全过程

三、主统血

统是统摄、控制、管辖的意思。脾主统血，即脾有统摄血液、使血液循行于脉道之中而不溢出脉道之外的作用。如果脾的功能减退，失去统摄的作用，血液将离开正常的轨道，而出现各种出血病证，如长期便血、雌性小动物崩漏、肌衄等。

四、主思虑

思是认识事物考虑问题的一种思维活动状态。人类要认识客观事物、处理问题就必须要思考。小动物也同样会有思考的精神活动，例如，在面对一个从未见过的环境或者事物，或者需要通过思考来获得生存资料等情况。如果思虑过度或所思不遂，就会影响机体的正常生理活动，其中最重要的是影响气的升降出入，而致气机郁结。小动物的情志活动（喜、怒、忧、思、悲、恐、惊）是很难区分，而人们常将其归结于应激状态，但不同的情志分属于不同的脏器。思为脾志，思动于心则脾应。故思虑所伤，直接产生的影响是脾气郁结而不升，脾脏运化失常，气血生化乏源。证之临床，初则不思饮食，脘胀闷而太息，甚至出现皮毛萎黄、精神异常、运动不耐受等心脾两虚的症状。

第二节　胃的生理功能

胃的生理功能包括主受纳与主腐熟两个方面。

一、主受纳

受纳即接受和容纳。胃主受纳，指胃在消化道中具有接受和容纳食物的作用。饮食物的摄入，先经口腔，由牙齿和舌的咀嚼搅拌，会厌的吞咽，从食道进入胃中。饮食物入胃，需要经过胃的初步消化，有一定的停留时间，故称胃为"水谷之海""太仓"等。因此，胃的受纳功能强健，则机体气血的化源充足。反之，则化源匮乏，所以《灵枢·五味》篇说"谷不入则半日而气衰，一日则气少矣"。

二、主腐熟

《灵枢·营卫生会》篇"中焦如沤"描述了胃中腐熟水谷之状，犹如浸泡发酵沤物之状。具体而言，胃受纳饮食物后，在胃中进行初步消化，变化食糜。这个过程称为腐熟。

第三节　脾胃的协调功能

脾与胃同属中焦，"以膜相连"（《素问·太阴阳明论》），互为表里，足太阴脾经属脾络胃，足阳明胃经属胃络脾。脾胃功能互相协调，共同完成饮食物的代谢过程。这种协调关系，具体从纳化互助、升降协作、燥湿相济三个方面体现出来。

一、纳化互助

纳就是摄取食物，化就是运化食物。胃主纳，脾主化，互相协助，共同完成饮食的摄入、腐熟、消化、吸收。胃纳的作用有了反常，则有纳减、不食、食后不舒，或多食善饥等症状。脾化作用有了反常，则有食后作胀、食后思睡或者虽能食而身体消瘦、四肢无力、饮食不为肌肉等症状。胃纳反常日久，可累及脾化失常。脾化失常日久，亦可累及胃纳失常，故胃纳与脾化异常临床易于同时出现。

二、升降协作

脾属阴而主升，胃属阳而主降。升就是指升清，降就是指降浊。清乃是指饮食物中的精微与营养；浊乃是指食物中的糟粕与废料。叶天士以"脾宜升则健，胃宜降则和"概括地说明脾胃的健运，必赖于升降。胃气不降则饮食物不得向下传递，其在上者则为噎膈，其在中者则为腹胀脘痛，其在下者则为便秘。胃气不降反升，则发生呕吐、嗳气、嗝逆、反胃等症状。脾气不升则不能运化精微和益气生血，发生食后脘闷、食后思睡、腹胀、腹泻、饮食不为肌肉而消瘦、四肢无力、精神不振等症状。不升反降则出现中气下陷而发生脱肛、子宫脱垂、内脏下垂、大便滑脱不禁等症状。胃降异常与脾升异常又是相互影响、互为因果的，易于临床同时兼现。

三、燥湿相济

脾为湿土，胃为燥土。湿指含有水分，燥指缺少水分。脾湿的健运，有赖于胃燥的温煦；胃燥的受纳，又有赖于脾湿的滋润。这种脾湿与胃燥的相反相成，保证了胃纳和脾化的顺利进行。即前人所谓"太阴湿土，得阳始运，阳明燥土，得阴自安，因脾喜刚燥，胃喜柔润故也"。若燥湿偏胜，失去相对平衡，就会发生疾病。

第四节　脾胃与口、舌、咽、脘腹、四肢、肌肉的功能联系

脾胃和口、舌、咽、脘腹、四肢、肌肉都有一定的联系，主要是通过经络学说和生理现象、病理变化来体现的。

一、脾胃与口

脾开窍于口，"脾气通于口，脾和则口能知五谷矣"（《灵枢·脉度》）。口腔是消化道的最上端，是饮食物进入机体的起点。口腔接纳食物后，经咀嚼混入唾液，便于胃之受纳腐熟。脾之经脉连舌本散舌下，舌为主味觉。因此，脾开窍于口包括饮食和口味两个方面。脾气健旺，则食欲旺盛，口味正常；脾气失健，则食欲不振，口淡乏味。脾有湿热，可觉口甘、口腻。若脾有伏热伏火，可循经上蒸于口，发生口疮。

脾开窍于口的理论，还包括"脾主涎"。涎为口腔分泌的液体，能润泽口腔，并将咀嚼之食物软化便于吞咽和消化。涎又称为口液，伏于脾而溢于胃，上行于口而不溢出口外。脾胃不和，可发生口角流涎。

二、脾胃与舌

舌为心之苗，故有心开窍于舌之说。但脾胃与舌的关系亦非常密切。

1. 脾与舌质

"脾足太阴之脉……连舌本，散舌下"（《灵枢·经脉》）。所以，脾是通过经络同舌质发生联系的。舌质红润，说明脾气正常；舌质淡红，为脾气不足；舌体胖有齿痕、色泽不华，为脾气虚弱等。

2. 胃与舌苔

苔附于舌质之上，完全由胃气所生。故舌苔的情况，直接反映出胃气的盛衰。

三、脾胃与咽

咽以咽物，假食管以通于胃。胃气之盛衰，每能影响到咽，反之亦然。例如，噎嗝反胃之症，食物难以咽下，或朝食暮吐，暮食朝吐，盖与胃气不降有关。

四、脾胃与脘腹

机体的整个腹部皆属于脾，故有"大腹属脾"之说。故腹部可反映出脾胃之气正常与否。腹痛、腹水诸病，皆与脾胃有关。

五、脾胃与四肢

四肢为脾之外候。这是因为四肢必须依赖脾胃运化的水谷精微营养，才能发达、健壮、运动灵活有力。脾失健运，四肢就会缺乏水谷精微的营养而致软弱无力，甚至萎废不用。故《素问·太阴阳明论》中有"脾病而四肢不用何也？岐伯曰：四肢皆禀气于胃，而不得至经，必因于脾乃得禀也。今脾病不能为胃行其津液，四肢不得禀水谷气，气日以衰，脉道不利，筋骨肌肉皆无气以生，故不用焉"。

六、脾胃与肌肉

脾主肌肉。机体的肌肉丰满健壮和正常活动，皆与脾胃的运化功能有密切联系。脾胃机能正常，则身之肌肉隆盛。脾胃俱虚，则肌肉萎削；脾湿内困，或泛溢四肢而为水肿，或潴留肌腠而发肥胖。

第五节　脾胃与其他脏腑的功能联系

脾居中土，即脾胃位于五脏的中心，和其他脏腑的关系最为密切。脾胃不能正常运化，必然影响到营养物质的运化吸收而导致其他脏腑患病；其他脏腑的病变亦容易影响到脾胃。

一、脾胃与其他脏的功能联系

脾胃与其他脏的联系，不外相生和相克两个方面。肝为脾胃的"克我"之脏；肾为脾胃的"我克"之脏。肺为脾胃的"我生"之脏；心为脾胃的"生我"之脏。这些相生相克关系与正常情况下的脏腑功能和病理情况下的疾病发生、传变都有联系。

1. 脾胃与肝

脾属阴，必得肝木的条达活泼、升散疏泄之性，脾气才不会阴凝板滞；肝为刚脏，必赖脾脏精微之气柔润濡养，方不致刚强太甚，而随其条达活泼之性。肝气郁结、肝失疏泄，导致脾失健运，出现精神抑郁或异常兴奋、两胁胀痛、不思饮食、腹胀、便溏等症状，称之"木郁克土""肝脾失调"；若脾失健运，水湿内停，湿困脾阳，或湿郁化热，熏蒸肝胆；导致肝之疏泄失职，胆热，液泄而见纳呆、便溏、胸胁胀痛、呕恶，甚至黄疸等症状，称之为"土壅木郁"；若脾虚生血不足，或脾不统血而失血过多，导致肝血不足。

2. 脾胃与肾

脾与肾之间是后天与先天相互滋生、相互促进的关系。脾之健运，化生精微，需要借助于肾阳的温煦作用；肾之精气，有赖于脾所化生的水谷精微的培养和充养，才能不断充盈和成熟。若肾阳不足，不能温煦脾阳，可致脾肾阳虚，出现腹部冷痛、下利清谷或五更泄泻、水肿等症状；脾阳虚久，亦可累及肾阳亦亏，出现上述症状。

3. 脾胃与肺

肺吸入的自然界清气与脾运化的水谷精气，是机体之气的重要源泉，肺气虚则不能营正常呼吸，脾气虚则不能司正常运化，两方面均可致气之生化乏源。脾虚生气不足，每致肺气虚；肺虚耗气过多，也可影响到脾。另外，肺主水液之宣降而为"水之上源"，脾主运化水湿而为"水液代谢之枢纽"，二者互相配合。若脾失健运，水湿潴留，聚为痰饮，可影响肺的呼吸与宣降功能，出现咳喘痰多，此谓"脾为生痰之源、肺为主痰之器"；若肺气虚弱，宣降失职，也可致水液潴留，而影响脾的运化功能，出现水肿、倦怠、腹胀、便溏等症状。

4. 脾胃与心

脾与心的关系主要是血液的生成与运行的关系。脾运之精微上归于心肺以化生血液，而心得血养。脾统摄之血须赖心肺之气为动力而运行不休。脾虚则心血化源不足，导致血虚而心无所主。脾失统摄而失血过多，也会造成心血亏乏；心气不足，血运无力，可致脾胃经脉瘀滞不畅。另外，心火可以温煦脾土，促进脾土的运化功能。若心阳不振，可致脾胃健运失常，形成痰饮中留之症。

二、脾胃与其他腑的功能联系

1. 脾胃与胆

脾的升清作用有赖于肝的升发之气的协同与制约，而胃的降浊作用有赖于胆腑下降之气的协同与制约，这样才能升降调和。即所谓"肝脾同主于升，胆胃同主于降"。同时，肝木之气也有赖胃气之降，方不得上逆，否则可致胆气不降而克犯胃土。

2. 脾胃与小肠

小肠接受胃所传递的经胃初步消化的饮食物，并需要在小肠内停留比较长的时间以利于进一步消化，故称其为"受盛之官"。经小肠消化的饮食物，分别为水谷精微和食物残渣；水谷精微被吸收，食物残渣被输送至大肠；小肠在吸收水谷精微的同时也吸收了大量的水液，故有"小肠主液"之谓。饮食物在小肠内的消化吸收的整个过程，称为分泌"清浊"。小肠泌别功能正常，则水谷精微、水液和糟粕各走其道，精微得布，二便正常。若小肠分泌清浊功能失职，则可影响脾的输布精微，并影响二便。

3. *脾胃与大肠*

大肠接受小肠下注的食物残渣，再吸收其中多余的水分，故说"大肠主津"，形成粪便后，由直肠从肛门排出。饮食物由口入胃，经胃之受纳腐熟；脾之运化，小肠泌别清浊与化物，其精微物质由脾传输至肺，在心肺的共同作用下布敷全身，其糟粕在大肠形成粪便，由肛门排出体外。这就是饮食物的消化，吸收，精微的布散及其糟粕的排泄的整个过程。大肠的顺利传导，不仅与肺的宣发肃降有关，而且与胃气的通降有关。胃热津伤，可致肠燥而便秘；胃气逆而不降，亦可致燥屎结于肠内；大肠传导失司，亦可致胃气上逆。

4. *脾胃与膀胱*

膀胱功能贮盛尿液和及时排出。小肠泌别清浊的功能失常，可致水液不能吸收而反下注膀胱，致小便异常。

5. *脾胃与三焦*

三焦有疏通水道、运行水液的作用，是人体水液升降出入的道路。脾胃机能异常，则三焦水道不利。其他脏腑病引起三焦病变，亦可致脾胃功能受损。

6. *脾胃与脑*

肾主藏精，主骨生髓，而脑为髓海。由于肾主先天之精需赖于脾胃所主后天之精的不断充养，故脾胃机能正常与否亦必然间接影响到脑的机能。

7. *脾胃与骨及髓*

肾主骨，髓充骨中。若脾胃化源匮乏，肾精亏损，亦可间接影响到骨及髓的功能。

8. *脾胃与脉*

脾摄血于脉管之内，若脾虚则致血溢脉外，损伤脉络。

第六节　脾胃病相关经络

与脾和胃相关的主要经络有后肢太阴脾经与后肢阳明胃经，因此治疗脾胃病多用其经络上的穴位。其他经络，如后肢太阳膀胱经，前肢阳明大肠经，前肢厥阴心包经，任脉和督脉，因其所行路径和所司功能，对脾胃也有所影响，因此其上少量穴位也用于脾胃病的辅助治疗。

一、后肢太阴脾经

1. 后肢太阴脾经经脉循行

足太阴脾经，十二经脉之一，简称脾经。本经穴位主治消化系统、生殖系统及经脉循行部位的其他病证。循行部位起于后肢第1趾内侧（隐白穴），沿内侧上行过内踝的前缘，沿胫腓骨内侧正中线上行处，过足厥阴肝经之前与之相交，上行沿股骨内侧前缘，进腹部，属脾，络胃，向上穿行过膈肌，沿食道两侧，连于舌本，散在舌下。本经脉分支从胃出，上行过膈肌，注入心中，交于手少阴心经。

2. 穴位的分布与脾胃相关主治病候

SP-1（足太阴脾经第1个穴位）隐白，较少用。

定位：后肢第一趾内侧趾甲跟。

操作：白针浅刺0.1～0.2寸（1寸≈3.33 cm），或艾灸，或穴位注射等。

SP-2 大都，较少用。

定位：位于后肢内侧面，第一趾骨内侧，跖趾关节远端。

操作：白针针刺0.2～0.5寸，或艾灸，或穴位注射等。

SP-3 太白，常用穴。

定位：后肢内侧第二跖骨内侧靠近跖趾关节的凹陷处。

操作：白针针刺0.2～0.5寸，或艾灸，或穴位注射等。

主治：肠鸣、腹胀、泄泻、胃痛、便秘等病证。

SP-4 公孙，常用穴。

定位：后肢尾内侧第2跖骨基部远端凹陷处。

操作：白针针刺0.2～0.5寸，或艾灸，或穴位注射等。

主治：腹痛、泄泻、痢疾、胃痛、呕吐等脾胃肠腑病证。

SP-5 商丘，常用穴。

定位：后肢内踝前下方与胫侧跗骨连线中点凹陷处，胫前肌肌腱头侧后方。

操作：白针针刺0.5寸，或艾灸，或穴位注射等。

主治：腹胀、泄泻、便秘等脾胃病证；黄疸。

SP-6 三阴交，常用穴。

定位：后肢胫骨内侧，内踝尖上3寸，胫骨内侧缘后际的小凹窝（与后三里相对）。

操作：白针针刺0.5寸，或艾灸，或穴位注射等。

主治：肠鸣、腹胀、泄泻等脾胃虚弱诸证。

SP-7 漏谷，不常用。

定位：在后肢胫骨内侧，内踝尖上6寸，胫骨内侧缘后际。

操作：白针针刺0.5～1寸，或艾灸，或穴位注射等。

SP-8 地机，不常用。

定位：在后肢胫骨内侧，阴陵泉下3寸，胫骨内侧缘后际，深屈肌的头侧。

操作：白针针刺1寸，或艾灸，或穴位注射等。

SP-9 阴陵泉，常用穴。

定位：在后肢内侧，胫骨内侧髁下缘与胫骨内侧缘之间，胫骨后缘和腓肠肌之间的凹陷中。

操作：白针针刺1寸，或艾灸，或穴位注射等。

主治：腹胀、泄泻；水肿、黄疸。

SP-10 血海，常用穴。

定位：在后肢股前区，股内侧肌隆起处，在股骨内上髁上缘和股内侧肌中间。

操作：白针针刺1寸，或艾灸，或穴位注射等。

主治：生殖系统疾病症状，或膝关节病。

SP-11 箕门，不常用。

定位：在血海和冲门之间，缝匠肌内侧缘，长收肌和缝匠肌交角的动脉搏动处。

操作：避开动脉，白针针刺0.5~1寸。

SP-12 冲门，不常用。

定位：腹股沟斜纹中，髂外动脉搏动处的外侧；腹股沟韧带中点外侧的上方，腹外斜肌腱膜及腹内斜肌下部。

操作：避开动脉，白针针刺1寸，或艾灸，或穴位注射等。

SP-13 府舍，不常用。

定位：臀外侧区，在腹股沟韧带上方外侧，腹外斜肌腱膜及腹内斜肌下部，深层为腹横肌下部。

操作：白针针刺1寸，或艾灸，或穴位注射等。

SP-14 腹结，不常用。

定位：脐下腹中线旁开，在第10肋骨画水平延长线和髂骨前端水平连线的交点上。

操作：白针针刺0.5寸，或艾灸，或穴位注射等。

SP-15 大横，不常用。

定位：腹结前方，与脐孔水平。

操作：白针针刺0.5寸，或艾灸，或穴位注射等。

SP-16 腹哀，不常用。

定位：大横前方，与第13肋骨肋弓连线水平。

操作：白针针刺0.5寸，或艾灸，或穴位注射等。

SP-17 食窦，不常用。

定位：腹哀前方，在第7肋间隙前锯肌中，深层有肋间内、外肌。

操作：白针针刺0.5寸，或艾灸，或穴位注射等。

SP-18 天溪，不常用。

定位：食窦前方，在第6肋间隙胸大肌外下缘。

操作：白针针刺0.5寸，或艾灸，或穴位注射等。

SP-19 胸乡，不常用。

定位：天溪前方，在第5肋间隙，胸大肌、胸小肌外缘，前锯肌中，下层为肋间内、外肌。

操作：白针针刺0.5寸，或艾灸，或穴位注射等。

SP-20 周荣，常用穴。

定位：在胸部，第4肋间隙，前正中线旁开，与肘关节相贴处。

操作：白针针刺0.5寸，或艾灸，或穴位注射等。

主治：咳嗽，气逆；胸胁胀满。

SP-21 大包，常用穴。

定位：在胸外侧区，第7肋间隙，在腋中线上。

操作：白针针刺0.5寸，或艾灸，或穴位注射等。

主治：气喘；胸胁痛，肌肉疼痛；四肢无力。

二、后肢阳明胃经

1. 后肢阳明胃经的经脉循行

足阳明胃经自鼻翼两旁起始，上至鼻根，在内眼角处与足太阳膀胱经相交，再沿鼻外侧下行，入上齿龈中，返回环绕唇周，向下交会于任脉的承浆穴；然后沿下颌后下方，在浅部出本经的大迎穴，沿着下颌角到颊车，上行至耳前，经过足少阳胆经的上关穴，沿颧弓外后方，上抵头角（头维），返回向下后从颈动脉部直下人迎，沿着喉咙部位，进入锁骨的前窝（缺盆）。其后行的主脉，从锁骨前窝向后，经乳内侧向下过脐旁，进入到腹股沟部（气冲）。其后行的支脉，深入体腔，贯穿膈肌，入属胃腑，联络脾脏。支脉从胃下口的幽门部始，经腹至腹股沟气冲与主脉会合，自此合而下行，经后肢股骨前外侧的髀关、伏兔穴下行，至膝关节中，再向下沿胫骨外侧前缘，走向足背，进入后肢第二趾外侧（厉兑）。其一条支脉，从膝下3寸（后三里）处分出，向下到中趾外侧。其另一条支脉，从足背部（冲阳）分出，至足大趾的内侧端（隐白），脉气由此与足太阴脾经相接。

2. 穴位的分布与脾胃相关主治病候

ST-1（足阳明胃经第1个穴位）承泣，常用穴。

定位：眼球与眶下缘之间，正视前方时瞳孔正下方，眼轮匝肌中。

操作：白针针刺0.3寸，或艾灸，或穴位注射等。

ST-2 三江/四白，常用穴。

定位：眼球下方，眶下孔中央凹陷处，面动静脉分支点。

操作：白针针刺0.5寸，或艾灸，或穴位注射等。

主治：眼部疼痛或瘙痒、结膜炎、葡萄膜炎、腹部疼痛。

ST-3 巨髎，不常用。

定位：面部横平鼻翼下缘。

操作：白针针刺0.5寸，或艾灸，或穴位注射等。

ST-4 地仓/锁口，常用穴。

定位：口角旁开，口唇黏膜与皮肤交接外0.1寸处。

操作：白针针刺0.5寸，或艾灸，或穴位注射等。

主治：口角歪斜、颊肿、齿痛等局部病证。

ST-5 颊车/开关，常用穴。

定位：在面部，下颌角前上方，闭口咬紧牙时咬肌隆起，放松时按之有凹陷处。

操作：白针直刺0.5寸，平刺0.5～1寸，或向地仓透刺，或艾灸，或穴位注射等。

主治：齿痛、牙关不利、颊肿、口角歪斜等局部病证。

ST-6 抱腮，常用穴。

定位：面部侧方，下颌角前方咬肌中部凹陷处。

操作：白针针刺0.5寸，或艾灸，或穴位注射等。

ST-7 下关，常用穴。

定位：在面部，颧弓下缘中央与下颌切迹之间凹陷中。

操作：白针针刺0.5寸，或艾灸，或穴位注射等。

ST-8 头维，不常用。

定位：在眶上窝尾部凹陷处，距耳底前缘1寸。

操作：白针针刺0.5寸，或艾灸，或穴位注射等。

ST-9 人迎，不常用。

定位：颈部胸锁乳突肌前缘，颈总动脉搏动处。

操作：避开颈总动脉，白针针刺0.5～1寸，或艾灸，或穴位注射等。

ST-10 水突，不常用。

定位：颈前外侧，颈静脉沟背侧胸锁乳突肌前缘，肩尖前外侧4寸。

操作：白针针刺1寸，或艾灸，或穴位注射等。

ST-11 气舍，不常用。

定位：在胸锁乳突肌区，锁骨上小窝，锁骨胸骨端上缘，胸锁乳突肌胸骨头与锁骨头中间的凹陷中。

操作：白针针刺1寸，或艾灸，或穴位注射等。

ST-12 缺盆，不常用。

定位：在颈外侧区，锁骨上大窝，锁骨上缘凹陷中，气舍后方2寸。

操作：白针针刺0.5寸，或艾灸，或穴位注射等。

ST-13 气户，不常用。

定位：锁骨下缘，前正中线旁开4寸。

操作：白针针刺0.5寸，或艾灸，或穴位注射等。

ST-14 库房，不常用。

定位：第1肋间隙，前正中线旁开4寸。

操作：白针针刺0.5寸，或艾灸，或穴位注射等。

ST-15 屋翳，不常用。

定位：第2肋间隙，前正中线旁开4寸。

操作：白针针刺0.5寸，或艾灸，或穴位注射等。

ST-16 膺窗，不常用。

定位：第3肋间隙，前正中线旁开4寸。

操作：白针针刺0.5寸，或艾灸，或穴位注射等。

ST-17 乳中，不常用。

定位：在胸部，乳头中央。

操作：白针针刺0.5寸，或艾灸，或穴位注射等。

ST-18 乳根，不常用。

定位：第5肋间隙，前正中线旁开4寸。

操作：白针针刺0.5寸，或艾灸，或穴位注射等。

ST-19 不容，不常用。

定位：在上腹部，脐中上6寸，前正中线旁开2寸。

操作：白针针刺0.5寸，或艾灸，或穴位注射等。

ST-20 承满，不常用。

定位：脐中上5寸，前正中线旁开2寸。

操作：白针针刺0.5寸，或艾灸，或穴位注射等。

ST-21 梁门，不常用。

定位：在上腹部，脐中上4寸，前正中线旁开2寸。

操作：白针针刺0.5寸，或艾灸，或穴位注射等。

ST-22 关门，不常用。

定位：脐中上3寸，前正中线旁开2寸，腹直肌及其鞘处。

操作：白针针刺0.5寸，或艾灸，或穴位注射等。

ST-23 太乙，不常用。

定位：脐中上2寸，前正中线旁开2寸。

操作：白针针刺0.5寸，或艾灸，或穴位注射等。

ST-24 滑肉门，不常用。

定位：脐中上1寸，前正中线旁开2寸。

操作：白针针刺0.5寸，或艾灸，或穴位注射等。

ST-25 天枢，常用穴。

定位：在腹部，横平脐中，前正中线旁开2寸。

操作：白针针刺0.5寸，或艾灸，或穴位注射等。

主治：腹痛、腹胀、便秘、泄泻、痢疾等胃肠病证。

ST-26 外陵，不常用。

定位：在下腹部，脐中下1寸，前正中线旁开2寸。

操作：白针针刺0.5寸，或艾灸，或穴位注射等。

ST-27 大巨，不常用。

定位：下腹部脐中下2寸，前正中线旁开2寸。

操作：白针针刺0.5寸，或艾灸，或穴位注射等。

ST-28 水道，不常用。

定位：下腹部脐中下3寸，前正中线旁开2寸。

操作：白针针刺0.5寸，或艾灸，或穴位注射等。

ST-29 归来，不常用。

定位：下腹部脐中下4寸，前正中线旁开2寸。

操作：白针针刺0.5寸，或艾灸，或穴位注射等。

ST-30 气冲，不常用。

定位：在腹股沟区，耻骨联合上缘，前正中线旁开2寸，动脉搏动处。

操作：白针针刺0.5寸，或艾灸，或穴位注射等。

ST-31 髀关，不常用。

定位：在股前区，股直肌近端、缝匠肌与阔筋膜张肌3条肌肉之间凹陷中。

操作：白针针刺0.5寸，或艾灸，或穴位注射等。

ST-32 伏兔，不常用。

定位：髌底上6寸，髂前上棘与髌底外侧端的连线上。

操作：白针针刺0.5寸，或艾灸，或穴位注射等。

ST-33 阴市，不常用。

定位：髌底上3寸，股直肌肌腱外侧缘。

操作：白针针刺0.5寸，或艾灸，或穴位注射等。

ST-34 梁丘，不常用。

定位：股前，髌底上2寸，股外侧肌与股直肌肌腱之间。

操作：白针针刺0.5寸，或艾灸，或穴位注射等。

ST-35 犊鼻，常用穴。

定位：在膝前区，髌韧带外侧凹陷中。

操作：白针针刺0.5寸，或艾灸，或穴位注射等。

ST-35b 膝凹，较常用。

定位：在髌骨远端和髌骨韧带内侧的凹陷处，也叫膝眼。

操作：白针针刺0.5寸，或艾灸，或穴位注射等。

ST-36 后三里，常用穴。

定位：在小腿外侧，犊鼻下3寸，胫骨前嵴外，犊鼻与解溪连线上，胫骨前肌和趾长伸肌之间。

操作：白针针刺0.5～1.5寸，或艾灸，或穴位注射等。

主治：胃痛、呕吐、噎嗝、腹胀、泄泻、痢疾、便秘等胃肠病证；下肢痿痹；乳痈、肠痈等外科疾病；虚劳诸证，为强壮保健要穴。

ST-37 上巨虚，较常用。

定位：胫外侧，犊鼻下6寸，犊鼻与解溪连线上。

操作：白针针刺0.5～1.5寸，或艾灸，或穴位注射等。

主治：肠鸣、腹痛、泄泻、便秘、肠痈、痢疾等胃肠病证。

ST-38 条口，不常用。

定位：胫外侧，犊鼻下8寸，犊鼻与解溪连线上。

操作：白针针刺0.5寸，或艾灸，或穴位注射等。

ST-39 下巨虚，不常用。

定位：犊鼻下9寸，犊鼻与解溪连线上

操作：白针针刺0.5～1.5寸，或艾灸，或穴位注射等。

ST-40 丰隆，较常用。

定位：在小腿外侧，外踝尖上8寸，胫骨前肌外缘，在趾长伸肌和腓骨短肌之间。

操作：白针针刺0.5～1寸，或艾灸，或穴位注射等。

主治：腹胀、便秘。

ST-41 解溪，常用穴。

定位：踝关节前面中央凹陷中，长伸肌腱与趾长伸肌腱之间。

操作：白针针刺0.5寸，或艾灸，或穴位注射等。

主治：腹胀、便秘。

ST-42 冲阳，不常用。

定位：在趾背侧中部，趾长伸肌腱外侧，可触及足背动脉位置。

操作：白针针刺0.5寸，或艾灸，或穴位注射等。

ST-43 陷谷，不常用。

定位：第2、3跖骨间，第2跖趾关节近端凹陷中。

操作：白针针刺0.5寸，或艾灸，或穴位注射等。

ST-44 内庭，较常用。

定位：第2、3趾间，趾蹼缘后方赤白肉际处。

操作：白针直刺0.5寸，或平刺0.5～1寸，或艾灸，或穴位注射等。

主治：呕吐酸水、泄泻、痢疾、便秘等胃肠病证。

ST-45 厉兑，较常用。

定位：第2趾末节外侧，趾甲根角侧后方0.1寸。

操作：白针针刺0.5寸，或艾灸，或穴位注射等。

三、其他经络

1. 后肢太阳膀胱经相关穴位与主治病候

BL-16（后肢太阳膀胱经第16个穴位）督俞，较常用。

定位：第6胸椎棘突旁开1.5寸处，左右各一。

操作：白针斜刺0.5～1寸，或艾灸，或穴位注射等。

主治：呃逆、肠鸣、腹胀、腹痛等胃肠病证。

BL-20 脾俞，常用穴。

定位：第12胸椎棘突旁开1.5寸处，左右各一。

操作：白针斜刺0.5～1寸，或艾灸，或穴位注射等。

主治：食欲下降、呕吐、泄泻、痢疾、便血等脾胃病证；也可用于身体消瘦，或者缓解腹胀、腹痛。

BL-21 胃俞，常用穴。

定位：第13胸椎棘突旁开1.5寸处，左右各一。

操作：白针斜刺0.5～1寸，或艾灸，或穴位注射等。

主治：胃脘部疼痛、呕吐、腹胀、肠鸣等胃肠病证；也可用于消化不良、身体消瘦。

BL-22 三焦俞，常用穴。

定位：第1腰椎棘突旁开1.5寸，髂肋肌肌沟，左右各一。

操作：白针直刺0.5～1寸，或艾灸，或穴位注射等。

主治：呕吐、肠鸣、腹胀、泄泻、痢疾等脾胃病证。

BL-25 大肠俞，常用穴。

定位：第4腰椎棘突旁开1.5寸处，髂肋肌肌沟，左右各一。

操作：白针直刺0.5～1寸，或艾灸，或穴位注射等。

主治：呕吐、肠鸣、腹胀、泄泻、痢疾等脾胃病证。

BL-26 关元俞，常用穴。

定位：第5腰椎棘突旁开1.5寸，左右各一。

操作：白针直刺0.5～1.5寸，或艾灸，或穴位注射等。

主治：腹胀、泄泻，针对脾气虚或肾气虚引起的慢性泄泻较多用。

2. 前肢阳明大肠经相关穴位与主治病候

LI-4（前肢阳明大肠经第4个穴位）合谷，较常用。

定位：悬指与第2指之间，第2掌骨桡侧中点。

操作：白针平刺0.5～1寸，或艾灸，或穴位注射等。

作用：辅助退热止疼，治腹胀。

LI-11 曲池，较常用。

定位：肘弯处前侧中央凹陷处，桡侧腕长伸肌起始部。

操作：白针直刺0.5～1.5寸，或艾灸，或穴位注射等。

主治：腹痛、呕吐、泄泻等胃肠病证。

3. 前肢厥阴心包经相关穴位与主治病候

PC-6（前肢厥阴心包经第6个穴位）内关，常用穴。

定位：前肢内侧，靠近腕关节横向褶皱3寸处，位于桡侧腕屈肌和指浅屈肌之间的凹陷中。

操作：白针直刺0.5～1寸，或艾灸，或穴位注射等。

主治：胃痛、呕吐、呃逆等病证。

4. 任脉相关穴位与主治病候

CV-12（任脉第12个穴位）中脘，常用穴，为胃之募穴，腑之会穴。

定位：剑突软骨和脐部中央连线的中点。

操作：白针直刺0.5～1寸，或艾灸，或穴位注射等。

主治：食欲减退、胃痛、腹胀、呕吐、呃逆、消化不良等脾胃证候；黄疸。

CV-4 关元，常用穴。

定位：下腹部正中线上，脐部与耻骨前缘中央连线的中点。

操作：白针直刺0.5～1寸，或艾灸，或穴位注射等。

主治：泄泻、痢疾、便血、脱肛等肠道病证。

CV-8 神阙，较常用。

定位：脐中央。

操作：白针直刺0.5寸，但很少用，多用艾灸。

主治：痢疾、便秘、腹痛、腹胀、泄泻、脱肛等肠道病证，热结便秘慎用艾灸。

5. 督脉相关穴位与主治病候

GV-1（督脉第1个穴位）后海，常用穴。

定位：会阴区，尾下方，尾椎与肛门连线的中点凹陷处。

操作：白针直刺0.5～2寸，或艾灸，或穴位注射等。

主治：痢疾、泄泻、便血、便秘、结肠增生、脱肛等肠道病证。

GV-2 腰百会，较常用。

定位：腰荐椎连接的凹陷处，髂骨翼前缘连线和脊椎的交点。

操作：白针直刺0.5～1.5寸，或艾灸，或穴位注射等。

主治：痢疾、泄泻、便血、便秘、结肠增生、脱肛等肠道病证，配后海使用。

GV-5 悬枢，较常用。

定位：第13胸椎和第1腰椎棘突中央凹陷处。

操作：白针直刺或向上斜刺0.5～1寸，或艾灸，或穴位注射等。

主治：消化不良、腹胀、腹痛、泄泻、痢疾等胃肠证候。

四、选穴方案

1. 胃痛

治疗原则：和胃止痛。

主穴：中脘、内关、后三里。

配穴：受寒发病则配胃俞、神阙，可用艾灸；饮食过度，消化不良可配梁门、天枢；情绪影响，肝气犯胃，则配期门、太冲；脾胃虚寒配神阙、胃俞、脾俞，可配艾灸；过度脱水，津液不足配胃俞、三阴交；气滞血瘀配膻中、膈俞。

2. 腹痛

治疗原则：通调腑气，缓急止疼。

主穴：天枢、关元、后三里。

配穴：受寒发病，饮食内积配神阙、公孙，可用艾灸；湿热壅滞则配合谷清热止痛，阴陵泉健脾化湿；气滞血瘀可配太冲、血海；脾阳虚则配脾俞、神阙，可用艾灸。

3. 呕吐

治疗原则：和胃降逆，理气止呕。

主穴：中脘、胃俞、内关、后三里。

配穴：受寒发病配上脘、公孙；湿热内蕴配商阳、三阴交，并可用三棱针点刺出血；情志失调，肝气犯胃配肝俞、太冲；饮食过度，消化不良配梁门、天枢；痰饮内积则配膻中、丰隆；脾胃虚寒配脾俞、神阙，可用艾灸。

4. 呃逆

治疗原则：和胃降逆，宽胸利膈。

主穴：中脘、膈俞、内关、后三里。

配穴：受寒发病，或过饮凉水，食水积滞于食道和胃配胃俞、建里；情志失调，肝气郁滞配期门、太冲；热邪内结或胃火上逆配胃俞、内庭；过度脱水，胃阴不足配胃俞、三阴交；脾胃俱虚配脾俞、胃俞；气滞血瘀配合谷、血海；大便秘结、腹胀明显者配天枢、上巨虚。

5. 泄泻

治疗原则：健脾燥湿，理气止泻。

主穴：神阙、天枢、关元俞、阴陵泉。

配穴：受寒发病，或过食冷食引起则配关元、水分；湿热内蕴则配合谷、曲池；情志所伤，肝气乘脾配肝俞、内关；消化不良，饮食积滞于胃肠则配中脘、建里；脾胃虚弱配脾俞、胃俞；脾肾阳虚配脾俞、肾俞、关元；慢性泄泻配脾俞、后三里；久泻虚陷，兼有脱肛则配百会、后海；泻下脓血配曲池、合谷、三阴交。

6. 痢疾

治疗原则：清热化湿，行气止痛。

主穴：天枢、合谷、三阴交。

配穴：湿热痢配曲池、内庭；寒湿痢配关元、阴陵泉，可用艾灸；疫毒痢配大椎、六缝，可用三棱针点刺指端或耳尖放血；久痢脱肛配后海、百会。

7. 便秘

治疗原则：行滞通便。

主穴：天枢、关元俞、百会、后海、后三里。

配穴：热结便秘配合谷；气滞便秘配中脘、太冲；气虚配脾俞、气海；血虚或津伤则配脾俞、胃俞、三阴交；寒凝气滞配神阙、关元，可用艾灸。

第二章

脾胃病病因病机概要

中医学认为，机体在生理状态下，各脏腑组织之间以及机体于外界环境之间既对立又统一，维持着相对的动态平衡，当这种动态平衡因某种因素遭到破坏而又不能自行调节得以恢复时，机体就会发生疾病。这些破坏小动物机体相对平衡状态而致发病的原因，就是病因。

病因是多种多样的。古代医家曾对病因做过归类。《内经》将其分为阴阳两大类；汉代张仲景在《金匮要略》中提出"千般疢难，不越三条"，以客气邪气为主，以脏腑经络分内外，并提出第三种病因-房室、金刃、虫兽所伤；宋代陈无择又提出了"三阴学说"，即：六淫邪侵为外因，情志所伤为内因，饮食劳倦、跌仆金刃、虫兽所伤等为不内外因。随着时代的发展，医学的进步，病因还会有其他的归类方法出现，但就脾胃病学的病因来说，概括起来，主要有六淫侵袭、七情内伤、饮食不节、劳逸所伤、虫积、药毒所伤、痰饮瘀血及失治误治、病后失调等因素。中医认识病因，除了解可能作为致病因素的客观条件外，主要以病证的临床表现为依据，通过分析疾病的症状、体征来推求病因，即"辨证求因"，这也是中医病因学的一大特点。

病机即疾病发生、发展与变化的机理。疾病能否发生及发生后转归，与机体正气的盛衰和致病邪气的强弱密切相关。病邪作用于机体，正邪交争，如正不胜邪，则阴阳失衡、气血逆乱、脏腑功能失调，从而产生全身或局部多种多样的病理变化。临床疾病尽管种类繁多，症状错综复杂，但总的来说，脾胃病的病机多为清浊不分、纳化失常、升降失司、润燥失济、阴阳失调。把握住这些病因病机，辨证求因，审因论治，才能做到"治病求本"。

第一节　病因

一、六淫所伤

六淫即风寒暑湿燥火六种外感病邪的统称。风寒暑湿燥火在正常情况下成为"六气"，是自然界六种不同气候的正常变化。健康的小动物机体对这些自然变化有很强的适应能力，所以不会致病。当气候变化异常，非其时而有其气，或六气太过与不及，加之小动物机体抵抗力低下，不能适应六气变化，六气就变成能够伤害小动物机体的"六淫"邪气了。

六淫致病，有几个特点。第一，六淫为病多侵犯肌表，或自口鼻而入，或二者同时受邪即所谓"外感六淫"。第二，六淫致病，多与季节气候有关，如春多风病、夏多暑病、长夏多湿病、秋多燥病、冬多寒病等。这样，就形成一个四季发病的规律，即各个季节中的"主气"。第三，六淫致病除与季节气候有关，也与小动物的生存环境有关，如在南方比较湿润的城市，常感湿邪发病。第四，六淫致病，既可以单独、又可两种以上同时侵犯机体，如湿热泄泻、风寒感冒等。第五，六淫致病，不仅能相互影响，也可在一定条件下互相转化，如寒邪入里、日久可化热等。

六淫作为肠胃病的病因，古人早有论述，《素问·至真要大论》曰："风淫所胜……饮食不下、鬲咽不通，食则呕，腹胀善噫……热淫所胜……民病腹中常鸣，气上冲胸……少腹中痛，腹大……湿淫所胜……民病饮积、心痛……火淫所胜……少腹痛，溺赤，甚则血便……燥淫所胜……民病喜呕，呕有苦，善太息……寒淫所胜……民病少腹控睾，引腰脊，上冲心痛。"李东垣在《脾胃论·脾胃损在调饮食适寒温》中也指出："若风寒暑湿燥火一气便胜，亦能损伤脾胃。"风为阳邪，为"百病之长"，风邪犯胃，胃失和降，可致呕吐；寒为阴邪，多伤阳气，性收引、凝滞，寒邪内侵，可致胃脘痛、腹痛、呕吐、嗝逆、泄泻等。暑为阳邪，其性炎热，易伤气津且多挟湿，暑邪内犯，可致腹痛、呕吐，暑邪夹湿，又可致痢疾、霍乱、泄泻；湿为阴邪，易遏气机，损伤阳气，其性重浊黏腻而趋下，脾为中土，喜燥恶湿，湿邪内犯，则中土失运，诸病蜂起，可致吐泻、霍乱、痢疾、湿阻等。燥性干涩，易伤津液，燥邪为病，伤及胃阴，可致呃逆，肠胃燥热耗伤津液又可致便秘；火（热）为阳邪，易耗气伤津、生风动血，火邪内犯肠胃，可致便秘、便血、痢疾、霍乱、泄泻、腹痛等。

除六淫外，有"疫疠"。古人亦称之为"瘟疫""疠气""毒气"等，在小动物临床，也就是常见的具备严重传染性的细菌或病毒等病原微生物引起的传染病，疫疠致病的显著特点便是发病急、病情重、传染性强、易于流行，多从口鼻而入。疫疠导致的胃肠病，如疫毒痢、霍乱等。类似于西医中犬细小病毒、冠状病毒、猫瘟病毒感染。

二、七情内伤

七情即喜、怒、忧、思、悲、恐、惊七种情志变化，是机体对客观事物的不同反应。对于小动物而言，几乎无法分辨这七种情志变化，临床上小动物医生习惯将其统称为"应激"，且由应激导致小动物情绪发生变化。在小动物正常承受范围内的"情志应激"并不会导致小动物生病，但是当刺激强度过大或者持续时间过长，超出了小动物的正常生理适应范围，便会导致机体气血脏腑功能失调，从而引起疾病。特别是猫，在面对应激上，相较犬而言更为敏感。由于七情属于精神致病因素，又是直接影响内脏，使脏腑气机内乱，气血失调，故称为"七情内伤"。

在人中医学，认为情志活动是以五脏精气为物质基础，脏腑的气血变化影响着情志变化，情志的变化也会对脏腑的气血有不同的影响，如"怒伤肝""喜伤心""思伤脾""忧伤肺""恐伤肾"等。七情对肠胃虽有不同程度的影响，但其中影响最大的，是怒、思、忧。郁怒伤肝，肝气横逆，克犯中土，引起气机逆乱，肝脾不和，可致胃脘痛、腹痛、嗝逆、呕吐、泄泻、积聚等。思虑伤脾，脾伤气结，中土失运，可致呕吐、泄泻、便秘、湿阻等。忧虑伤肺，肺伤则脉络不通，肠道传化时长，发为积聚、泄泻、便秘等。小动物临床虽很难分辨犬猫的情志变化，但在疾病诊疗过程中应当关注此方面影响，尤其在疾病治疗中主人及环境的变化，也可能引起小动物的恐惧或者忧虑，从而影响疾病的发展，也是需要小动物医生进行积极干预和小动物主人教育。

西医学研究也可以证明，小动物的心理和精神因素可引起自主神经系统、代谢、内分泌障碍以及过敏性疾病。在消化系统，可引起慢性胃炎、十二指肠溃疡、急性胃扩张、慢性胰腺炎、精神性食欲不振、猫厌食、脂肪肝、呕吐等。由于"应激"因素在小动物疾病上日益被重视，中医"神形相即"的理论和"七情内伤"的病因学说也更受重视。掌握小动物精神因素与疾病的发生关系，不仅对内伤病的辨证起着一定作用，也密切关系到这类疾病的治疗方案，即在药物治疗的同时，还要关注小动物的精神因素。这对祛除病因，促病痊愈有重要作用。

三、饮食不节

饮食不节指饮食失宜（过多、过少）、饮食不洁，或饮食偏嗜等。脾胃主受纳运化，因此，饮食不节，易伤脾胃，脾胃运化失常，又可聚湿、生痰、化热或变生他病。

饮食失宜、饥饱失常均是胃肠病的常见病因。过饥则摄食不足，气血化源不足，久之正气虚衰，不但胃肠易生病变，还易继发其他多种病证；而暴饮暴食，进食过多，则超越脾胃正常腐熟运化能力，造成食物积滞，损伤脾胃，出现脘腹胀满、嗳腐吞酸、厌食、吐泻等症。在宠物犬中，有些品种例如斗牛犬，由于饮食无节制，且不爱运动。容易发生这方面的疾病。

饮食不洁可引起多种胃肠道疾病。小动物摄入了具有传染性病原菌的食物，可患腹痛、霍乱、吐泻、痢疾等；误食带有寄生虫虫卵或幼虫的食物，可以导致寄生虫在体内寄生；进食腐败变质的有毒食物，可出现剧烈腹痛、吐泻等中毒症状，甚至昏迷死亡。

饮食偏嗜指饮食五味有所偏嗜或饮食过凉或过热。中医认为，五味配五脏，各有其亲和性，如长期偏嗜某种食物，可使脏腑功能失调。小动物虽然以商品化粮食为主食，而各种商品化粮食也是根据小动物自身营养需求设计，满足小动物正常营养需要，但难免存在饮食偏嗜的问题。另一方面，如果一直给小动物饲喂人类的食物，饮食中长期缺乏某种营养物质，也可致病。现代小动物营养学研究证实，小动物体内长期缺乏某种微量元素，可引起诸如佝偻病、单纯性甲状腺肿、生长发育迟滞、免疫力功能低下等病证。

四、劳逸所伤

劳逸所伤包括过度劳累与过度安逸两个方面。小动物正常的劳逸对健康不仅无害，而且是有益和必需的。关键在于是否"过度"，过度的劳逸就形成了致病的因素。

过劳主要包括劳力过度、劳神过度、房劳过度三个方面。劳力过度，在小动物主要指宠物犬牵遛过度导致劳累，或工作犬长期过度劳累导致积劳成疾。劳神过度即思虑过度，在小动物上主要表现为情绪的抑郁，例如，小动物主人的关注不够、缺乏正常的习性行为等，此种情绪可扰乱气机，损伤心脾，可出现纳呆、腹胀、便秘、便溏等病证，猫相较于犬而言，表现更甚。而房劳过度主要是繁育种犬或种猫因配种行为过度，伤肾耗精，则可出现腰痛、眩晕等病证。肾阳受损，脾失温煦，运化失常，还可致泄泻。

过劳致病，过度安逸亦可致病。过度安逸指机体活动不足，气机不畅，气血失和，耗能减少，采食量亦减少，脾胃功能减弱可出现食欲不振，神疲乏力。宠物犬因品种不同而需要不同的运动量，但无论如何，应当保证其所需运动。宠物猫的抓咬、追逐、攀爬也是正常生理需要，缺少这样的运动也同样会导致宠物猫发生各种逸病。

五、虫积

虫积，多由饮食不慎、恣食生冷或变质食物以及油腻肥甘之品，致湿聚热生，酝酿生虫，久而成积，（古人这么认为，现已证实此说法并不正确）或因误食染有虫卵的食物所致。而幼龄小动物更容易发生寄生虫疾病，是因为中医认为："脏腑不实、脾胃之虚也。"

饮食不洁，脾胃虚弱可致虫积，而虫积又能作用于机体，引起一系列疾病。若虫积为患，则扰乱气机、截取营养、损伤脾胃、耗伤气血，可致多种病变。现代医学对小动物肠道寄生虫疾病研究较为清晰，常见的肠道寄生虫包括鞭虫、蛔虫、钩虫、绦虫、球虫、隐孢子虫、贾第鞭毛虫、滴虫、异毕吸虫等。西医对此类寄生虫疾病的诊断与治疗也有优势，可以快速准确的治愈。但对于胃肠道的损伤以及应激，可以通过中药调理的方式帮助恢复与避免复发。

六、药毒所伤

药毒所伤主要包括饮食中毒和药物中毒两类。

饮食中毒指摄入有毒的食物，犬猫常见的有毒食物包括洋葱、巧克力、某些有毒植物等。另外就是误食本来无毒但是因腐败变质而产生毒性的食物，例如，垃圾堆里的食物。误食这些食物后，邪毒入内，可致病或致死。

小动物常见的药物中毒也包括两种情况。首先是小动物主人因不懂小动物对人用药的代谢原理而误服人用药导致发生疾病，如对乙酰氨基酚中毒。其次是因医者错误诊治及病轻药重、量大药猛所致。这其中也包含当今多种西药的毒副作用。

七、痰饮瘀血

痰饮和瘀血是机体遭受某种致病因素作用后，在病变过程中的病理产物。这些病理产物形成后，又能促使机体发生新的病理变化，出现新的病理过程。因此，痰饮瘀血既是病理产物，又是致病因素，亦称为"第二病因"。

痰和饮多因脾肺肾三脏功能失调，水液代谢障碍而形成，与脾胃关系尤为密切。中医认为，水湿遇热则成痰，遇寒则成饮。较为稠厚的为"痰"，清稀的为"饮"，合称痰饮。痰不仅指小动物口腔里有形可见的痰液，还包括瘰疬痰核和停滞在脏腑经络等组织中看不见形质的痰液，临床上可表现出不同的特殊的症状。这种痰称之为"无形之痰"。由于很多疾病的发生都与"痰"有关，因此，中医有"百病多由痰作祟"之说。

痰所引起的病机，因病变部位不同而表现各种不同症状，就胃肠病来说，痰停于胃，胃失和降，可见呕吐、胃脘痞满；痰气结喉，可见小动物慢性咳喘、吞咽频繁；痰浊内停，阻碍气机，胃气挟痰上逆，又可动膈而嗝逆。此外，不少久病或者疑难杂症，临床也多从"痰"来辨证施治而获效。故前人有"顽痰生怪症"之说。

饮即水液停留于机体局部者。其停聚的部位不同，导致的病证也不同。《金匮要略》就有"痰饮""悬饮""溢饮""支饮"的分类。饮停于胃肠，可见脘腹胀满、辘辘有声、呕吐清水痰涎；饮在胸胁，则胸胁胀满、咳唾引痛；饮溢肌肤，则身痛而重，肢体浮肿。

瘀血指血液停留于脉外，血脉运行不畅、阻滞于经脉脏腑，以及出现瘀斑等病理变化。淤血与痰饮一样，既是疾病过程中形成的病理产物，又是某些疾病的致病因素。

瘀血的形成首先与气虚、气滞、血寒、血热等原因有关，使血行不畅而至瘀阻。其次是因为外伤、气虚失摄或血热妄行等原因造成的血溢脉外、积存于体内而形成瘀血。瘀血形成后，不但失去正常的血液濡养功能，造成机体的损伤，而且又作为新的致病因素，影响全身或者局部的血液运行，从而产生疼痛、出血、瘀阻等新的病理变化。瘀阻胃肠，可见呕血、便血。瘀阻腹内，可见腹部膨胀、腹痛；瘀阻食道，可见胸膈疼痛、触之反抗或遇饲即吐等。

瘀血作为病因，古来有之，而且越来越受重视。现代医学研究发现，不仅仅是小动物的心脑血管疾病，包括很多的消化系统疾病在内的多种病变，利用活血化瘀治法，都可以取得显著的疗效。活血化瘀，已经成为解决不少疑难杂症的常用大法。《血证论》云："一切不治之证，总由不善祛瘀之故。凡治血者，必先从去瘀为要。"堪称经验之谈。

八、其他因素

脾胃病除有上述诸种病因外，还可因病后失调、失治误治、放疗化疗等因素引起。

病后失调指疾病初愈，调养不当而使机体阴阳气血或脏腑功能出现紊乱。《内经》云："病热少愈，食肉则复，多食则遗。"

失治误治，指小动物医生未能及时救治或误诊误治。这样会导致丧失宝贵的救治时机，以致小病拖大、表病入里；而误治更会导致病情变得错综复杂、迁延难治。临床常见痢疾失治，病久正虚，湿热滞留，邪热不去，可导致习惯性腹泻。寒湿痢误以湿热痢给予大剂苦寒治之，则如雪上加霜，进一步损伤阳气，而致虚寒痢。

放疗化疗是西医对恶性肿瘤的治疗手段，用之有效，但毒副作用较大，可致机体抵抗力下降，并引起恶心、食欲不振、腹胀、腹泻等胃肠道病证。因此，也属于脾胃病的病因之一。

第二节　病机

一、阴阳失调

《素问·宝命全形论》曰："人生有形，不离阴阳。"脾胃的生理特性和功能多种多样，但概括起来，不外"阴""阳"两类，就其属性来讲，脾为脏，属湿土，属阴；胃为腑，属燥土，属阳。从功能来看，脾主升清，喜燥恶湿，属阳；胃主降浊，喜润恶燥，属阴。正常情况下，脾胃脏腑合和，润燥相济，升降协调，阴平阳秘，气血生化源源不断。若由于各种致病因素的影响，阴阳消长失去相对的平衡协调，势必产生阴阳偏盛偏衰的病理状态而致病。这就是所谓的"阴阳失调"。

阴阳失调，对于脾胃病，广义上讲，可以包括脾胃脏腑失和、清浊不分、纳化失常、升降失司、润燥失济等诸多病理变化；而从狭义上讲，主要指脾胃阴阳失衡引起寒热盛衰的病理现象。《素问·阴阳应象大论》曰："阴胜则阳病，阳胜则阴病；阳胜则热，阴胜则寒。"这就是说，如果阴阳偏胜，即阴或阳任何一方高于另一方，必然影响到另一方。阳气偏胜，损耗阴液，扰乱气机，损伤脉络，可见胃脘痛、泛酸口臭、吐血、便血、腹痛腹胀、大便干结或泻下急迫等胃肠实热证；阴气偏胜，则中阳被遏，脾失健运，升降失调，清浊不分，又可见脘闷食少、腹痛肠鸣、水泄便溏等寒证。另外，如果阴阳偏衰，即阴或阳任何一方低于另一方，则亦能导致阴阳失衡，一方的不足，必致另一方的相对亢盛。如中阳不振、脾胃虚寒，则运化失常、气机逆乱、寒浊内生，可见呕吐反胃、大便溏泄、完谷不化、纳少腹胀、肢倦乏力等；而胃阴不足，阴不制阳，又可见口干咽燥、呃逆急促、干呕频作、胃痛腹痛、大便艰涩等虚火证。

二、清浊不分

清即清气、精气，指水谷精微等营养物质；浊即食物的残渣以及其他的代谢产物。清浊的泌别及其输布、传化是机体生存不可缺少的重要环节，脾胃肠道在其中发挥了主要作用。

胃为"水谷之海"，主通降，饮食入胃，经胃的腐熟后，下行入小肠，进一步消化、吸收，泌别清浊，游溢精气，上输于脾；脾主运化，将精气输布于心、肺、头目，并通过心肺的作用化生气血，营养全身。浊物则下传，经大肠排出体外。

清浊物质的区分，一是要靠小肠的泌别功能，二是要靠脾胃的升降分离功能。若脾胃升降紊乱或小肠泌别清浊的功能失常，则清浊不分。清气不升，则头目失养，并影响胃的受纳与和降，出现精神萎靡、共济失调、食少、腹胀、呕吐、泄泻等症状；浊气不降，不仅影响食欲，而且因浊气上逆导致小动物发生嗳气酸腐、呕吐、脘腹胀闷或疼痛拒按等症状。正如《素问·阴阳应象大论》所说："清气在下，则生飧泄；浊气在上，则生䐜胀。"

三、纳化失常

纳即受纳，化即运化。机体的纳化机能主要由脾胃来完成。

饮食入口经食管入胃，由胃进行腐熟，使之初步消化形成食糜，为水谷精微的产生和输布打下基础。胃的受纳腐熟功能正常，小动物则能食能消，气血生化有源。因此，《素问·玉机真脏论》说："五脏者，皆禀气于胃；胃者，五脏之本也。"《景岳全书》也强调："凡欲察病者，必先察胃气；凡欲治病者，必常顾胃气，胃气无损，诸可无虑。"

水谷精微的产生，不但要靠胃的受纳，还要靠脾的运化。脾既能将胃腐熟的食糜进一步运化为精微，转输于上下，散精于周身，起运化水谷的作用，还能对引入的水液吸收，转输散布，起到运化水湿的作用。

胃纳脾化，各司其职。胃的腐熟功能失常，则食不入消，病发返流、呕吐、胃脘痛等；脾不运化，则食物不能变成水谷精微，营养不得输布，水湿也不能运化。由此，后天失养，气血生化不足，元气亦不能充，机体整体功能下降而病邪丛生。临床可见胃脘痛、腹痛、泄泻等。此外，脾失运化，还能影响胃的排空、受纳，出现食欲不振、厌食、呕吐等症。脾胃病相互关联，在辨证论治时，要结合考虑。

四、升降失司

升即上升，升发之意。饮食经过胃的受纳、腐熟，经小肠的泌别，其营养物质需要通过脾气的升发功能，才能将其转输于心肺、头目，通过心肺散布周身。因此，脾气的运动特点以上升为主，脾气以升为健。

降即通降，饮食入胃，经过腐熟，必须下行于小肠，进一步消化吸收、泌别清浊，同时，完成胃肠的虚实更替，为进一步受纳做准备。因此说，胃主通降，以降为和。

脾升胃降，相反相成，对发挥其后天之本的作用至关重要。若脾胃升降失司，脾气不升，非但清气不能上输头目，散布周身，可见头晕、体弱乏力、中气下陷之久泄脱肛、内脏下垂等，还会影响胃的受纳与和降，出现食欲不振、呕吐、脘腹胀满等症状。反之，胃失和降，不但食气上逆，出现嗳腐、呕吐，也可影响脾气的升发，引起腹泻、腹胀等症。《临证指南医案》说："总之脾胃之病，虚实寒热，宜燥宜润，固当详辨，升降二字，尤为要紧。盖脾气下陷固病，即使不陷，而但不健运，已病矣；胃气上逆固病，即不逆，但不通降，亦病矣。"

五、润燥失济

脾与胃同属中焦，分工合作，功能完成消化吸收并且给机体供给营养的功能。然而，二者虽同属中土，但在性能喜恶方面，各有特点。脾为阴脏，胃为阳脏。脾为湿土，恶湿而喜燥，胃为燥土，恶燥而喜润。脾胃燥湿，既各有特性，又互相联系，相辅相成。正常情况下，脾胃两脏燥湿相济、阴阳相合，共同完成气血生化之功。

若脾胃功能减弱，或外邪犯及中土，脾胃润燥失济，则可表现一系列相应的病理变化；水湿凝聚，困遏胃阳，太阴湿土无阳以运，会产生中满腹胀、胃不思纳、呕吐返流、泄泻等；胃实燥热，消烁脾之津液，阳明燥土无阴以和，可见口干鼻燥，口臭呃逆、腹痛、便秘等。因此，脾胃病论治，必须注重其润燥特点，务使润燥相济。

六、病理演变

脾胃病变，虽涉及脾胃、大小肠，但总体可以脾胃功能失常来概括。其病理变化包括虚实寒热、升降润燥、纳化失常等诸多方面，且依病因、体质、治疗情况的不同而有不同的阶段变化。其病理演变过程错综复杂。一般来讲，脾胃的损伤多由饮食不节、饥饱失时、冷热不当或禀赋素虚，或久病耗伤，或劳逸过度而致，这些致病因素作用于脾胃，可致脾胃气虚、纳化失常，表现胃纳不佳、饮食无味、厌食、水谷不化、食入即吐等症状。脾胃气虚还可致清浊升降失司：脾不升清，可见脘闷、食后萎靡、嗜睡、腹胀、四肢乏力、腹泻；脾胃不升反降，则中气下陷，又可见久泄脱肛、内脏下垂等。胃气不降，糟粕不能下传，在上则发生噎膈，在中则发生脘痛，在下可发生便秘、下痢等。胃气不降反上逆，则可见呕吐、返流等症状。若中气虚衰，气不摄血、血不循经而外逸，还可见吐血、崩漏、便血、紫癜等血症。中气损伤进一步发展，常可伤及脾胃阳气，中气不振，则寒从中生，胃的腐熟功能明显减退，造成食入不化。另外，脉络收引，气滞血凝，可见脘腹冷痛等症状；中阳被遏，运化无权，津液失布，水湿内停，又可进一步发展为水湿中阻之症，可见四肢酸痛、精神倦怠、脘腹胀满，大便溏泄等症状。水湿中阻，若因病邪、体质失治误治等因素，从阴寒化，则更伤中阳，以致湿益胜而阳更微；若从阳热化，则湿热交蒸，酿成黄疸。如若气滞、瘀阻、痰、湿、食积郁结日久，或营养过剩，或热犯中土，均可生热化火，引起胃肠功能亢进，耗伤阴津，而致燥热内结，胃火上炎，出现胃中嘈杂、消谷善饥、嗳腐吞酸、大便干结等症状。胃热盛，消烁阴津，阴液枯涸，又可致胃阴虚，使胃的受纳腐熟及和降功能进一步减退，出现口干舌燥、不思饮食、舌头红而干、脘腹痞满、干呕，甚至胃气衰败，出现口腔溃疡等病理表现。

脾胃居中焦，职司受纳运化。气血之化生，水精之输布，皆赖于此。故称为"后天之本"。了解脾胃病的一般传变规律，用于指导小动物临床诊疗，就可知常达变，治中有防，取得较好的疗效。

第三章

脾胃病辨证概要

第一节　辨证要点

一、辨识主证，注意转化

脾胃病辨证，应首辨主证，此乃正确诊断之首务。

主证即众多临床表现中反映疾病本质、对病情发展变化起着主导作用的证候表现，它不是依据症状出现的多少和某症状的明显程度而定，而是以能反映疾病的病理属性的症状为主证。如胃痛病，症见胃脘隐隐作痛，持续较久，喜温喜按，得食痛减，时吐清水，纳少，精神萎靡，四肢远端温度较低，大便溏薄，舌质淡，脉细弱等表现。在这里，胃脘痛、喜得温按即为主证，因隐痛喜按属虚，喜温属寒，它反映了胃痛病脾胃虚寒、胃失温煦的病理机制。抓住此证，也就正确认识了脾胃虚寒胃痛病证。辨识主证的目的，是为了准确地把握住疾病的本质，从而制定恰当的治疗方法。

从辨证的观点来看，任何事物都不是一成不变的，疾病是一个动态变化的过程，因此，主证也是在变化的。在一定条件下，疾病主证亦可发生转化。如上述脾胃虚寒胃痛，出现胃痛隐隐，喜温喜按，四肢欠温等虚寒症状，若病久寒凝气滞，脉络瘀阻，出现胃脘剧痛、痛有定处、拒按、吐血、便血等，说明主证已经发生了转化，成为瘀血阻滞之证，治则也应当随症变更为化瘀通络。

导致主证转化的因素很多，如胃痛病日久正气损伤，或用药失当，过用寒凉、温燥皆可致气滞、气虚、寒凝、热灼而成血液瘀滞，均可造成胃痛主证的转化，他病亦皆如此。在辨证中，应注意辨识主证的这种转化，把握疾病的性质，治随证变，方可获取疗效。

二、追溯病史，全面分析

辨证的过程是全面分析主诉与病情资料、正确认识疾病本质的过程，不仅需要辨识主证，还要追溯病史，详细地分析疾病的症状和体征，为正确辨证提供客观依据。

病史是疾病发生发展的过程，又是症状形成的基础，通过追溯病史，可以全面了解分析病情，对正确诊治疾病具有重要意义。如胃痛病，除询问小动物主人疼痛的性质和伴发症状外，还应该注意追寻病史，若小动物主人反馈胃痛反复出现，而且多是由小动物情绪的变化诱发，并见胃脘胀痛连胁的症状，即可诊断为肝气犯胃胃痛，治疗重在疏肝和胃。若小动物虽亦经常发作，在饮食不慎或饮食变化时而发病或疼痛加重，且畏寒恶凉，喜食热饮，即可判断为脾胃虚寒胃痛，治疗重在温中健脾。

如果小动物粪便带血，应该向小动物主人追寻病史，若小动物存在胃痛，又见先便后血、血色紫暗或黑，知其为肠道前段出血，为久病胃络损伤所致，即可诊断为脾胃虚寒便血，治以温中健脾活血为法。若小动物经常大便秘结，粪便带血，肛门红肿，结合先血后便、血色鲜红的特点，其血属肠道后段血，即可做出直肠肛门出血，除外治法外，内治应以清热润燥凉血或清热祛风止血为法。可见，只有详细地询问病史，了解疾病的全部经过，全面掌握病情，才有助于正确诊断。

全面分析，除注意向小动物主人询问病史外，还应综合四诊材料，做到四诊合参。望闻问切四诊是从四个不同的角度了解病情，不能互相代替。因此在辨证时，应结合四诊所得，互相参照，全面分析，才能正确进行诊断，不能只凭一症，或一舌一脉，仓促诊断以致误诊。

三、辨明病性，权衡主次

脾胃病辨证之要，在于辨别疾病的虚实和寒热性质，而后对症施治。如泄泻，必须辨明寒热和虚实方可施治。若泄泻清稀，腹痛肠鸣，完谷不化，舌淡，脉沉迟，多属寒证，如《素问·至真要大论》说："诸病水液，澄澈清冷，皆属于寒。"治宜温中散寒止泻。若泻下急迫，大便黄褐而臭，肛门灼热，舌红脉数，多属热证，如《素问·至真要大论》说："暴注下迫，皆属于热。"治宜清热止泻。若泄泻臭如败卵，腹满胀痛，嗳腐酸臭，舌苔垢腻，脉滑，则为实证，乃饮食停滞所致，治宜消食导滞。若久泄不止，大便时溏时泻，腹部胀坠，喜温喜按，黏膜发黄，食欲不振，舌淡脉弱，此为虚证，乃脾虚所致，治宜健脾益气，升清止泻。又如黄疸，当分阳黄、阴黄。若目黄身黄，黄色鲜明如金黄色，发热腹满，舌红苔黄，口渴脉数者，属阳黄，为热为实，治宜清热利湿。若身目黄染，黄色晦暗如烟熏色，神疲畏寒，舌苔淡白，不渴脉濡者，属阴黄，为寒为虚，治宜温中健脾而化寒湿。此外，尚需分辨寒热虚实的真假，注意"真寒假热""真热假寒""大实有羸状""至虚有盛候"的虚假现象，透过假象，辨明寒热虚实的证候本质，从而正确施治。

辨证之要，还必须审查小动物本身的症状，权衡主次，从而为治疗的先后缓急提供依据。如患有水臌病的小动物，出现腹大如鼓，脘腹胀满，呼吸喘促，大小便不利等邪实盛急证候，此时虽然有形体消瘦、食少神疲、不喜运动的机体正虚证象，然而权衡主次，标病甚急，危及生命，邪气盛实处于主导地位，故治疗应该采取急则治标之法，逐水消肿，待腹水减轻，再调理肝脾而治本。如《素问·标本病传论》说"先病而后中满者治其标"，又说"大小不利，治其标"。所谓治其标，是指标病急，处于疾病的主导地位。对于脾胃病的复杂证候，应权衡主次，辨清病证发展过程中的这种主次关系而施治。

四、确定病位，分清阶段

诊断疾病，不仅要辨明病性，更需要确定病位，分清阶段，这是辨别脾胃病的一个重要原则。

脾胃病的病理变化虽然复杂，但其发生、发展、演变具有一定规律性。多由饮食、劳倦、情志等因素，影响胃脾肠道等脏腑器官，是脏腑功能紊乱，阴阳气血失调，病多起于中焦，而波及上焦，累及下焦。因此，脾胃内伤杂病的病位，多在脾胃、大小肠、食道、口舌等。其病位确定与阶段划分，应以脏腑器官为主，结合气血、三焦来辨别。

如胃痛病，症见胃脘疼痛，病位主要在胃，然而在临床辨证时，还要进一步分析，看病在气分阶段还是久痛已入血分。若小动物胃脘胀满疼痛，连及两胁，嗳气脉弦，或胃痛灼热，泛酸嘈杂，踱步喜吠，舌红等，此为肝气犯胃或肝胃郁热所致，治宜疏肝理气和胃或疏肝清热和胃，调理气分方可治愈。若胃痛日久不愈，痛有定处，舌质紫暗或有瘀点瘀斑，脉滞涩，是久痛入络，已由气入血，病在血分，当采用化瘀通络，和胃止痛的方法，从血分调制胃痛可愈。

又如泄泻，是脾胃病的常见病，病变部位主要在脾胃和大小肠，辨证当分病在中焦、下焦。起初阶段大便泄泻，脘闷食少，腹部胀满或疼痛，病在中焦，治用健脾和胃，祛湿止泻之法，调理中焦即可获愈。若病情进展，出现久泄不止，或五更泻，甚至滑脱不禁证候，则病由中焦而入下焦，由脾而累及于肾，导致肾阳虚衰或下焦不固，病变的部位不同，疾病的病理阶段不同，治疗也随之而变，当用温肾助火或收敛固脱之法，温涩下焦方可收效。

再如积聚，腹内结块，或胀或痛，病分初中末三个阶段。初期，积块软而不坚，正气未伤；至中期，积块增大，按之觉硬，正气已伤；若积块坚硬，正气大伤则为末期。疾病的这种阶段划分，能反映出病情的轻重、病势的进退、病机的演变和正气的盛衰，是辨证的依据，因此应观察病情，分清阶段。这对治疗也具有重大指导作用。

可见，辨疾病的不同病位和阶段，是辨证过程中不容忽视的重要方面，辨明病位，分清阶段，据此而施治，才可有的放矢，收到显著疗效。

五、详审病势，观察预后

疾病是一个不断发展变化的过程，脾胃病也是如此。由于感受的病邪性质不同，病人的体质差异，脏腑之间又存在着生克制化的密切联系，加之治疗用药的得当与否，正气的盛衰和胃气的强弱有无等，这些都决定着疾病的发展趋势和转归预后。诊断中，仔细审查这种疾病的发展趋势和预后转归，都是非常重要的。

《医宗金鉴》说："人感受邪气难一，因其形脏不同，或从寒化，或从热化，或从虚化，或从实化，故多端不齐也。"病邪有轻有重，有阴有阳，体质有虚有实，有寒有热，疾病随病邪的性质不同和机体的阴阳强弱不同而呈现不同的病变和发展趋势。如脾胃病患病小动物，若平时有胃中冷痛，腹痛泄泻，经常畏寒怕冷的阴寒体质的小动物，最容易感受寒邪而伤胃肠阳气，病从阴化寒，出现脾胃阳虚寒盛的病变趋势。若平素喜吠狂躁，胃中灼热，口干舌红，经常大便干结阳热体质的小动物，最易遭受热邪侵扰而伤胃肠阴液，病从阳化热，出现胃肠阳热炽盛的病变趋势；若平常胃中满闷，纳差不食，苔腻口淡、脾虚湿盛的小动物，最易感受外界湿邪而困遏脾气，出现水湿内停，化饮酿痰，呈现痰饮水湿为患的病变趋势。诊查疾病时，要注意辨识这种趋势。

再者，病变过程中，由于失治误治因素，也常导致病势的转化。如患胃痛的小动物，胃脘冷痛，喜温喜按，得食痛减，舌苔淡白，脉沉迟无力，证属虚寒，在治疗过程中，由于过用肉桂、附子、干姜、吴茱萸等温燥药物，化热伤阴，出现胃中灼热，口燥咽干，食欲下降，舌质红干燥少津，脉细数等证象，是由于脾胃虚寒而转为阴虚胃热，病势发生转化。又如患痢疾的小动物，腹痛较剧，里急后重，下痢赤白脓血，或痢下血水，肛门灼热，舌红苔黄，脉数，证属实属热。若临床失于治疗，或过用寒凉，损伤胃肠阳气，出现下痢不止，痢下稀薄或白黏胨，或下利清谷，甚至滑脱不禁，腹痛隐隐而凉，畏寒神疲，舌淡，脉弱等，是由实热转化为虚寒，病势发生转化。诊断时，要详审这种病势的发展转化，做到正确辨证，而使治疗无误。

脏腑之间存在着生克制化的关系，如木郁乘土，土壅木郁，土不生金，火不生土，土不制水等。这些也均可说明疾病的病势演化。《金匮要略·脏腑经络先后病》说："夫见肝之病，知肝传脾，当先实脾。"正是指出了肝病传脾的这种病变发展趋势。如患黄疸及胁痛的小动物，临床表现精神沉郁，胁肋胀痛，脉弦，随之出现食欲下降，不喜运动，腹胀脘闷，大便溏泄，或舌苔白腻或黄腻等脾虚或湿盛证候，病势发展，由肝及脾，应审查病势，知肝传脾，治疗先实脾土，以杜滋蔓之祸。由此可见，在诊断时，运用脏腑间的互相联系来审查病势的演化，也是辨证中十分重要的方面。

疾病是一个正邪相争的过程，正能胜邪则病退，正不胜邪则病进，正气的盛衰决定着疾病的转归预后。如脾胃病久病的小动物，虽病而目光有神，精神状态良好，呼吸平稳，吠叫声清亮，肌肉不削，为正气损伤不甚，脾胃等脏腑功能未衰，由于正气内存，具有祛邪抗病的能力，故预后一般良好。若患脾胃病时，精神沉郁、体弱毛焦、目光无神，纳差食少，呼吸喘促等，此为正气大伤，脾胃等脏腑功能衰竭，预后大多不好。

胃气的强弱也决定着疾病的预后好坏。《素问·平人气象论》说："人以胃气为本。"脾胃为水谷之海，是机身元气生成之源，脾胃病患病动物，虽然病情较久较重，只要小动物胃纳尚佳，食欲不减，说明胃气旺盛，有胃气则生，由于精气生成有源，具有抗邪祛病的物质基础，预后较好。反之，若患病动物食欲全无，或食入即吐，食欲废绝，为胃气已衰，由于化源已绝，预后大多不良。可见，机体正气强弱与胃气存亡决定着疾病的病势和预后转归。

第二节　辨常见症

一、辨口味

口为脾窍，口腔属于消化道的起始部，直接隶属于脾胃，关系甚为密切，如《灵枢·脉度》篇说"脾气通于口，脾和则口能知五谷矣"。因此，口味的变化可以直接反应脾胃肠的病变。口内津液，又通于五脏，所以口的味觉又可反映出五脏病变。脏腑之气偏盛偏衰，便有不同的味觉反应于口，为临床诊断提供依据。人的中医学中将口味异常分为口淡、口甘、口苦、口酸、口咸、口辣、口腻、口臭等方面，可以反映不同的病变。但小动物临床存在特殊性，小动物无法分辨如此多的口味变化，而小动物医生通过嗅闻小动物口腔可简单诊断小动物口臭与口酸两种口味变化。

口内出气臭秽，成为口臭，多属胃火盛，上蒸于口所致，常兼有齿龈溃烂红肿，或口舌生疮糜烂、口渴引饮、溺赤便干等症状，治宜清胃泻火。另有饮食不节，食宿内停，胃肠积食，也可造成口臭，常见口中臭秽酸腐，兼有脘腹满胀、不思饮食、吞酸嗳腐、舌苔垢腻等症状，治宜消食化积导滞，和胃降逆。

如若嗅闻后觉口味偏酸，多由木郁乘土，肝热犯脾所致，常兼有胁胀脘闷，呕苦作酸、脉弦等症状，治宜疏肝清热，健脾和胃。若宿食停滞胃肠，亦可出现口味偏酸，常兼有脘腹满闷膜胀、嗳腐、苔厚等症状，治疗宜消食导滞和胃。

二、辨渴饮

渴饮是脾胃病中的常见症状，也是辨别证候寒热、虚实、识别水湿、瘀血的一个重要依据。临床应根据口渴与否、欲饮与不欲饮，饮多饮少，喜冷喜温，再结合脉证舌象，仔细分析，以区分病位，分辨病性。

一般来说，口渴为热，常是胃肠蕴热的特征；口不渴为寒，多属脾胃虚寒的证象；口渴饮冷为胃肠内有实热蕴结；口渴不饮或渴喜热饮属脾胃水饮，瘀血阻滞。

胃肠热盛则口渴引饮。若大渴伴大热、脉洪大者，为邪热炽盛，病位在胃，治宜清胃泻热；若渴饮无度、饮水而渴仍不止者，则又属热盛津伤，治疗宜清热生津。口渴引饮兼大便干结、脘腹胀痛、舌苔黄燥、脉沉实有力者，为腑实热结之证，病位在肠，治疗宜苦寒攻下，通腑泄热。若口渴饮冷、胃痛泛酸、舌红、苔薄黄、脉数者，为胃中蕴热，治疗宜清热和胃。消渴病口渴饮冷，兼有多食善饥、形瘦便干、舌苔黄燥等症状，属中消胃热，治宜清胃泻火。

口渴常伴有饮水，如果口渴而不思饮冷，或渴喜热饮且饮亦不多，为脾虚胃肠内停有水饮，由于湿浊水饮阻滞，水津不布，津液不能上承所致。常兼有小便不利或水入即吐等症状，虽有口舌干燥，亦不可清热生津，而宜温化渗利，湿化饮除，津液上承而口渴自止。脾胃湿热郁蒸亦可出现口渴，其渴不欲饮，或饮而不多，常伴有身热体倦、便溏不爽、苔腻且黄等症状，治宜清热化湿。

三、辨食欲

脾胃同属中焦，共司水谷受纳运化，脾胃强健，水谷得以受纳运化，则食欲正常；若脾胃受病，纳化失职，则食欲异常。可见食欲正常与否是识别脾胃功能强健状况的标志，又是辨别肠胃病证的重要依据。常见的食欲失常有纳差不食和多食善饥两个方面。

脾胃气虚则食少纳呆，为脾虚健运失职，胃弱不能受纳所致，常兼有食后脘闷腹胀、大便溏泄，并有精神萎靡、舌淡脉弱等症状，治疗宜培补中土，健运脾胃。胃阴不足则饥不欲食，为津液不能濡养胃腑，受纳无权所致，常兼有口渴饮水、干呕，或胃嘈杂、舌干少津等症状，治疗宜滋阴养胃。食滞胃肠则纳呆恶食，由于饮食不节、食积不化、停滞中焦所致，常兼有嗳腐酸臭、脘腹闷胀、舌苔厚腻等症状，治疗宜消食导滞。肝气犯胃则不思饮食，是由于肝气郁结、横逆犯胃、胃气失和所致，常兼有胸胁胀满或疼痛、精神沉郁，或嗳气呕逆等症状，治疗宜疏肝理气和胃。寒湿困脾和湿热内蕴都可导致纳呆不食，寒湿困脾常兼有泛恶欲呕、脘闷腹胀、大便溏泄、舌苔白腻等临床特征，治疗宜健脾燥湿，芳香温化；湿热内蕴者常兼有厌恶油腻、脘闷腹胀、便溏不爽、舌苔黄腻等临床特征，治疗宜清化湿热，醒脾开胃。

内伤久病，饮食逐渐减少的小动物，为脾胃之气虚衰的表现；病中不食或者食少，而饮食逐渐增加者，属正胜邪退，胃气逐渐恢复之象。大病久病，饮食不减，是有胃气，由于化源充足，预后较好；若饮食减少，渐至不思饮食，属胃气衰败，由于后天生化乏源，预后不好。此谓"得谷者昌，失谷者亡"，临床上久病不愈的小动物，本不能食，而又突然暴食，则属"除中"症，是中气除去，胃气衰败的证象，多主死证。

一般来说，多食为脾胃功能强健的标志，但是临床上若出现多食善饥，则属病态。病理多食指食量超过日常，或明显多于其他同品种同体重小动物，多系胃中有热的表现。胃热则消谷，谷消则善饥，常见于消渴病中消证。患病动物多食易饥，形体消瘦，口渴引饮，大便干结，舌苔黄燥，呈现胃火炽盛证象，治疗采用清胃泻火的方法，邪热去则胃自和而多食易饥自然消失。另有时感觉饥饿但每食量少，食则脘腹胀满者，属于脾胃之气虚弱所致，常见于胃脘痛之中气虚动物，治疗当采用健脾温蕴、调养胃气的方法，中气恢复，脾胃健运则饥饿感消失而能自食。

四、辨二便

脾主运化升清，胃主受纳降浊。小肠受盛化物分清别浊，水浊入膀胱走前窍而为尿液，谷浊归大肠走后窍为粪便。大肠传导化物，排泄糟粕。因此二便发生异常，多关系于脾胃和大小肠，常为肠胃功能失常的表现。

二便异常常有大便秘结、泄泻和小便不利、失约几方面，分述如下。

泄泻是脾胃功能失常的表现，可由多种原因所造成。脾胃虚弱，运化失职，清气不升而反下流肠间，可致泄泻。临床出现大便稀溏，或清稀如水，或谷食不化，水谷混杂，常伴有纳差腹胀，神疲体倦，舌淡脉弱等症状。如《素问·脏气法时论》所说："脾病者……虚则腹满肠鸣，飧泄食不化。"治疗宜健脾益气，升清止泻。泄泻若是由脾阳虚弱，火不腐谷所致，临床则出现完谷不化或洞泻无度，常兼有腹中冷痛，畏寒肢冷等症状，治疗宜温中助阳，健脾止泻。脾虚泄泻日久，每每由脾及肾，导致脾肾阳虚，而为五更泄泻，或下利清谷，此属阳虚火衰，火不温土所致。治疗宜采用益火扶土的方法，温肾健脾止泻。泄泻日久不止，损伤中气，又可造成中气下陷，出现大便滑脱不禁，甚至脱肛，治疗宜益气升清，收涩止泻固脱。

暴注下迫，皆属于热。若泻下如注，肛门灼热，便色黄褐臭秽，则为湿热阻滞肠胃，升降传导失司所致，治疗宜清热利湿。诸病水液，澄澈清冷，皆属于寒。若泻下清稀如水，腹中雷鸣，兼有脘闷腹胀，舌苔淡而不欲饮等症，又属于寒湿困脾，升降失司，水谷混杂并走肠间所致，治宜温中健脾，散寒化湿。饮食停滞亦可导致泄泻，其临床特点是脘腹膜胀作痛，泻后痛减，泻下臭如败卵，伴有嗳腐酸臭、舌苔垢腻等症状，治疗宜采用通泻的方法，消食导滞，排除胃肠积滞。人医临床又有肝气犯脾所致泄泻，其特点是腹痛即泻，泻后则安，伴有嗳气、脉弦等症状，而在小动物临床，往往是由于情志应激导致小动物情绪紧张而诱发，治疗宜扶土抑木，疏肝理脾。

大便秘结有热秘、寒秘、气秘、虚秘等，临床应当分清虚实，明辨寒热。

热结便秘，又称作热秘，属热属实。临床出现大便秘结不通，腹部膨胀特痛拒按，或身热恶热，舌苔焦黄，脉沉实有力，属胃肠积热，腑气不能通降所致。治疗宜通腑泄热，攻导大便。阳虚便秘，又称作寒秘或冷秘，属寒属虚。临床可见大便秘结，艰涩不畅，排出困难，伴有腹痛、四肢不温，小便清长，脉沉迟无力等症状，属脾肾阳虚，阴寒凝滞所致。治疗宜温阳散寒。阳气宣通，寒凝得减，而便秘自除。

气虚气滞亦可导致便秘。气滞便秘，称作气秘，证情属实，所见大便秘结数日，滞涩不畅，兼有腹胀、嗳气呕恶、脉弦等症状，为肝气郁滞，脾胃升降失常、气机紊乱所致，治疗宜顺气行滞、降逆通便。气虚便秘，常称虚秘，病性属虚，大便秘结，粗大如注，数日不通，便时强力努责，便后虚疲至极，伴见气短喘促，舌淡脉弱等症状，属肺脾气虚，无力传送糟粕所致。治疗宜补益脾肺之气，气足大便自然传导。小动物临床还可见阴血亏虚便秘者，大便长期秘结，或数日一次或数周一次，排便困难，兼有形瘦鼻干、牙龈苍白、舌淡、脉细或数等症状，属阴血不足，肠道失其濡养所致。治疗宜采用增水行舟的方法，滋阴养血，润肠通便。

小便不利指小便量少而排尿困难的一种症状，就脾胃病而言，其发生大概有三方面，或由津液偏渗大肠，或为湿热阻滞水道，或属中气不足下陷及脾阳虚弱不振。

小肠泌别失职，水浊不走前窍而偏渗大肠则小便不利，临床出现小便短少不利，大便反见泄泻清稀，兼有肠鸣脉濡、舌淡、舌苔白滑等症状，治宜渗利，开阑门分水道，使水走前窍而小便自利且大便水泻自止。若小便短赤不利，兼有纳呆腹胀，舌苔黄腻，脉濡数等症状者，则为感受湿热或水湿内停蕴久化热，湿热胶结阻滞三焦水道所致，治疗宜清利水湿，攻逐湿热，通利水道。另有中气不足而小便不利或不通者，临床见排尿困难，时轻时重，兼有神疲气短，纳少，属劳倦伤脾，气虚无力排尿或中气下陷所致，一般在老年犬猫较为多见，治疗宜健脾补中益气升提。中气足则小便自能排泄。脾阳不振，小便不利多见于水肿病，小便短少不利，兼有形寒肢冷、舌淡胖、苔白滑等症状，乃因寒湿入侵或劳倦内伤，中阳受阻，运化无权，水湿不能下行所致，治疗又宜温蕴脾阳，化气行水。

小便失约在脾胃病临床上可有频数、余沥、失禁、遗尿几方面。若小便频数，尿清而长，兼有神疲乏力、形寒纳差、舌淡、脉弱者，属肺脾气虚，乃由肺失治节，脾失固摄所致，治疗宜补气温肺健脾。若尿后余沥不尽，时作时止，遇劳则发，兼有神疲肢倦、纳差腹胀等症状者，属中气不足，不能固摄津液所致，治疗宜补中益气，升提固津。小便频数失禁，咳或吠叫则尿液自出，兼有神疲气虚，食后腹胀者，属脾肺气虚，津液失于固摄所致，治疗宜补气健脾益肺，佐以收涩固津。若尿急、尿频，色黄者，则为脾虚水湿下注，阻滞气机，郁而化热，治疗健脾利湿清热。另有小动物临床小便混浊，日久不愈，兼有尿后余沥，神疲纳少者，属脾虚下陷，固摄失职，精液下流所致，治疗宜补气升提，健脾固精。

五、辨呕吐

呕吐是脾胃病的一个常见症状，由胃气上逆所致。一般以有声无物为呕或称干呕，有物无声为吐，有物有声谓之呕吐。呕吐亦有虚实寒热之分，临床上常以呕吐物和兼见症状进行分辨。

痰饮阻滞呕吐，呕吐痰涎、痞满眩晕、小便不利、苔白脉滑等症状，为饮停胃脘，胃失和降，胃气上逆所致，治疗宜温阳化饮，降逆止呕。胃肠热结呕吐，呕吐频作，食入即吐，得冷则安，兼有渴饮便秘、舌红、苔黄、脉数等症状，属胃肠蕴热，胃火上逆所导致，治疗宜清胃泻火，降逆止呕。食滞胃脘呕吐，呕吐酸腐，厌食并有脘腹膨胀、苔厚、脉滑等症状，为饮食停滞不化，中焦气机受阻，浊气上逆所致，治疗宜消食导滞。若因小动物大吠大叫，情绪激动导致呕吐，伴有胁胀脘闷、嗳气频频、脉弦等症状，属于肝气犯胃，胃失和降所致，治疗宜疏肝理气，和胃降逆。脾胃虚寒呕吐，呕吐清涎，食多即吐，时作时止，兼有腹痛、喜温喜按、食少便溏、舌淡、脉迟等症状，为中阳不足，脾失健运，胃气上逆所致，治疗宜温中健脾，和胃降逆。胃阴不足呕吐，表现为干呕不食，或食入即吐，兼有口干舌红、脉细弱或数等症状，是由于胃阴不足，胃失濡润和降，胃气上逆所致，治疗宜滋阴益肺，降逆止呕。

另有饮食入胃，朝食暮吐，暮食朝吐，称为反胃，多为火衰，脾胃虚寒太甚所造成。治疗宜补火扶土，温阳助运，和胃降逆。

六、辨出血

脾胃病出血常见的有吐血、便血、溺血、衄血等几方面，临床上应当明辨病位，分清性质。

血自胃来，从口而出者，称为吐血，病变主要在胃和食道，且多关系于脾、肝二脏。若胃中炽热，灼伤胃络，则吐血鲜红或紫暗，兼见胃脘灼热疼痛、口渴喜冷饮、口臭便秘、舌苔黄、脉数等症状，治疗宜清胃泄热，凉血止血。临床又有胃脘血瘀吐血，血出紫暗有瘀块，兼见胃脘刺痛、面色暗黑、舌有瘀点瘀斑症状，多由脾胃阳虚寒凝，或气虚血瘀，瘀阻络道所致，治疗宜活血化瘀止血，或兼以温中散寒或健脾益气。若吐血过多，出现齿龈苍白，脉微细欲绝，属虚脱之象，治疗急宜益气固脱。

便血指大便出血，临床应区分远血近血。若先便后血，属于远血，其色暗紫而黑，病位在小肠或胃；若先血后便，则为近血，其色多鲜红，病位在直肠或者肛门。

脾胃虚寒便血，先便后血，血色紫暗或黑腻如柏油样，兼有神疲怕冷、口淡不渴等症状，为中阳不足，脾不统血，血溢络外所致。治疗应当温中健脾，益气摄血。胃肠蕴热可致便血，若下血鲜红，先血后便，甚则纯下鲜血，为风火熏迫大肠所致，属肠风，兼有口渴饮冷、大便燥结、苔黄、脉数等症状，治疗宜凉血泄热，息风宁血；若下血紫黑污浊，先血后便，或血晦暗不鲜如黄豆汁，为湿热蕴结化毒，下注大肠，灼伤阴络所致，属脏毒，兼有脘痞、呕恶、腹胀，或有肛门肿硬疼痛、苔腻、脉滑等症状，治疗宜清化湿热，和营止血。

衄血根据出血的部位，鼻孔出血者为鼻衄，齿龈出血者为齿衄，血自皮肤溢出者为肌衄。胃中蕴热常导致鼻衄或齿衄，临床见出血鲜红量多，兼有口臭渴饮、鼻干龈肿、舌红、脉数等症状，为胃热熏迫，灼伤血络所致，治疗宜清胃泻火。脾气虚弱亦可致衄血，鼻衄齿衄渗渗不止，反复发作。或皮肤出现紫点紫斑，色紫暗淡，时起时消，属脾胃虚弱，气虚不能摄血，血溢脉外所致，治疗时应当健脾益气摄血。

另有溺血，即小便出血，病在小肠，关系于脾，若心火亢盛，下移小肠，灼伤血络，则尿血鲜红，每见小便赤涩灼痛，或口舌生疮糜烂、舌尖红、脉数等症状，治疗应当清心导赤，泻小肠之火。若脾气虚损，中气下陷，脾不统血，也可导致尿血，临床出现小便频数带血，血色淡红，反复不愈，兼有神疲体倦、舌淡、脉弱等症状，治疗宜健脾升清，益气摄血。

七、辨疼痛

疼痛是脾胃病的常见症状，临床应当分辨虚实寒热及在气在血。一般来说，剧烈疼痛，腹痛拒按为实；疼痛较轻，小动物喜按为虚；疼痛喜暖恶冷为寒；疼痛喜冷恶热为热；痛无定处为气滞；刺痛不移为血瘀。人医学中将脾胃病的疼痛常分为胃脘痛和腹痛等，但在小动物临床，很难区分。

胃痛骤发，喜温恶冷，得温痛减，脉多沉迟，为寒邪犯胃所致，治疗宜温胃散寒。胃脘疼痛，兼口渴喜冷，尿赤脉数，属胃中蕴热，治疗宜清胃泄热。胃痛隐隐，时作时止，喜温喜按，属脾胃虚寒，常兼有神疲乏力、四肢不温、苔白、脉沉迟症状，治疗应当温中健脾。胃痛较甚，兼有口干舌红少苔，属胃阴不足，治疗应当滋阴养胃。胃脘胀痛，嗳腐苔厚，为食宿内停所致，治疗宜消导和胃。胃脘刺痛，痛有定处，舌质瘀暗，脉象沉涩，为瘀血阻络，治疗应当活血祛瘀。

腹痛胀满拒按，兼有大便秘结、口渴饮冷、苔黄、脉洪滑等症状，为胃肠实热，由于热结腑实，气机不通所致，治疗宜通腑泄热，行气止痛。腹痛绵绵，喜温喜按，得温痛减，遇冷加重，有体冷便溏、神疲舌淡、脉沉迟等症状，属脾胃虚寒，由于中阳不足，寒邪凝滞所致，治疗宜温中健脾散寒。腹满胀痛，痛无定处，矢气则舒，为气滞腹痛，由于肠胃传化失司，气机升降失常所致，治疗应当行气止痛。腹痛固定，昼轻夜重，或有积块不移，为瘀血腹痛，由于瘀血阻滞，脉络不通所致，治疗应当活血祛瘀止痛。

八、辨积聚

积聚形成，总不外气滞、血瘀、痰阻、寒凝、食积所导致，病位多在胃肠，关系于脾、肝二脏。胁下或腹部有块，初起胀痛不坚，久则坚硬不移，疼痛较甚，为气滞血瘀所致，多属症积，常兼有身体消瘦、胁胀腹满、神疲乏力等症状，舌质多青紫或有瘀斑，脉弦细，治疗应当活血化瘀，佐以行气。脘腹有块，按之软而不坚，或大或小，时聚时散，隐隐作痛，兼有脘腹胀满、纳差肢倦或形体消瘦、舌淡、脉弱等症状，属中气虚损，由于脾失运化，食积停滞，痰饮蓄积所致，多为瘕聚，治疗应当补益中气，温阳化饮，消导行滞。脘腹有块，或时聚时散，或坚硬不移，疼痛拒按，兼有胃脘胀闷、纳差腹满，或形体消瘦等症状，为痰食寒邪凝结或痰食瘀血互结而成，治疗应当攻导痰食结聚或逐痰化积祛瘀。

九、辨神色

神是机体生命活动的外在表现，色是五脏精气的外荣，对于患病小动物，通过望面部气色可以了解五脏精气的盛衰，通过望神观察精神意识状态和机体功能状态，又可以测知病情的深浅轻重和预后好坏。但对于小动物而言，难以辨别面色的变化，因此我们只讨论小动物机体神态的变化与脾胃病的关系。

脾胃为后天之本，气血生化之源，脾胃强健，五脏充盈，则神气充足，动物表现为精力充沛，目光明亮，呼吸平稳，肌肉丰满，体态自如，此谓得神，即使在病中也属于正气未伤，病情轻浅，预后较好。若脾胃虚衰，化源不充，气血亏乏，则出现精神不振，目光无神，吠叫无力，不愿运动，困倦思睡等证象，是为神气不足，治疗宜急补之。

十、辨寒热

恶寒与发热是临床上的常见症状，亦多见于脾胃疾病，根据恶寒和发热的有无与多少，常作为辨别外感和内伤病证的重要依据，同时又用于分辨脾胃疾病性质的阴阳虚实和寒热真假及病位所在。

辨外感内伤。外感病多有发热，发热常伴有恶寒；内伤病亦有发热，发热时常见畏寒。外感发热发病多急，病程较短，发热持续；内伤发热起病多缓，病程较长，发热时作时止。外感恶寒，虽得衣被或近火就暖，其寒不减；内伤畏寒，形寒肢冷，得衣就暖其寒可缓解。外感寒热，为感受风寒湿热诸邪，邪气入客所致，外邪不去则寒热终不消除；内伤寒热，常由饮食劳倦所伤，或情志应激等因素，阴阳气血亏损所致，有别于外感热病。

辨胃肠病位。小动物发热，不恶寒反而恶热，口渴严重且贪饮，脉洪大有力，此为胃感受热邪，治疗需要清泄阳明。但如果发热，并且恶热，脚垫湿润，大便干结，鼻镜干燥，为热结在肠，治疗应当通腑泄热。

辨气虚阴虚。发热一证，有上午发热，下午热退，此为劳倦饮食损伤脾胃，中气损伤所致，病在气分。小动物常常伴有精神萎靡、不喜运动、脉大无力等症状，此为气虚。治疗应当健脾益气升清。若发热有定时，或为下午，或为夜晚即热，多为久病伤阴，阴虚内热所致，病在血分，此时小动物表现四肢末温升高，或见喜吠狂躁，舌红少苔，脉细数，此为阴虚。治疗应当采用滋阴清热，壮水制火。

需要特别强调，小动物也存在气郁、血瘀、湿盛、食积等，皆可导致发热，太阳、少阳、少阴、厥阴等皆可见恶寒，如若遇此情况，需要详细的诊断舌脉，辨证论治。

第三节　辨舌

舌诊在小动物临床同样应用广泛，食欲望诊的内容之一，是小动物临床兽医诊断疾病的重要手段，通过对小动物舌质、舌苔的观察，可以了解小动物脏腑气血盛衰变化和脾胃病变。

从生物全息律的观点来看，舌体也同样内应小动物脏腑。《笔花医镜》指出："舌尖主心，舌中主脾胃，舌边主肝胆，舌根主肾。"《伤寒指掌》指出满舌数胃，舌尖属上脘，舌中属中脘，舌根属下脘。此种以胃经来划分上中下三脘的辨舌方法，尤其可以多用于小动物脾胃病的诊查。其中尤为重要的是舌质和舌苔两个方面，下面将详细叙述。

一、舌质

小动物舌体的状态与小动物脾胃甚至五脏六腑都有很密切的联系，通过对小动物舌体的观察，可以了解到脾、胃、大小肠以及全身的病变。小动物临床，因为猫相较犬而言，观察舌体相对困难，且因为猫舌有倒刺影响，因此更加适用于犬临床疾病的诊查。

1. 舌色

小动物正常的舌色如粉色桃花，夏季稍红，冬季稍淡。但因为小动物目前的生活条件也极大地改善，也应当根据具体的情况看待舌色变化。小动物如果发生疾病，会出现淡白、红绛、青紫等，不同的舌色也反映了小动物不同的疾病。

舌色鲜红，称之为红舌，舌色深红，成为绛舌，但同时也要考虑小动物犬的品种间差异，例如松狮犬。一般情况下，小动物如果出现红舌或者绛舌，皆提示存在热证。若舌红苔黄脉数，提示热蕴胃肠，治疗应当采用清泄阳明之法。若舌红少苔或无苔，且脉细数，属于胃肠阴虚内热，治疗宜采用养阴益胃之法。若小动物舌质呈现绛色，常为外感病邪热入营血的标志，也可能提示内伤杂病，舌绛少苔或无苔，咽干脉数，这是小动物脾胃阴虚内热的表现，治疗建议采用健脾益胃，养阴清热。小动物脾胃病临床也可以出现红绛莹舌，舌色绛红，无苔如镜有光泽，一般见于病程日久，胃脘痛持续不愈，提示胃津肾液枯竭，治疗建议采用壮水滋阴，益肾养胃的方法。

舌色淡白，提示虚寒证。若舌色淡白且湿润，往往是由脾阳虚弱，不化水湿所致，常见于腹中停水的患病动物，因为阳虚水湿内停，气不布津，可见鼻镜干燥，治疗需益气生津，甘温扶阳。若舌色淡白且表面光滑如镜，舌苔由中心逐渐向四周发展，最终发展为无苔，此为脾胃损伤，气阴两虚，治疗可以采用健脾养胃，益气生津。

在小动物脾胃病临床中，也可以见到青紫舌。青紫舌往往是从红绛舌发展而来，颜色绛紫并且干枯少津，是因为热盛伤津所致，多见于外感病热邪深入胃肠所致，治疗可采用清热凉血，养阴生津之法。由淡白发展为紫舌，色淡紫或紫中带青且有津，可见于脾胃的内伤杂病，提示寒凝血瘀，治疗可以采用健脾温阳，化瘀散寒之法。若为青舌，古人喻之为"水牛之舌"。全舌发青为阴寒证，为寒邪直中太阴或杂病耗损中阳，寒邪凝结所致，治疗建议采用健脾温中，驱散寒凝之法。若舌面有青紫色的小点或者斑块，亦提示瘀血，若存在其他脾胃病证，治疗需温运中阳，活血化瘀。

2. 舌形

健康小动物的舌形正常，湿度适度，舌苔薄白，舌体灵活，宽窄适中。若舌体淡红胖大，是由于脾胃湿热痰浊蕴结所致。舌体淡白胖大，则属于脾阳不足，气不化津，水湿内停。舌红胀大乃胃腑湿热不消。舌体瘦小淡白且干瘪，提示脾胃虚弱，气血不足。若舌质红绛瘦小，则提示小动物胃肠阴虚火旺。舌胖大且有齿痕，往往是脾虚的表现，脾虚不能运化水湿所致。

小动物也会表现出镜面舌，舌面无苔，光洁如镜，此为胃阴枯竭，胃气大伤所致。若病初有苔，随病退去，最终光亮干燥，是胃气将绝之证，提示预后不良。

猫常常出现口舌生疮，往往也是由"内因"和"外因"所致，内因多为脏腑功能失调，外因则以风、火、燥邪侵袭为多见。小动物医生也可以在舌诊同时，根据具体的临床表现，对猫多发的口疮进行辨证论治。

二、舌苔

诊查小动物疾病，除要观察舌质外，舌苔也是"四诊"中的重点，特别是宠物犬，舌有苔则胃气生，通过对舌苔的观察可了解小动物脾胃甚至全身的病变。

1. 苔色

《辨舌指南》指出"外淫内伤，脏腑失和，则舌上生苔。故白苔者，病在表，黄苔者，病在里，灰黑苔者，病在肾。苔色由白而黄，由黄而黑，病日进，苔色由黑而黄，由黄而白者，病日退"，简单表明了苔色与疾病发展的关系，小动物临床也可以参考。

舌苔白则主表，舌苔黄则主里。由白转黄，常常提示外邪由表入里，病由小动物皮毛肌表进入脾胃的证象。白苔主寒，黄苔主热。若舌苔白且舌湿润，常为脾胃不足，内生虚寒，治疗建议温中健脾。若舌苔黄，常为里热熏蒸，颜色越重则病情越严重，淡黄为轻热，深黄为重热，焦黄则为热结。黄而少津，口渴贪饮，身热脉大，为阳明胃热炽盛，治疗建议采用清胃泄热生津。

若存在雪花苔的小动物，提示脾阳虚衰，寒湿凝闭，治疗需要尽快甘温扶阳。若存在霉苔的小动物，则是由于胃阴虚，湿毒熏蒸所致，预后往往不良。若存在浅黑色的灰苔，甚至呈深灰色的黑苔，此二者均主里证且有寒热之分。灰黑舌苔但舌湿润则属寒，灰黑舌苔但舌干燥则属热。治疗宜采用温中化饮或清热攻下的方法。

2. 厚薄

舌苔是由胃气熏蒸所形成，正常小动物舌苔分布均匀，这样的舌苔厚薄程度提示脾胃之气正常。如果小动物感受外邪或内伤致病，则秽垢之气上溢，舌苔厚薄发生变化。若能透过舌苔见舌质，此为薄苔。若透过舌苔不能见舌质，则为厚苔。小动物临床上通过观察舌苔的厚薄，可以来测定正邪盛衰和病变的深浅与轻重。

舌苔过度薄白，往往是脾胃虚弱之象，治疗可采用健脾益胃温养中气。舌苔薄黄，则脾胃蕴由微热之证，治疗可采用清泄胃肠蕴热之法。舌苔厚白，苔质颗粒细腻致密，属中焦阳气失宣，水湿痰饮蕴结不化，治疗可采用芳化温通之法。舌苔厚白且苔质颗粒疏松粗大，提示小动物脾失运化，胃失和降，宿食积滞，腐浊之气上泛，治疗可采用健脾和胃，消食导滞之法。若舌苔分布不均，舌中呈现一片厚苔，属于胃气将绝的证象，可见脾胃病久病的小动物，预后多不良。舌苔由薄变厚，提示疾病演进，舌苔由厚变薄则提示病退渐愈。

3. 湿燥

正常小动物舌面滋润，不滑不燥，是正常舌象。这样的舌象说明小动物脾胃之气强健，津气充足。苔面水液过多，伸舌欲滴，称为滑苔。苔面干燥，枯竭无津，称为燥苔。通过苔质的湿燥情况，可以判断小动物津液是否亏虚，胃气是盛是衰，病气是寒是热。

舌苔白滑多主寒证，亦主湿停。舌淡苔白滑润，同时见到小动物纳呆便溏，属于脾胃内寒，治疗宜温中散寒。舌苔薄白或滑嫩，此为脾胃虚寒，治疗可以采用温补太阴。舌苔白厚，舌体胖大，此为脾失健运，痰饮水湿内停，治疗可以采用健脾渗湿利水。舌苔白厚腻，属于脾阳不振，寒湿痰饮停聚所致，治疗建议采用健脾化湿温运中阳。

舌苔黄滑多主湿热证。舌苔黄厚腻滑，此为脾胃蕴结湿热，多见于湿热黄疸的患病小动物，治疗可以采用芳化淡渗清利的方法。小动物临床上如果遇到舌苔黑滑的患病小动物，此为水极似火，阴寒极盛，治疗急需温阳补火，消阴散寒。

舌苔干燥，表示伤津，多主热证。苔黄而舌干燥，同时小动物口渴贪饮，脉洪大，此为热入阳明，是胃热极盛，热盛伤津的表现。苔黄和舌干焦，腹满便秘，脉沉实有力，为热入肠道，腑实热结之证。二者的治疗可分别采用清热生津与泄热通腑的方法。舌苔干燥也同样可以提示阳虚气化不行而津液不能上承所致，临床上可见小动物舌淡苔白而干燥，口干不渴或渴不欲饮的症状，多见于脾阳虚的患病小动物，治疗可以健脾温阳。临床亦可见白厚干苔的小动物，是由于胃中津气不足所致，往往见于脾胃内伤杂病或外感热病，治疗建议采用益气养胃，生津润燥。

第四章

脾胃病治疗概要

人医临床脾胃病论治，多出于李东垣《脾胃论》。但《脾胃论》用药偏升阳补脾，而略于润降治胃。后有叶天士提出，脾胃病论治需分脾、胃、阴、阳，重视五脏之间的关系，用药讲究刚、柔、升、降。小动物医生面对临床病例，需针对小动物发病特点，谨慎处理，温热寒凉以治之，采用多种方法结合，辨证论治。

第一节　治疗原则

根据小动物脾胃病的发病特点，将脾胃病的治疗原则总结为升降、润燥、温清、消补和调治五种方法，治疗时可以一法为主，或多法并施亦可。详细分述如下。

一、升降结合

脾胃为机体气机升降出入之枢纽。《医学求是》云："中气旺，则脾升而胃降，四象得以轮旋；中气败，则脾郁而胃逆，四象失其运行矣。"因此，脾胃病升降失常，不仅仅表现在中焦，也可以波及其他脏器，引发其他系统疾病。

调脾胃升降失常，需要临床医生权衡升降孰轻孰重，进而选择"升"或"降"主从之。如果脾虚气陷，导致小动物久泄、脱肛、便血、里急后重、尿浊、崩漏等症状，治疗则选择以"升"为主，当补气升阳，脾气上升，则浊气自降；若因饮食等因而致脾胃内伤，升降失司，浊阴不降而致呕吐、嗳气、呃逆等，或者导致小动物津液不布，大肠燥结而便秘，腹脘胀满，治疗则选择以"降"为主；气滞中焦，清浊壅塞，气机不升不降而致胃胀胃痛、呕吐、泄泻、食欲下降等，治疗就选择和胃通腑，降气泄浊；若脾胃气虚，常致心肾不交，阴阳失济，小动物表现不喜卧，卧不安等，治疗则当补以甘温，调节升降，升阳为主，降浊为辅。总之，治脾升阳，治胃降浊，清浊不分者，升清降浊并施。清阳上升则浊阴自降，浊阴下降则清阳自升，二者不可偏废。

二、润燥相合

《临证指南医案》中提道："太阴湿土得阳始运，阳明燥土得阴自安，故脾喜刚燥，胃喜柔润……"脾胃之间，燥湿相济，阴阳平衡，升降相宜，相辅相成。临床上，脾病多因湿重而重温燥，胃病多因燥而重柔润。因此，治脾以燥药升之，治胃以润药降之，此为润燥之则。

《素问》曰："脾苦湿，急食苦以燥之。"因此，治疗湿盛困脾，就应该燥湿健脾，并且结合湿邪阻滞的部位不同而随证治之。若湿困于上焦，治疗可以用风药胜湿透窍；湿滞中焦，导致小动物呕吐、纳呆等，可芳香化湿理气行脾；湿困于下焦，导致濡泄、鹜溏等，治疗可以淡渗利湿；湿邪困于肌表，导致小动物身肿者，治疗可以选择解表之药以宣散；寒湿困于筋骨之间，治疗可直温其经。治疗胃燥则首选润养胃阴之法，无论是外邪或内伤所致的胃病，都要以甘味为主治之，借以润养胃阴，若胃虚肝风振起，导致小动物眩晕呕吐，不建议使用刚燥制肝降逆之药，而建议养胃阴以息风，是故："胃壮则肝犯自少"；失血伤阴之证，用药并非一定滋腻补血，而是以"胃药从中填补，使生气自充"，从这个角度看，小动物临床上在血虚阴亏病例上，均可适当添加补益胃阴之药。肝阴不足，肝木太过而脾土，治则用酸甘，酸能制肝敛津，甘能生津，以滋益胃阴。胃主纳食，胃虚则纳呆，用药剂量不宜太重，增加脾胃负担。

《医门法律》中重点强调，"脾胃者土也，土虽喜燥，然太燥则草木枯槁，水虽喜润，然太润则草木湿烂，是以补脾益胃滋润之剂，务在燥湿相宜，需随症加减"，因此，脾胃润燥用药，重在相合，切勿太过。

三、温清并举

脾胃脏腑相连，互为表里，阴阳相济。阳旺之体，湿邪多热化，归于阳明，阳明易伤阴津，往往积热；阴盛之体，湿邪多寒化，聚于太阴，太阴阴土，往往寒凝浊滞。伤寒表证，误用下法，往往会损伤脾胃，这也是小动物临床非常常见的情况（抗生素滥用），此时脾胃损伤，水谷不化、气机升降失常，导致小动物腹脘胀满、呕吐、泄泻下痢等症。此外，脾胃为一身气机升降之中枢，调节心火降于肾水升，肝升胆降是同样的道理，所以脾胃病中也可以见到肝火上炎导致小动物烦吠不寐，咽干口渴等热症，也可以见到下焦不温而导致的腹痛、泄泻等寒证。

治疗小动物寒热错杂于脾胃，一定要温清兼用，寒温并调。根据小动物的临床症状表现，温清并举。即便是治疗单纯的热证或寒证，在清热或者温阳的方剂中，也可以少量加入性味相反的药物，可以反佐补偏，提高疗效。张仲景所创的泻心汤，温清并用，甘苦兼施，是治疗脾胃寒热错杂的典型方剂。小动物临床亦可效仿。

四、消补兼顾

脾胃虚弱，则非常容易导致中焦壅滞，呈现虚实错杂之证。胃为传化之腑，以通为顺，以降为和，胃气顺则纳食传导自然恢复。如果胃虚失和，通降失常，则必然会导致气、食阻于中焦，出现纳呆、嗳气甚至呕吐之证。若胃失纳食之能，必致脾虚不化，同样，脾失运化之能，必致胃内停积，因此，脾虚则宜补，食滞则宜消，仅仅重视补脾而不消滞，已积之滞难除，补脾之功亦损；仅仅重视消滞而不健脾，则脾气益伤，即便积滞可暂去，仍有复积之虞。故治脾胃应消补兼顾，双管齐下，才能两全。若虚多实少，当补脾重于消导；实多虚少，则消导重于补脾。

五、调治五脏，以安脾胃

五行相生相克，五脏亦有关联且可互相波及。肝肾心肺的疾病，都会影响到脾胃而导致脾胃病，其中尤以肝肾病最易损伤脾胃。小动物临床尤为明显，无论是肝肾，还是心肺疾病，小动物最易食欲废绝，胃不纳食，脾失运化，升清降浊定会出现问题。《景岳全书·论治脾胃》云："脾胃有病，自宜治脾。染脾为土脏，灌溉四旁，是以五脏中皆有脾气，而脾胃中亦有五脏之气，此其互相为使，有可分而不可分在焉。故善治脾者能调五脏，即所以治脾胃也；能治脾胃而使食进胃强，即所以安五脏也。"这是治疗脾胃病整体观念的集中体现。张景岳还例示了具体的运用，"肝邪犯脾者，肝脾俱实，单平肝气可也；肝强脾弱，舍肝而救脾可也。心邪犯脾者，心火积盛，清火可也；心火不足，补火以生脾可也。肺邪犯脾者，肺气壅滞，当泄肺以苏脾之滞；肺气不足，当补肺以防脾之虚。肾邪犯脾者，脾虚则水能反克，救脾为主；肾虚则启闭无权，壮肾为先"，这种整体调治的原则，对人医脾胃病治疗产生了深远的影响，需要小动物临床医生学习和掌握。这也不仅仅适用于脾胃病的治疗，其他脏腑疾病也要有这样的治疗原则。

第二节　常用治法

脾胃位于机体中焦，为全身气机转运之枢纽，因此，脾胃病常常累及其他脏腑，病证也较为复杂，在治疗脾胃病时，需以上述原则为指导，再结合具体疾病表现，辨证施治。

一、补气健脾法

适用于脾气虚弱，运化失常。此方法主要用于治疗脾胃虚弱，重在补虚助运，针对于邪盛伤脾或久病伤脾，而导致运化失常，不可盲目进补。临床常见小动物表现倦怠乏力、精神萎靡、形体消瘦、不喜运动、腹脘胀满、消化不良、大便溏薄，舌苔淡白、脉弱。

机体之清气，皆赖于脾胃之濡养，脾胃亏虚，则众体皆无以受气，日见羸弱。因此，气虚的动物，需要给予补药，临床常常选用人参、党参、黄芪、白术、山药等，补气健脾。而补气之药往往又容易壅滞胃肠，阻碍气的流通，因此往往佐以少量醒脾行气之药，例如：陈皮、木香等，使方剂补而不滞。香砂六君子汤和参苓白术散中都使用了陈皮、砂仁、木香等行气之药，使得整个方剂补中有通。脾主运化水湿，脾虚则易生湿，因此在补脾时，需同时配伍薏苡仁、茯苓、泽泻等渗湿利水的药物，水湿下渗则脾运得健。脾失运化，则容易引起食滞胃肠，稍配合鸡内金、山楂、炒麦芽等消导之品，则可消补结合，事半功倍。脾统血，脾虚则易血少，当出现脾弱血虚的表现时，在健脾的同时，可配用一些补而不腻的药物，如当归、川芎等。

二、温中健脾法

本法用于脾胃虚寒证。临床常见小动物表现腹痛、腹胀、畏寒喜暖，四肢不温，呕吐腹泻，不思饮食，精神萎靡，舌苔淡白，脉沉迟或沉细。

治疗脾胃虚寒，必须温补脾胃，脾阳则寒散，五脏六腑皆可受气，诸证自愈。可以选用干姜、吴茱萸等温中散寒的药物，再搭配黄芪、党参等补气健脾药物同用，组成温中健脾的良方，代表方为：理中汤、小建中汤、大建中汤等。脾虚及肺，卫外不固，小动物易感外寒，可以配合桂枝、白芷加以治疗，解表散寒。阳虚阴盛而生湿，水湿积聚成饮，也可以连用半夏、茯苓、桂枝等温阳化饮。小动物出现了慢性腹泻便血，同时又有脾胃虚寒之象，可以加入阿胶、白及等，组成温阳摄血止血方。久病累及脾肾，脾肾虚寒，可以与附子、巴戟天合用，培补下焦真阳，中焦阳气自复。小动物临床，慢性脾胃病所致的脾胃气虚甚至阳虚的动物，尤以老年动物更为多见，此法可取得很好的疗效。

三、升阳举陷法

本法用于中气虚弱，升降失常之证。脾不升清，则小动物表现晕眩不稳，不喜运动，呼吸短促，严重的则清阳下陷，导致脱肛、便血或慢性腹泻难愈，子宫脱垂等。胃不降浊，则小动物表现嗳气、呕吐、腹胀纳差。不论是哪种临床表现，都是因为脾胃脾气虚弱，可以按照本法治疗。

小动物机体的气机运化全赖于脾胃。脾胃升降失常，则清阳难上、浊阴难下，治疗时就要考虑补以甘温，调以升降，在补气健脾的基础上，配伍柴胡、升麻、葛根等升阳药物，达到升阳举陷的效果。补中益气汤就是此方法的代表方剂。临床上常被小动物医生用来治疗小动物久泄不愈甚至脱肛、子宫脱垂等。临床上关于"欲降先升，清升则浊自降"

与"升清必先降浊，浊降则清阳自升"的不同观点，小动物医生不必拘泥，完全可以根据小动物临床表现辨证论治，在"升清"与"降浊"相互促进的共同认知下，选择不同的方剂和药物治疗即可。

四、滋阴养胃法

此方法主要治疗小动物胃阴亏虚。临床多见于外感温热病、里实热证后期，以及平时因营养不良或先天因素所致的胃阴亏虚。症状多见食欲不良、贪喜凉饮、口咽干燥，偶见干呕、溺少便结、舌质红、舌苔少等。

"胃易燥、脾易湿"，无论何种脏腑损及胃阴，都要采用滋补的药物，以复阴液。可以选取北沙参、石斛、玄参、麦冬、生地等，益胃汤、一贯煎等为此法的代表方。但是，这些药味甘阴柔，容易呆滞脾胃，所以可以配合乌药、枳壳等理气和胃药物。

五、温中固涩法

此方法适用于小动物脾胃虚寒所致的久泄久痢、滑脱不禁等病证。小动物表现出久泄不止或反复发作，泄下稀薄、夹杂黏胨或有暗紫血色的临床症状，并且小动物特别容易受到环境影响，每当饮食变化或者受凉则腹泻加重，甚至有里急后重、脱肛不收的表现。有些小动物则有五更泻的表现，喜暖喜按、四肢不温、舌淡苔白等都可以用这个方法进行治疗。

《本草纲目》云："脱者散而不收，故用酸涩温平之药，以敛耗散。"因此，除使用固涩收敛的五味子、五倍子、莲子肉、芡实等药物外，还应该配伍一些党参、黄芪、肉桂、附子等温补脾肾的药物。代表方剂如真人养脏汤、桃花汤等。如果小动物脾虚气陷，脱肛，配合升麻、柴胡等升阳举陷。如果饮食积聚胃肠，可以稍佐山楂、莱菔子等消导药物。

六、理气降逆法

此方法用于中焦气滞、胃气上逆。小动物表现出腹痛、嗳气频作，食欲下降、呕吐呃逆、大便不畅、舌苔薄白等症状。

理气降逆，应当选用厚朴、砂仁、枳壳、大腹皮、竹茹、旋覆花等药物，半夏厚朴汤、厚朴温中汤为此法的代表方。临床上，导致小动物气滞的原因较多，寒、湿、痰、食均可以导致脾胃气滞，因此运用理气降逆法治疗胃肠疾病的同时，要考虑到寒热虚实与兼夹之邪，并佐以相应的治疗药物。

七、活血化瘀法

本法在治疗小动物脾胃疾病中运用颇广，可以用于瘀血所致的胃痛、腹痛、吐血、便血、腹内积块等。

《素问·阴阳应象大论》有云"血实者宜决之"，因此可以选用炒大黄、五灵脂、丹参、当归、桃仁、红花、三七等活血化瘀药为主组方，代表方有丹参饮、膈下逐瘀汤、少腹逐瘀汤等。瘀阻一定会引起气滞，气滞又会加重血瘀，所以活血化瘀的方子中应当加入一些理气药，提高治疗效果。如果是寒凝血瘀者，配桂枝、麻黄等；属热壅血瘀者，配紫草、丹皮等；属痰阻血瘀者，加附子、肉桂。因血瘀导致血虚的，加入枸杞子、当归等。

八、祛湿利水法

此方法主要用于湿浊阻滞，脾胃失和的小动物。临床症状常见腹脘胀满、食欲减退、肠鸣泄泻、恶心呕吐，偶尔可见到小动物有水肿、嗜睡、小便不利等表现，舌苔厚腻、脉缓者都是此方法的治疗范围。

需要注意的是，湿有内、外之别，脾胃阳气也有强弱之殊，并且湿邪往往不是单独发生，常常与其他邪气相和转化，变为寒湿、湿热、风湿、暑湿等，湿邪转化的结果不同，其病治疗方法也不同。若为外湿犯表，可以使用防风、羌活等，祛风胜湿，宣散湿邪。内湿中阻，可以选择藿香、佩兰等，芳香化湿，同时需要辨别寒热，根据寒热不同，选择苍术、白蔻仁等苦温燥湿，或者选择黄连、黄芩苦寒燥湿。湿邪同时因为其是阴邪，重浊黏腻，常常会阻滞气机，因此在配伍时，搭配陈皮等理气药物。湿邪盛则阳气虚，若有阳虚表现的小动物，可以使用干姜、白术温阳化湿。若因湿邪壅盛，导致出现小动物四肢或肢端水肿，可以重用薏苡仁、茯苓、泽泻等渗湿利水。

湿邪有内外之分，同时也有表里相合，脏腑相关，因此表湿里湿可以相互转化，一脏有病又可以波及他脏，常常比较复杂。所以在祛湿利水法的运用中，需要有主有次，辨证施治。

九、温化痰饮法

此方法主要治疗小动物痰饮证。不论痰饮聚集在任何脏腑，都是脾胃之责，此所谓"脾为生痰之源"。小动物会表现呕吐、下痢、口淡不渴，小便不利，偶有肠鸣音可以通过主诉获取，舌质淡、苔白滑、脉象弦等可以通过望诊脉诊获得，此为痰饮积聚的常见临床特征。

痰饮属阴，当用温药。并且痰饮的生成往往是因为脾失健运，所以在助阳药物的同时，当佐以健脾助运的药物。但是痰饮的症状也表现不一、变化多端，因此需要医生根据表里寒热之别，灵活用药。依据张仲景的用药规律，如果是由于脾虚引起，表现为泄泻，胸胁胀满的小动物，可以使用苓桂术甘汤健脾化饮；饮邪犯胃，表现为呕吐、心下痞满的小动物，可以使用茯苓汤加小半夏和胃降逆；饮停肠胃，表现为脘腹坚满，腹痛的小动物，使用甘遂半夏汤攻逐水饮。饮蓄膀胱，表现为小便不利，口吐涎沫的小动物，可以使用五苓散健脾渗湿，化气利水。

十、清热泻火法

此方法主要用于治疗热积阳明证。小动物表现发热、脚垫汗出、口渴欲饮、恶热，脉洪大。此外，有些小动物会表现齿龈红肿溃烂、口腔溃疡或口臭、鼻镜干燥、舌红、苔黄、脉滑数等临床症状。

"阳明胃多气多血，又两阳合明为热盛，是以邪入而为病常实"。因此，治疗需要清泄阳明实热。可以选用石膏、栀子、黄芩、竹叶等药物，方剂如白虎汤、清胃散等。热积阳明，津液易伤，病程比较短的小动物，阳明热清后津液即回，就不需要养阴。但病程较长的小动物，可以伍用玄参、生地、麦冬等滋阴药物。同时有外邪入侵，可配合汗法，清热透邪。高热神昏，大便秘结的小动物，为腑实证象，加入芒硝、大黄通腑泄热，软坚润燥。胃气上逆，加竹茹、半夏、陈皮等止逆。有口疮的小动物，可使用大黄引热下行。清热泻火药，往往都比较寒凉，在使用时需要定时检查小动物状态，若寒凉太过，易损伤胃气，需要根据情况调整用药。

十一、通腑泄热法

此方法用于里热与积滞互结的阳明腑实证。小动物表现大便秘结，脘腹胀满，腹痛拒按，口干贪饮，苔黄，脉实等。

有形燥热结于阳明之腑，宜选用大黄、牵牛子等为主药，泻热荡结，以厚朴、枳实为辅药行气除满。大、小、调胃承气汤皆是本方法的代表方剂。肺与大肠相表里，腑结则胃痹，燥热不能下泄，导致咳喘时，可以选用瓜蒌、桑白皮宣上通下。血热妄行导致的上窍出血，凉血止血无效时，就可以尝试本方法，选用茜草、小蓟等止血。湿热黄疸，可以将本方法与清热利湿的方法同用。瘀热蕴结于肠，化脓成痈，加入冬瓜仁、丹皮等泻热化瘀。腑实兼外感，辨证表里轻重，可选用先表后里或表里双解的方法。正虚邪实，辨证虚实主次，先攻后补或攻补兼施均可。老龄、幼龄或病后体虚的小动物，津液亏虚而致大便秘结，不可单用攻下。怀孕动物慎用本法，避免导致流产。同时，因为此方法易耗胃气，病情好转即可停止使用，转为调理。

十二、辛开苦降法

此方法用于脾胃湿热证。气机壅滞则痛则满，脾气不升则泄，胃气上逆则呕，蒸腾于外则热。临床辨证论治，重点关注小动物是否出现胃痛、呕吐、腹泻、发热等情况，并且有时会伴随食欲减退，口干不贪饮，身热吠叫，大便或溏或秘，小便短黄，脉濡数或滑数。若舌苔白腻，小动物定有湿邪中阻，只宜辛开，不宜苦降。若是黄腻苔，才是湿热互结，可用本方法治疗。

湿为阴邪，热为阳邪，湿热蕴结，往往很难根治。如果单独使用苦寒药物进行清热，则容易伤及机体脾阳，但单独使用温燥药物除湿，反而容易助热。因此，笔者建议苦辛合用，辛味通开，苦味降泄，除湿邪热，宣畅气机。临床医生往往也会同时将辛开与苦降药物合用，苦寒药物如黄连、黄芩、栀子等。辛温药物如半夏、干姜、厚朴、紫苏等。连朴同用，可用于消积，连姜同用则可止泻定痛，连夏合用重在止呕，连苏相用，可以开郁退烧。辨证论治时，需要注意湿热孰轻孰重，湿热蕴于上焦、中焦还是下焦，用药需视情况而定。热重于湿者，发热口渴，小便短黄，大便干结，舌苔黄腻，苦降泄胃为主，辛开升脾为辅。湿重于热者，纳呆便溏，恶心呕吐，舌苔厚腻者，辛开悦脾为主，苦降泄胃为辅。临床常用的方剂包括葛根黄芩黄连汤、泻心汤、左金丸、连理汤等。

十三、消食导滞法

此方法用于小动物食积胃肠。此证临床较常见，小动物饮食无节制，例如斗牛、八哥。或主人饲喂无规律，导致小动物饮食过度。临床表现为腹部胀满，嗳气酸腐，食欲减退，呕吐物中可见未消化的食物，或泻下臭如败卵，舌苔厚腻，脉滑实，都可以使用本方法进行治疗。

宿食停滞为患，就应当消食导滞，来恢复脾胃的纳化功能。药物可主要使用神曲、山楂、麦芽、鸡内金、莱菔子等，常用方剂可以使用保和丸、枳实导滞丸、参麦健胃片等。食积内停，必致气机不畅，一般都会配伍使用陈皮、砂仁等行气消积。气滞湿阻，可以配合半夏、茯苓等，祛湿和胃。脾胃素虚，食积日久或因食积而致脾胃虚弱者，则应当与补气健脾法合用，是"消"是"补"要灵活掌握。食积化热，可以使用黄连、竹茹清热，燥热结实，腑气不通者，可以使用苦寒泻热的药物。若寒食相结，则改用温阳散寒的药物。

以上治疗小动物脾胃病的十三种方法，总的可以归纳为扶正与驱邪两个大的方向。温中、固涩、益气、滋阴、举陷五种方法，扶正以调理脾胃。理气、化瘀、清热、祛湿、化饮、通下、苦辛、消导八种方法是驱邪以调理脾胃。因为临床上的脾胃疾病，往往会兼杂或转化，具体使用时，可以根据小动物具体的临床表现选择其中一种或多种治疗方法。此外，脾胃疾病并非全部由脾胃脏腑引起，若是有肝肾或其他脏腑的原因，也要灵活用药，辨证论治。

第三节 脾胃病常用药物与方剂

一、常用药物

（一）解表药

1. 桂枝

为樟科植物肉桂的干燥嫩枝。

［性味与归经］辛，甘，温。归心、肺、膀胱经。

［功能］发汗解肌，温经通脉，通阳化气。

［主治］

桂枝善祛风寒，其作用较为缓和，可用于风寒表证，症见发热恶寒无汗，常与麻黄等同用，可促使发汗；用治外感风寒、表虚自汗等，常与白芍等配伍，如桂枝汤，调和营卫。

温经散寒，通痹止痛，可用于治寒湿痹痛，前肢关节肌肉的麻木疼痛效果尤佳，配羌活、附子，防风等药。

温阳化气，可化阴寒，对于脾阳虚，水湿内停所致的痰饮，常配茯苓、白术；对于膀胱气化不利，致水肿，或小便困难，则可用桂枝配利水药，如五苓散。

［用量］犬、猫每千克体重0.1～0.3 g。

［注意］热症或温病或阴虚火旺者忌用；孕畜慎用。

［主要成分］主要是桂皮醛和桂皮油，含量为0.2%～0.9%。

［药理研究］

桂皮醛能扩张皮肤血管，和刺激汗腺分泌，通过发汗散热起解热作用。

桂皮油能刺激唾液及胃液分泌，加强消化作用，体现健胃助阳之效。另外，还可解除器官平滑肌痉挛，缓解腹痛或其他疼痛。

桂枝提取物体外抑菌试验证明，其可抑制金黄色葡萄球菌、炭疽杆菌、沙门菌、伤寒杆菌等。

2. 生姜

为姜科植物姜的新鲜根茎。

［性味与归经］辛，微温。归脾、胃、肺经。

［功能］温中止呕，解表散寒，化痰降逆。

［主治］

生姜发散表寒，用于外感风寒、寒痰咳嗽，但发汗作用较弱，配桂枝可增强发汗作用，如桂枝汤。

温中和胃，降逆止呕，为呕家之要药，用于治胃寒呕吐，配半夏、陈皮等。

［注意］阴虚有热者忌用。

［用量］犬、猫每千克体重0.1～0.3 g。

［主要成分］含挥发油、脂类。

［药理研究］

生姜内挥发油能促进外周血液循环，促进发汗，另能增加胃液分泌及肠管蠕动。

3. 白芷

为伞形科植物白芷或杭白芷的干燥根。

[性味与归经] 辛，温。归肺、胃、大肠经。

[功能] 祛湿散风，通窍止痛，消肿排脓。

[主治]

白芷发散风寒，祛风止痛，可治风寒感冒，配羌活、防风等；治风湿痹痛，配独活、秦艽、桂枝等。

消肿散结，排脓止痛，为外科要药，可治疮黄疔毒，疮毒初起能消肿，日久溃烂能排脓，配瓜蒌、蒲公英等，可治乳痈初起，脓成不溃者，配金银花、皂角刺、天花粉。

性上行，善通鼻窍，用于治鼻炎、鼻窦炎等，配辛夷、苍耳子等。

[用量] 犬、猫每千克体重0.05 ~ 0.3 g。

[注意] 脓出通畅者不适用，猫可能存在药物敏感。

[主要成分] 白芷素、白芷醚及挥发油等。

[药理研究]

体外抑菌试验显示，其对大肠埃希菌、伤寒沙门菌、铜绿假单胞菌等有抑制作用。

白芷提取物（白芷毒素）少量可兴奋呼吸中枢、迷走中枢及脊髓，出现呼吸加快，血压上升，脉搏减慢及反射亢进，另可增加唾液分泌和导致呕吐；大量可致惊厥、麻痹。

4. 紫苏叶

唇形科植物紫苏的干燥叶（或带嫩枝）。

[性味与归经] 辛，温。归肺、脾经。

[功能] 解表散寒，行气和胃，止血。

[主治]

紫苏发散风寒，宣肺发汗，治疗风寒感冒兼有咳嗽者，配前胡、苦杏仁、桔梗等。

紫苏气味芳香，行气醒脾，治脾胃气滞引起的食欲不振、肚腹胀满、呕吐，配伍藿香等。

紫苏具有止血作用，可用于外伤出血，常与桑叶等配伍，外敷。

[用量] 犬、猫每千克体重0.2 ~ 0.5 g。

[注意] 表虚自汗者忌用。

[主要成分] 含挥发油成分，紫苏醛、左旋宁檬烯为主、α-蒎烯少量；含非挥发性成分，精氨酸和葡萄糖苷等。

[药理研究]

其成分可扩张皮肤血管，刺激汗腺分泌，起到发汗解热之效。

可促进消化液的分泌和胃肠蠕动，也可减少支气管分泌物，缓解支气管痉挛。

水提浸液体外抑菌试验显示，其对葡萄球菌、志贺菌、大肠埃希菌等均有抑制作用。

［备注］紫苏叶，主发散风寒，紫苏梗，长于理气安胎；紫苏子，偏于降气祛痰，茎叶与子同用，具有散寒兼理气之功。

5. 薄荷

为唇形科植物薄荷的干燥地上部分。

［性味与归经］辛，凉。归肺、肝经。

［功能］疏风散热，透疹发汗，清头目。

［主治］

薄荷辛凉，为疏散风热的要药，治风热感冒，常配牛蒡子、荆芥、金银花等辛凉解表药，如银翘散。

其善疏散上部风热，用于治风热犯上所致的目赤、咽痛，常与桔梗、牛蒡子等同用。

［用量］犬每千克体重0.3～0.5 g，猫每千克体重0.1～0.3 g。

［注意］阴虚发热和表虚自汗者忌用。

［主要成分］新鲜品含挥发油0.8%～1%，干茎叶含挥发油1.3%～2%，主要为薄荷醇、薄荷酮、柠檬烯和蒎烯等。

［药理研究］

少量可兴奋中枢神经，促皮肤血管扩张，汗腺分泌，起发汗解热之效。

可改善咽喉部炎症，通过收缩血管，减轻肿胀和疼痛。

外用可作用于神经末梢，有止痛、止痒之效。

煎剂体外抑菌试验显示，对结核分枝杆菌、伤寒沙门菌有抑制作用。

6. 柴胡

为伞形科植物柴胡狭叶柴胡的干燥根。

［性味与归经］苦，微寒。归肝、胆经。

［功能］和解表里，升阳止泻，疏肝理气。

［主治］

柴胡性升散，气清透，退热作用较好，为和解少阳经之要药，配黄芩、半夏、甘草，治疗寒热往来等症状。

柴胡善疏泄，具有明显的疏肝解郁作用，治肝气不疏导致的乳房肿胀、胸胁疼痛，配当归、白芍等。

柴胡升阳举陷，可用于气虚下陷所致的久泻、肛脱、子宫脱垂，配黄芪、党参、升麻等，如补中益气汤。

［用量］犬、猫每千克体重0.15～0.25 g。

［主要成分］含挥发油、有机酸、植物甾醇等。

［药理研究］

可退热、镇静、镇痛，另外也有利胆和抗肝损伤的作用。

对疟原虫、流感病毒、分枝杆菌有抑制作用。

7. 升麻

为毛茛科植物升麻、大三叶升麻或兴安升麻的干燥根茎。

［性味与归经］辛，微甘，微寒。归脾、胃、肺、大肠经。

［功能］清热解毒，发表透疹，升举阳气。

［主治］

升麻发表力弱，一般较少用于解表；但用于透疹，可用于痘疹透发不畅等，会葛根同用。

可用于治胃火亢盛所致的口舌生疮、咽喉肿痛，多与石膏、黄连配伍。

可升举脾胃清阳之气，适用于气虚下陷导致的久泻脱肛、子宫脱垂，配黄芪、党参、柴胡同用。

［用量］犬、猫每千克体重0.15～0.25 g。

［注意］阴虚火旺者忌用。

［主要成分］含苦味素、微量生物碱、水杨酸等。

［药理研究］

有轻微的解热、镇静、降压作用，另能兴奋肛门、阴道和膀胱肌肉，与治疗脱肛作用有关。

对分枝杆菌、皮肤真菌、疟原虫有抑制作用。

8. 葛根

为豆科植物野葛的干燥根。

［性味与归经］甘，辛，凉。归脾、胃经。

［功能］解肌透疹，清热生津，升阳止泻。

［主治］

葛根发汗解表，解肌退热，又能缓解颈项僵硬疼痛，善于治风寒表证而兼有项背痛者，配麻黄、桂枝、白芍；治风热表证，配柴胡、黄芩等。

升发清阳，鼓舞脾胃阳气而止泻，治脾虚泄泻，配党参、白术、藿香等。

可以透发斑疹，配升麻。

［用量］犬、猫每千克体重0.15～0.25 g。

［主要成分］含黄酮苷。

［药理研究］

改善脑循环及冠脉循环，有一定的退热、镇静和解痉作用。

能降低血糖和血压作用。

9. 淡豆豉

为豆科植物大豆的成熟种子的发酵加工品。

［性味与归经］苦，辛，凉，归肺、胃经。

［功能］解表清热。

［主治］

淡豆豉疏散表邪，适用于外感风邪诸证，风热、风寒均可，治风热感冒或温病初起，配金银花、连翘、薄荷、牛蒡子等，如银翘散；治风寒感冒初起，配葱白；治躁动不安，配栀子使用。

［用量］犬、猫每千克体重0.2～0.5 g。

［主要成分］含脂肪、蛋白质和酶类等。

［药理研究］

有增强消化功能。

（二）清热药

1. 石膏

为硫酸盐类矿物硬石膏族石膏。

［性味与归经］甘，辛，大寒。归肺、胃经。

［功能］清热泻火，生津止咳。

［主治］

石膏大寒，清热泻火之效较强，善清气分实热，用治阳明实热证，胃热贪饮、壮热神昏、狂躁不安，配知母相须为用，如白虎汤。

清泄肺热，用治肺热喘促，常配麻黄、苦杏仁以加强宣肺止咳平喘之功，如麻杏甘石汤。

［用量］犬、猫每千克体重0.2～0.5 g。

［注意事项］体质素虚者忌用。

［主要成分］生石膏为含水硫酸钙，煅石膏为脱水硫酸钙。

［药理研究］

生石膏可抑制发热中枢而起解热作用，并能抑制汗腺分泌。

生石膏内服，经胃酸作用，一部分变为可溶性钙盐被吸收，增加血钙浓度，抑制骨骼肌的兴奋性，起镇静、镇痉作用。同时，还能降低血管的通透性而有消炎作用。

2. 知母

为百合科植物知母的干燥根茎。

［性味与归经］苦，甘，寒。归肺、胃、肾经。

［功能］清热泻火，滋阴润燥。

［主治］

知母苦寒，泻肺热，清胃火，可用于治疗肺胃实热证，配石膏同用，以增强清热作用，如白虎汤；也用于肺热痰多、咳嗽等，配黄芩、贝母、瓜蒌等。

可滋阴润肺，生津，用于治肺虚燥咳、阴虚内热、热病贪饮、肠燥便秘等，其润肺燥，配麦冬、沙参、川贝母等；其清虚热，配黄柏同用，如知柏地黄汤；用于治热病贪饮，常与天花粉、葛根等配伍；用于治肠燥便秘，常与地黄、玄参、麦冬等配伍。

［用量］犬、猫每千克体重0.1~0.4 g。

［注意］脾虚泄泻者慎用。

［主要成分］含知母皂苷、糖类、烟酸、黄酮苷、黏液质等。

［药理研究］

体外抑菌试验显示，对大肠埃希菌、伤寒沙门菌、志贺菌、铜绿假单胞菌等革兰氏阴性菌，葡萄球菌、溶血性链球菌等革兰氏阳性菌有抑制作用。

提取物有解热、祛痰及利尿作用。

3. 栀子

为茜草科植物栀子的干燥成熟果实。

［性味与归经］苦，寒。归心、肺、三焦经。

［功能］泻火解毒，清热凉血，利尿。

［主治］

栀子泻火解毒，善清心、肝、三焦经之热，尤长于清肝经之热，用于治疗目赤肿痛，配黄连同用，治疮黄热毒，配金银花、蒲公英、连翘等。

有利尿之效，兼利肝胆湿热，用于治湿热黄疸，配茵陈、大黄，如茵陈蒿汤。

凉血止血，适用于热入营血所致的尿血、便血、鼻衄等，配黄芩、地黄等。

［用量］犬、猫每千克体重0.1~0.3 g；外用适量。

［注意］脾胃虚寒，食少便溏者慎用。

［主要成分］含栀子素（黄酮类）、栀子苷、果酸等。

［药理研究］

能增加胆汁分泌量，有利胆作用，并能抑制血中胆红素升高。

4. 芦根

为禾本科植物芦苇的新鲜或干燥根茎。

［性味与归经］甘，寒。归肺、胃经。

［功能］清热生津，止呕，利尿。

［主治］

善清肺热，用治肺热咳嗽、痰稠、口干等，常与黄芩、桑白皮等同用。尚能清胃热以止呕吐，用于胃热呕逆，可与竹茹等配伍。治肺痈常与冬瓜仁、桃仁、薏苡仁同用、如苇茎汤。

生津止渴，用治热病伤津、烦热贪饮、舌燥津少等。常与天花粉、麦冬等同用。

清热而利尿，用治热淋涩痛、尿液短赤，常与白茅根、车前子等同用。

［用量］犬、猫每千克体重0.25～0.5 g。

［主要成分］含天门冬素、薏苡素、蛋白质等。

［药理研究］

体外抑菌试验显示，其对β溶血性链球菌有抗菌作用。

促进尿液的生成和排出，也可促进胆结石的溶解。

5. 白头翁

为毛茛科植物白头翁的干燥根。

［性味与归经］苦，寒。归胃、大肠经。

［功能］清热解毒，凉血止痢。

［主治］

白头翁清热解毒，入血分而凉血，又为治痢的要药，主要用于热毒血痢、肠黄作泻，配黄连、黄柏、秦皮等，如白头翁汤。

［用量］犬、猫0.1～0.5 g/只。

［注意］虚寒泄泻者忌用。

［主要成分］含白头翁素、白头翁酸、阿魏酸等。

［药理研究］

对肠黏膜有收敛作用，故能止泻、止血。

体外抑菌试验显示，对金黄色葡萄球菌、枯草杆菌、志贺菌、铜绿假单胞菌有抑制作用，大剂量还可抑制阿米巴原虫。

有镇静、镇痛及抗痉挛的作用。

去根的白头翁全草有强心作用，并可提取一种似洋地黄作用的成分。

6. 黄连

为毛茛科植物黄连三角叶黄连或云连的干燥根茎。

［性味与归经］苦，寒。归脾、胃、肝、胆、心、大肠经。

［功能］清热燥湿，泻火解毒。

［主治］

黄连为清热燥湿要药，湿热诸证，均可应用，尤最善治疗湿热泻痢。治肠黄作泻，配郁金、诃子、黄芩、栀子、白芍，如郁金散。

清热泻火作用较强，用于治心火亢盛，见口舌生疮，配黄芩、黄柏、栀子、天花粉等，如洗心散；用治胃火炽盛，见齿龈肿痛，配地黄、丹皮等；用治目赤肿痛，配淡竹叶。

用于治火毒疮痈，常配黄芩、黄柏、栀子，如黄连解毒汤。

［用量］犬、猫0.1～0.4 g/只；外用适量。

［注意］脾胃虚寒忌用。

［主要成分］含小檗碱、黄连碱、棕榈碱等多种生物碱，其中以小檗碱为主，为5%～8%。

［药理研究］

体外抑菌试验显示，对大肠埃希菌、志贺菌、葡萄球菌、溶血性链球菌、伤寒沙门菌、铜绿假单胞菌、钩端螺旋体、阿米巴原虫及皮肤真菌均有抑制作用。

可增强白细胞的功能，并有扩张末梢血管、降热、降血压以及促进胆汁释放作用。

7. 黄芩

为唇形科植物黄芩的干燥根。

［性味与归经］苦，寒。归脾、大肠、小肠、肺、胆经。

［功能］清热燥湿，止血，凉血安胎。

［主治］

黄芩主要用治湿热证，用治湿热泻痢，常配大枣、白芍等；用治湿热黄疸，多配栀子、茵陈等；用治湿热淋证，配木通、地黄等。

有清热之效，尤善于清肺热，用治肺热咳嗽，配知母、桑白皮等；用风热犯肺，配苦杏仁、栀子、桔梗、连翘、薄荷等；用治高热贪饮，配薄荷、栀子、大黄等。

清热解毒，治疗痈肿疮毒，配金银花、连翘等。

凉血止血，适用于热毒炽盛迫血妄行所致的便血、衄血等，配地榆、槐花等。

清热安胎，治疗热盛胎动不安，常与白术同用。

［用量］犬、猫每千克体重0.1～0.3 g。

［注意］脾胃虚寒忌用。

［主要成分］含黄芩苷、黄芩素和黄芩新素等。

［药理研究］

有解热、降低毛细血管的通透性、降压、利尿和抑制肠管蠕动等作用。

体外抗菌试验显示，对伤寒沙门菌、志贺菌、葡萄球菌、溶血性链球菌、铜绿假单胞菌、皮肤真菌等有抑制作用。

8. 黄柏

为芸香科植物黄皮树的干燥树皮。

[性味与归经]苦，寒。归肾、膀胱经。

[功能]清热燥湿

[主治]

具有清热燥湿之功，其清湿热作用与黄芩相似，但以除下焦湿热为佳，用于湿热泻痢、黄疸、带下、热淋等。用治泻痢，可配白头翁、黄连，如白头翁汤。

用治疮疡肿毒，配黄芩、黄连、栀子等，如黄连解毒汤；用治湿疹瘙痒，常与荆芥、苦参、白鲜皮等同用。

退虚热，用治阴虚火旺盗汗，常与知母、地黄等同用，如知柏地黄汤。

[用量]犬、猫每千克体重0.25～0.3 g。

[注意]脾胃虚寒或虚弱者忌用。

[主要成分]含小檗碱和少量掌叶防己碱、黄柏碱、棕榈碱等多种生物碱，以及黏液质、甾醇类等。

[药理研究]

调控血小板，外用可促进皮下出血的吸收。

有降低血糖含量的作用。

可扩张血管、利尿、降血压及退热，但其作用不及黄连。

抗菌效力与黄连相似，但抗真菌作用较黄连弱。

9. 龙胆草

为龙胆科植物条叶龙胆、龙胆、三花龙胆或坚龙胆的干燥根及根茎。

[性味与归经]苦，寒。归肝、胆经。

[功能]清热燥湿

[主治]

多用于湿热黄疸，常与茵陈、栀子等同用。

用治湿热下注、尿短赤、湿疹等，配黄柏、苦参、茯苓等。

龙胆泻肝经实火，清肝经湿热，故为清肝利胆之要药。用治肝经风热、目赤肿痛等，配栀子、黄芩、柴胡、木通等，如龙胆泻肝肠；用治肝经热盛、热极生风、抽搐痉挛等，多配钩藤、牛黄、黄连。

[用量]犬、猫每千克体重0.05～0.25 g。

[注意]脾胃虚寒和虚热者慎用。

［主要成分］含龙胆苦苷、龙胆碱、黄色龙胆根素、龙胆三糖等。

［药理研究］

内服少量，可反射性增加胃液分泌，帮助消化，但过多则刺激胃壁引起呕吐。

体外抑菌试验显示，对志贺菌、金黄色葡萄球菌、铜绿假单胞菌等有抑制作用。

水提物有抗皮肤真菌的作用。

10. 蒲公英

为菊科植物蒲公英或同属数种植物的干燥全草。

［性味与归经］苦，甘，寒。归胃、肝经。

［功能］清热解毒，散结消肿，利尿。

［主治］

清热解毒的作用较强，常用于热邪所致治疮毒、乳痈、肺痈等。用治疮毒，配金银花、野菊花、紫花地丁等；用治乳痈，配金银花、连翘、通草等，如公英散；用治肺痈，多配鱼腥草、芦根等。

有利尿通淋作用，用于治湿热黄疸，多配以茵陈、栀子；用于治湿热尿淋，常配白茅根、金钱草。

［用量］犬、猫每千克体重0.1～0.3 g。

［注意］虚寒者不适用。

［主要成分］含蒲公英素、蒲公英苦素、蒲公英甾醇、菊糖、胆碱等。

［药理研究］

体外抑菌试验显示，对金黄色葡萄球菌、铜绿假单胞菌、伤寒沙门菌、溶血性链球菌、志贺菌等有杀菌作用。

促进胆汁排出和利尿作用。

11. 马齿苋

为马齿苋科植物马齿苋的干燥地上部分。

［性味与归经］酸，寒。归肝、大肠经。

［功能］清热凉血，止泻止痢。

［主治］

马齿苋味酸性寒质滑，酸能收敛，寒能清热，滑能下便，为治湿热痢，便血的常用药物，可单用或配以黄芩、黄连、白头翁等。

有清热凉血消肿功效，治疗疮黄肿毒或蛇虫咬伤，可单味煎液后内服外洗。

可用于治大肠湿热引起的便血，常配地榆、槐花等。

［用量］犬、猫2～6 g/只，鲜品量加倍，外用适量。

［主要成分］含氨基酸、有机酸、三萜醇类和黄酮类等。

［药理研究］

醇提物及水煎液可抑制志贺菌，对大肠埃希菌、金黄色葡萄球菌、伤寒沙门菌也有一定抑制作用。

鲜汁和水提物可增强肠蠕动，又可剂量依赖性地松弛十二指肠和结肠。

12. 香薷

为唇形科植物石香薷或江香薷的干燥地上部分。

［性味与归经］辛，微温。归肺、胃经。

［功能］解表和中，利湿消肿。

［主治］

祛暑解表，多用于外感风邪暑湿、发热兼脾胃不和之证。用治中暑发热，配黄芩、黄连、天花粉等，如香薷散；用治暑湿泄泻、腹痛，常配白扁豆、厚朴等。

通利水湿，用于治尿潴留引起的水肿或尿不利，常与白术、茯苓等同用。

［用量］犬0.1～0.2 g/只。

［主要成分］含香薷酮、倍半萜烯类化合物，即其他挥发油。

［药理研究］有发汗、解热、利尿作用。

13. 荷叶

为睡莲科植物莲的干燥叶。

［性味与归经］苦，平。归脾、胃、肝经。

［功能］化暑气，升清阳，凉血止血。

［主治］

荷叶主升发脾阳，用于治暑湿泄泻，也可用于脾虚泄泻，配白术、白扁豆等。

能散瘀止血，用治鼻衄、便血、尿血等，配地榆、蒲黄。

［用量］犬、猫每千克体重0.2～0.4 g。

［主要成分］含黄酮苷类、荷叶碱、荷叶苷、槲皮黄酮苷等。

［药理研究］

动物试验显示其浸剂和煎剂能直接扩张血管。

对平滑肌有解痉作用。

（三）泻下药

1. 大黄

为蓼科植物掌叶大黄、药用大黄唐或古特大黄的干燥根及根茎。

［性味与归经］苦，寒。归脾、胃、大肠、肝、心包经。

［功能］泻热通便，破积行瘀，凉血解毒。

[主治]

生大黄善荡涤肠胃实热，通燥结积滞，为攻下要药。用于治热结便秘，配芒硝、枳实、厚朴同用，如大承气汤。

用于治血热妄行的出血，以及疮黄疔毒、目赤肿痛等证，配黄芩、黄连、牡丹皮等。

酒大黄破积行瘀，适用于瘀血阻滞引起的多种病证，可用于治跌打损伤，血瘀作痛，配桃仁、红花等。

可作烧伤烫伤、热毒疮疡的外敷药，如桃花散，治创伤出血等。

[用量]犬、猫每千克体重0.1～0.3 g，外用适量。

[注意]孕畜慎用。

[主要成分]含蒽醌衍生物（大黄素、大黄酚、大黄酸等）及鞣质（主要为没食子鞣苷、儿茶鞣质、没食子酸）。

[药理研究]

体外抑菌试验显示，可抑制大肠埃希菌、链球菌、伤寒沙门菌、铜绿假单胞菌、葡萄球菌以及一些皮肤真菌。

蒽醌是致泻的主要成分，其口服后可刺激结肠，增加蠕动，从而加快粪便排出。

鞣质有收敛作用，可能产生继发性便秘。

有降低血压、利尿、利胆、解痉等作用。

对小鼠黑色素瘤、淋巴肉瘤有明显的抑制作用。

炒制后，可见对血小板有调控作用。

2. 芒硝

为硫酸盐类矿物芒硝族芒硝，经精制而成的结晶体。

[性味与归经]咸，苦，寒。归胃、大肠经。

[功能]泻热润燥，软坚通便，消肿。

[主治]

芒硝为治里热燥结实证之要药，常用于实热内积、大便燥结、肚腹胀满，与大黄相须为用，配木香、槟榔、青皮、牵牛子等理气药增加通便作用。

外用，清热泻火，解毒消肿，用治热毒引起的目赤肿痛、口腔溃烂及乳痈肿痛等。如玄明粉配硼砂、冰片，共研细末，为冰硼散，用治口腔溃烂。

[用量]犬、猫每千克体重0.5～1 g，口服或灌肠。

[注意]孕畜禁用。

[主要成分]主要含有含水硫酸钠，以及少量的氯化钠和硫酸镁等。

[药理研究]

硫酸钠在肠中不易被肠壁吸收，在肠腔内形成高渗环境，使肠道析出大量水分，增大内容物容积，并刺激肠黏膜，引起肠蠕动亢进而促进大便排出。

3. 火麻仁

为桑科植物麻的干燥成熟果实。

［性味与归经］甘，平。归脾、胃、大肠经。

［功能］润燥通便。

［主治］

火麻仁性质平和，润下同时又益津，适用于燥热伤阴所致的粪便燥结，常配大黄、杏仁、白芍等，如麻子仁丸；另外，病后津亏及产后血虚所致的肠燥便秘也可用，配当归、地黄等养血活血药物。

［用量］犬、猫2～6 g/只，幼龄动物减半。

［主要成分］含脂肪油、挥发油、亚麻酸、卵磷脂、维生素E和B族维生素等。

［药理研究］

脂肪油等油料类成分具有润滑作用，另外在肠中可在碱性环境下产生脂肪酸，刺激肠液分泌和蠕动增加，促进大便排出。

［备注］可用麻油代替来润下。

4. 蜂蜜

为昆虫蜜蜂所酿的蜜。

［性味与归经］甘，平。归肺、脾、大肠经。

［功能］补中，润燥，解毒，止痛。

［主治］

蜂蜜既可补中又可滑利大肠，用于脾虚胃弱以及体虚不宜攻下，兼有肠燥便秘者。可用于治肺燥咳嗽，将药物以蜜炒，以增强润肺之功，如蜜炙枇杷叶、炙甘草。可缓解乌头、附子等烈性药的毒性。

［用量］犬5～15 g/只。

［主要成分］含果糖、酶、有机酸、蛋白质、芳香性物质及微量元素等。

［药理研究］

有机酸类有祛痰和缓泻作用。

对创伤有收敛和促进愈合作用。

有抑菌作用，对志贺菌、化脓球菌有效。

（四）消导药

1. 六神曲

为面粉和其他药物混合后发酵形成的产物。

［性味与归经］甘，辛，温。归脾、胃经。

［功能］和中化积，健胃消食。

［主治］六神曲尤善于消谷积，适用于饮食内积、消化不良、食欲不振、肚腹胀满、脾虚泄泻等，常配山楂、麦芽等，如曲蘗散、健胃消食片。

［用量］犬5~8 g/只。

［主要成分］发酵制品，含有酵母菌、B族维生素复合体、酶类、蛋白质、脂肪等。

［药理研究］

可促进胃肠消化，调节肠道代谢。

2. 山楂

为蔷薇科植物山楂或山里红的干燥成熟果实。

［性味与归经］酸，甘，微温。归脾、胃、肝经。

［功能］消食导滞，行气散瘀。

［主治］

山楂尤善消化肉食积滞，用于治过食肉类引起的腹胀腹满，常配行气消滞药如木香、枳实等；用于治消化不良，配六神曲、半夏、茯苓等，如保和丸。

行气散瘀，可用于治产后恶露不尽，配以蒲黄、益母草。

［用量］犬、猫每千克体重0.3~0.6 g，最高6 g。

［注意］脾虚而无积滞者忌用，阴虚内热者慎用。

［主要成分］含苹果酸、枸橼酸、抗坏血酸和蛋白质等。

［药理研究］

对于消化系统，可促进消化腺分泌、增加胃液中酶类的活性。

可扩张血管、降低血压，另外也可强心、收缩子宫。

水提物体外抑菌试验显示，对志贺菌、铜绿假单胞菌有抑制作用。

3. 麦芽

为禾本科植物大麦的成熟果实经发芽干燥而得。

［性味与归经］甘，平。归脾、胃经。

［功能］健脾消食，行气回乳。

［主治］

麦芽尤擅长消草食，植物纤维饱食后引起的肚腹胀满、食欲不振，治消化不良、食欲不振，配山楂、陈皮等，见脾胃虚弱者，配党参、白术、陈皮、甘草等。

能回乳，可用于断奶，也可用于缓解乳汁积聚引起的乳房肿痛。

［用量］犬2~8 g/只，猫2~4 g。

［注意］哺乳期动物慎用。

［主要成分］含多种酶类，如淀粉酶、转糖酶、蛋白酶，以及一些营养元素，如维生素、卵磷脂、葡萄糖等。

［药理研究］

其酶类可用于胃肠道内消化，鲜芽含酶量较高，炒后对酶无影响，炒焦后酶的活力下降。

4. 鸡内金

为动物家鸡的干燥肌胃内壁。

［性味与归经］甘，平。归脾、胃、小肠、膀胱经。

［功能］健胃，消食。

［主治］

鸡内金消积作用较强，加之健胃之效，多用于饮食停滞于胃，食积不化，引起肚腹胀满、泄泻，常配山楂、麦芽等。

［用量］犬3~9 g/只。

［主要成分］含胃肠激素、胆汁三烯、胆绿素。

［药理研究］

胃肠激素可促使胃液分泌及增加酸度，也可调节胃的运动机能，加快排空，胆汁三烯、胆绿素也可帮助消化。

5. 莱菔子

为十字花科植物萝卜的干燥成熟种子。

［性味与归经］辛，甘，平。归肺、脾、胃经。

［功能］消食化积，降气化痰。

［主治］

莱菔子生用可消食除胀，治气滞食积导致的肚腹胀满、腹痛腹泻，配六神曲、山楂、厚朴等。

熟用有降气化痰之效，用于治痰涎壅盛、气喘咳嗽，配紫苏子、陈皮等。

［用量］犬3~6 g/只。

［主要成分］含脂肪油和挥发油，脂肪油含有芥酸甘油酯。

［药理研究］

莱菔子水浸液可抑制部分皮肤真菌。

体外抑菌试验显示，其含芥酸油，可抑制链球菌、葡萄球菌、大肠埃希菌。

可加快胃排空和肠道肌肉运动，有健胃作用。

（五）理气药

1. 陈皮

为芸香科植物橘及其栽培变种的干燥成熟果皮。

［性味与归经］苦，辛，温。归肺、脾经。

［功能］理气健脾，燥湿化痰。

［主治］

陈皮健脾行气，主攻调畅中焦脾胃气机，用于治食欲下降、腹痛腹泻等，配厚朴、苍术等，如平胃散。

燥湿化痰，也用于治痰湿咳嗽，配半夏、茯苓、甘草等。

［用量］犬每千克体重0.2～0.5 g。

［注意］阴虚燥热或内有实热者慎用。

［主要成分］含挥发油，如右旋柠檬烯、柠檬醛等、含黄酮类，如橙皮苷、川橙皮苷等，另外还有肌醇、维生素类。

［药理研究］

刺激消化道，促进胃肠积气的排出，作用较缓和，同时可促进胃液分泌增加。

刺激呼吸道黏膜，促进分泌增加，以此促进痰液排出。

橙皮苷可促进肝脏降解胆固醇。

2. 青皮

为芸香科植物橘的干燥幼果或未成熟果实的果皮。

［性味与归经］苦，辛，温。归肝、胆、胃经。

［功能］疏肝行气，破痰散结，消积导滞。

［主治］

青皮辛散更强，能疏肝行气止痛，治肝气郁结所致胸腹胀痛，配香附、柴胡、郁金、白芍等。单用可治乳房胀痛。

健胃功效与陈皮相似，行气散结之力更胜，适用于治脾胃运化不足或饮食所致的积食腹胀，配厚朴、枳实等；可用于治过度饮食，消化不良，食积于胃，导致呕吐，配山楂、麦芽、六神曲等。

［用量］犬每千克体重0.2～0.5 g。

［注意］阴虚火旺慎用。

［主要成分］含橙皮苷、挥发油、维生素C等。

［药理研究］

与陈皮部分相似。

3. 木香

为菊科植物木香的干燥根。

［性味与归经］辛，苦，温。归脾、胃、三焦、大肠、胆经。

［功能］健脾消食，行气止痛。

［主治］

木香善于行胃肠积滞之气，有健脾消食之效，可改善消化不良、食欲减退、气滞疼痛症，用治脾胃气滞所致肚腹疼痛，配砂仁、陈皮；用治胸腹疼痛，配枳实、川楝子、茵陈；用治湿热泄泻所致腹痛，配黄连、黄芩；用治脾虚泄泻，配白术、党参等。

［用量］犬、猫2～5 g/只。

［注意］阴虚内热或热盛者忌用。

［主要成分］含挥发油，如α-木香烃和β-木香烃、木香内醇等、另含有树脂、木香碱、菊糖及甾醇等。

［药理研究］

体外抑菌试验显示，可抑制大肠埃希菌、伤寒沙门菌、志贺菌等。

水煎剂用于兔离体小肠，可见小肠紧张性降低，具有拮抗乙酰胆碱的收缩效应。

有降血压作用。

4. 厚朴

为木兰科植物厚朴的干燥皮、根皮或枝皮。

［性味与归经］苦，辛，温。归脾、胃、肺、大肠经。

［功能］行气化湿，导滞消胀。

［主治］

厚朴能除胃肠滞气，化湿运脾，用于治湿阻中焦所致宿食不消、腹胀腹痛或反胃呕吐等，常配苍术、陈皮、甘草等药使用，如平胃散；用于治肚腹胀痛兼见气滞便秘等实证者，配枳实、大黄等药配伍，如小承气汤，消胀汤。

治外感风寒见咳喘者，配桂枝、杏仁；治痰湿内阻致咳喘者，常配苏子、半夏等。

［用量］犬2～6 g/只，猫3 g/只以下。

［注意］脾胃无积滞者慎用，异物性肠梗阻慎用。

［主要成分］含挥发油，主要为厚朴酚、四氢厚朴酚、桉叶酚等，含生物碱，主要为厚朴碱、木兰箭毒碱。

［药理研究］

水提物体外抑菌试验显示对伤寒沙门菌、志贺菌、葡萄球菌、链球菌、霍乱弧菌均有抑制作用。

厚朴碱有明显的降压作用。

5. 砂仁

为姜科植物阳春砂、绿壳砂或海南砂的干燥成熟果实。

［性味与归经］辛，温。归脾、胃、肾经。

［功能］行气健脾，止痛，安胎。

［主治］

砂仁气香且清透，健脾调胃同时行气止痛，可适用于脾胃气滞或气虚证。治脾虚气滞、积食呕吐、受寒腹痛等病证，配木香、枳实、白术等。

砂仁温脾止泻，用于治脾胃虚寒、清阳下陷而致水泻不止者，配干姜、桂枝、黄芪等。

有安胎作用，用于治气滞胎动，配白术、桑寄生等。

［用量］犬1～3 g/只，猫1 g/只以下。

［注意］胃肠有热者慎用。

［主要成分］含挥发油，主要为龙脑、芳香醇、橙花椒醇、乙酸龙脑酯、右旋樟脑等。

［药理研究］

有健胃作用，可促使胃液分泌，推动胃肠运动，排出消化道内的气体。

水煎剂能改善兔离体小肠紧张性，其舒张效应与乙酰胆碱相拮抗。

6. 枳实

为芸香科植物酸橙或甜橙的干燥幼果。

［性味与归经］苦、辛、酸，温。归脾、胃经。

［功能］消积除胀，行气化痰。

［主治］

用于脾胃气滞、痰湿水饮所致的食积不消、肚胀等，配厚朴相须为用；用于粪便秘结、肚腹胀满，配大黄、芒硝，如大承气汤。

［用量］犬1～6 g/只，猫1 g/只以下。

［注意］脾胃虚弱者和孕畜忌服。

［主要成分］含挥发油、黄酮苷、N-甲基酪胺、对羟福林等。挥发油中主要为右旋柠檬烯，另外还有枸橼醛、右旋芳樟醇等；黄酮苷类有橙皮苷、柚苷、枳黄苷、5-羟基苦橙丁等。

［药理研究］

可促进胃、肠节律性蠕动，加快粪便和气体的排出。

对子宫肌肉和内壁有显著的兴奋作用，可增强肌张力，促进子宫收缩，可用于治产后子宫脱垂。

水煎剂可使血管收缩、血压升高。

7. 枳壳

为芸香科植物酸橙的干燥未成熟果皮。

［性味与归经］苦、辛、酸，温。归脾、胃经。

［功能］行气宽中，化痰，消食。

［主治］

枳壳行气宽中且消食，用于宿食不消、肚胀腹痛等病证，与厚朴相须为用，还可配大黄、苍术、陈皮等。

［用量］犬 1～6 g/只。

［注意］怀孕动物慎用。

［主要成分］含橙皮苷、柚皮苷、川陈皮素、红橘素、葡萄内酯等。

［药理研究］

药理作用同枳实类似，可以促进动物胃肠运动，且作用较枳实更强。

兔离体子宫和在体子宫试验证明，其对子宫内壁和肌肉有明显兴奋作用，可增加子宫收缩节律。

8. 丁香

为桃金娘科植物丁香的干燥花蕾。

［性味与归经］辛，温。归脾、胃、肺、肾经。

［功能］温中散寒，助阳，降逆，暖肾。

［主治］

丁香暖胃散寒，又善于降逆，为治胃寒呕逆之要药，此外，也可用于治脾胃虚寒所致的食欲不振，常配砂仁、白术。

温肾壮阳，也可用于脾肾阳虚、冷肠泄泻和子宫虚寒等，配茴香、附子、肉桂等。

［用量］犬、猫 1～2 g/只。

［注意］不宜与郁金同用；热证忌用。

［主要成分］含挥发性油，如丁香酚、乙烯丁香油酚等，另还有丁香素、没食子鞣酸等。

［药理研究］

水煎剂体外抑菌试验显示，对伤寒沙门菌、志贺菌、结核分枝杆菌有抑制作用；醇浸液对伤寒沙门菌、葡萄球菌及多种皮肤真菌有抑制作用。

可抑制和麻痹蛔虫。

可促进胃液分泌，增加胃肠蠕动。

（六）理血药

1. 川芎

为伞形科植物川芎的干燥根茎。

［性味与归经］辛，温。归肝、胆、心包经。

［功能］活血行气，祛风止痛。

［主治］

为血中之气药，用于治气血瘀滞所致的疼痛、难产、胎衣不下，常配当归、赤芍、桃仁、红花，如桃红四物汤；用治跌打损伤，可与乳香、没药、当归、红花等同用。

用治外感风寒引起的头颈疼痛，多配细辛、白芷、荆芥；用于治风湿痹痛，常配羌活、独活等。

［用量］犬、猫1~3 g/只。

［注意］阴虚火旺、肝阳上亢及器官出血者忌用。

［主要成分］含川芎内酯、挥发油、阿魏酸、挥发性油状生物碱及酚性物质等。

［药理研究］

对大脑神经反射有抑制作用。另外，可舒张脑血管，增加脑部循环，改善脑部疼痛。

对心脏有轻微麻痹作用，扩张血管，大量能降低血压。

少量使用，可刺激子宫平滑肌收缩，大量反使子宫麻痹。

2. 延胡索

为罂粟科植物延胡索的干燥块茎。

［性味与归经］辛，苦，温。归肝、脾经。

［功能］行气止痛，活血散瘀。

［主治］

延胡索为止痛要药，其作用部位广泛，持久且不具毒性，兼有活血行气功能，多用于气滞血滞所致的多种疼痛。用于治产后气滞血瘀引起的腹痛，可配青皮、没药等；用于治跌打损伤，常配当归、川芎等。

［用量］犬1~5 g/只；猫1 g/只以下。

［注意］孕畜忌用。

［主要成分］含多种生物碱。

［药理研究］

显著提高痛阈值，起到镇痛作用。

延胡索乙素、延胡索丑素能使肌肉松弛，改善肌肉痉挛。

具有中枢性止吐作用。

3. 郁金

为姜科植物温郁金、姜黄、广西莪术或蓬莪术的干燥块根。

［性味与归经］辛，苦，寒。归心、肺、肝经。

［功能］清心化郁，行气化瘀，利胆退黄。

〔主治〕

可用于治气滞血凝所致的胸腹胀满，常配柴胡、白芍、香附等；用于治湿热内阻引起的肠黄泄泻，常配黄连、黄芩、黄柏、栀子等，如郁金散（《元亨疗马集》）。

用治热病神昏、惊痫、癫狂等，常配菖蒲、白矾。

可治湿热黄疸，常配茵陈、栀子、大黄、黄柏。

〔用量〕犬3～6 g/只，猫1～2 g/只。

〔注意〕畏丁香。

〔主要成分〕含姜黄素、挥发油、淀粉等。

〔药理研究〕

水提物可明显降低全血黏度，减少红细胞聚集。

郁金挥发油能促进胆汁的分泌排泄，减少尿胆原。

对甲醛造成的大鼠试验性亚急性炎症有明显的抗炎作用，对多种细菌均有抑制作用。

4. 当归

为伞形科植物当归的干燥根。

〔性味与归经〕甘，辛，温。归肝、心、脾经。

〔功能〕补血活血，止痛，润燥通便。

〔主治〕

当归补血又能活血，用于治体虚劳伤所致的血虚证，常配以黄芪、赤芍、党参、熟地黄等。

活血止痛，多可用于治跌打损伤、瘀血疼痛、风湿痹痛、痈肿疮疡等。用治瘀痛，可配以红花、桃仁、乳香或川芎等；用治风湿痹痛，可配以羌活、独活、木瓜等祛风湿药；用于治痈肿溃疡，可配以金银花、蒲公英、丹皮、赤芍等。

润肠通便，多用治阴虚或血虚引起的肠燥便秘，多见于老年动物、久病或术后的动物，常配麻仁、杏仁、肉苁蓉等。

〔用量〕犬、猫每千克体重0.1～0.3 g。

〔注意〕阴虚内热者不宜用。

〔主要成分〕含藁本内酯、多糖和有机酸类，有机酸包括阿魏酸、棕榈酸、烟酸等。

〔药理研究〕

当归中的水溶性非挥发物质可兴奋子宫平滑肌，促进子宫收缩，其挥发性成分则抑制子宫，减少其节律性收缩。

当归多糖可激活造血微循环中的巨噬细胞、淋巴细胞等，调节免疫，也可刺激骨髓造血和血细胞释放，使外周血细胞升高。

阿魏酸钠可明显抑制血小板聚集，以及抑制5-羟色胺，减少血栓。

5. 姜黄

为姜科植物姜黄的干燥根茎。

［性味与归经］辛，苦，温。归脾、肝经。

［功能］破血行气，通经止痛。

［主治］

可消胃肠痈肿，通肝脾经，为芳香健胃药。其疏肝利胆，理气止痛，可用于黄疸，胸满痞闷疼痛，配大黄、茵陈、栀子。

用于肝胃疼痛，胸痹心痛，肩臂疼痛，以及跌打肿痛。

［用量］犬、猫1～3 g/只。

［注意］孕畜忌服。

［主要成分］含姜黄素类化合物，倍半萜类化合物，姜黄多糖和挥发油。

［药理研究］

姜黄醇或醚提取物、姜黄素和挥发油具有降血浆总胆固醇和β-脂蛋白的作用，并能降低肝胆固醇，对内源性胆固醇无影响；对降血浆甘油三酯的作用更为显著。

豚鼠试验显示，姜黄素钠可逆性抑制尼古丁、乙酰胆碱、5-羟色胺及组胺诱发的离体回肠收缩，类似于非甾体抗炎药。

姜黄提取物姜黄素、挥发油、姜黄酮及姜烯等，都有利胆作用，能增加胆汁的生成和分泌，并能促进胆囊收缩，以姜黄素的作用为最强。

6. 三七

为五加科植物三七的干燥根及根茎。

［性味与归经］甘，微苦，温。归肝、胃经。

［功能］散瘀止血，消肿止痛。

［主治］

三七有良好的止血止疼作用，又能活血散瘀，称之止血不留瘀，适用于便血、吐血、衄血、外伤出血等兼有瘀滞肿痛者，可单用，或配血余炭、地榆、蒲黄等。

活血散瘀，消肿止痛，为治跌打损伤之要药。可单用，或可配其他类药物，如复方制剂云南白药。

［用量］犬、猫1～3 g/只。

［注意］孕畜忌服生品。

［主要成分］含三萜类皂苷，主要为三七皂苷A、三七皂苷B等，还有黄酮苷及生物碱。

［药理研究］

能缩短血凝时间，并使血小板增加而止血。

动物试验显示，对关节炎有预防和治疗作用。

（七）收涩药

1. 乌梅

为蔷薇科植物梅的干燥近成熟果实。

［性味与归经］酸，涩，平。归脾、肝、肺、大肠经。

［功能］涩肠止泻，敛肺生津，驱蛔虫。

［主治］

乌梅涩肠止泻，用于治久泻久痢、幼畜腹泻（常因消化功能弱，粪便含蛋白较多），常配以诃子、黄连等，如乌梅散，体虚者配党参、白术等。

可敛肺止咳，用于治肺虚久咳，常配半夏、款冬花、杏仁等。

生津止渴，用于治虚热所致的口渴贪饮，常配天花粉、麦门冬、葛根等。

蛔虫得酸则静，得辛则伏，得苦则下，因此乌梅可用于蛔虫引起的腹痛或呕吐，常配干姜、黄柏等，如乌梅丸。

［用量］犬、猫 2～5 g/只。

［主要成分］含枸橼酸、酒石酸、苹果酸、琥珀酸、β-谷甾醇和三萜成分等。

［药理研究］

离体肠管药物试验显示其具有抑制作用。

可以促进消化道多种蛋白酶的分泌。

体外抑菌试验显示，可抑制大肠埃希菌、志贺菌、伤寒沙门菌、铜绿假单胞菌及多种球菌等，对真菌也有抑制作用。

2. 五倍子

为漆树科植物盐肤木、青麸或红麸叶上的虫瘿，主要由五倍子寄生而形成。

［性味与归经］酸，涩，寒。归大肠、肺、肾经。

［功能］涩肠止泻，收敛止血，敛肺降火，收湿敛疮。

［主治］

可涩肠止泻，也可收敛止血，用治久泻和便血，可配诃子、五味子等。

治疗肺虚久咳，常配四君子汤、紫菀等。

收湿敛疮，适用于皮肤湿烂，疮癣肿毒等，研末外用或煮汤外用。

［用量］犬、猫每千克体重 0.1～1 g。

［注意］肺热咳嗽及湿热泄泻者忌用。

［主要成分］含五倍子鞣质、没食子酸等。

［药理研究］

鞣质使皮肤、黏膜溃疡表面组织蛋白凝固，起收敛止血作用。

沉淀生物碱，故有解生物碱中毒作用。

煎剂体外抑菌试验提示对大肠埃希菌、链球菌、志贺菌、铜绿假单胞菌等有抑制作用。

3. 芡实

为睡莲科植物芡的干燥成熟种仁。

［性味与归经］甘，平。归脾、肾经。

［功能］益肾涩精，补脾祛湿。

［主治］

益肾涩精，适用于肾虚、尿频数等情况，常配桑螵蛸、金樱子、菟丝子等。

健脾止泻，适用于脾虚泄泻，配党参、白术、茯苓等。

［用量］犬、猫2～5 g/只。

［主要成分］含蛋白质、脂肪、碳水化合物、钙、磷、铁、B族维生素及维生素C等。

（八）化痰药

1. 半夏

为天南星科植物半夏的干燥块茎。

［性味与归经］辛，温。归脾、胃、肺经。

［功能］燥湿化痰，降逆止呕吐，消痞散结。

［主治］

制半夏可化痰降逆，可用于呕吐反胃、胃脘痞闷，治痰饮或胃寒所致呕吐，配生姜；治胃热呕吐，配黄连；治胃阴虚引起的呕吐，配石斛、麦冬；治胃气虚呕吐，配人参、白术。

清化寒痰，可用于治痰饮凝结于肺，咳喘痰多、咳嗽声重、痰白质稀者，常配陈皮、茯苓、甘草等。

生半夏外用治疗痈肿痰咳。

［用量］犬、猫每千克体重0.1～0.25 g。

［注意］不宜与川乌、草乌或附子同用，生用谨慎。

［主要成分］挥发油、烟碱、胆碱、黏液质、天冬氨酸等多种氨基酸，β-氨基丁酸。

［备注］半夏生用偏于消肿散结，但毒性较大，多制用，姜半夏偏降逆止呕，法半夏偏于燥湿化痰，清半夏偏于清热化痰。

（九）温里药

1. 干姜

为姜科植物姜的干燥根状茎。

［性味与归经］辛，热。归脾、胃、肾、心、肺经。

［功能］温中逐寒，回阳通脉，燥湿消痰。

［主治］

干姜善温胃暖肠，胃寒食少、冷肠泄泻、冷痛等均可应用。用于治胃寒食少，常配党参、白术、甘草等，如理中汤；用治冷肠泄泻、冷痛，常配桂心或桂枝、厚朴、砂仁、青皮、白术等，如桂心散。

回阳通脉。干姜性热，协助附子回阳救逆，用于治阳虚欲脱、四肢厥冷等，配附子、甘草，如四逆汤。

其可燥湿消痰，用于治痰饮喘咳，常配麻黄、白芍、五味子、炙甘草等。

［用量］犬、猫 1 ~ 3 g/只。

［注意］热证、阴虚及孕畜忌用。

［主要成分］同生姜，含辛辣素及姜油。

［药理研究］

可加速血液循环，反射性地兴奋血管、运动中枢和交感神经，促进血压上升。

2. 附子

为毛茛科植物乌头的子根，以加工品入药。

［性味与归经］辛，甘，大热，归心、脾、肾经，有毒。

［功能］温中散寒，补火助阳，回阳救逆。

［主治］

附子辛热，能消阴翳以复阳气，因阴寒内盛所致脾虚不运、冷痛泄泻、胃寒食少等，均可以此温中散寒、通阳止痛之效。

回阳救逆，可用于阳微欲绝之际。对于过度出汗、剧烈呕吐或持续腹泻后，出现四肢厥冷，脉微欲绝的情况，或过度发汗，阳气暴脱等虚脱危证，急用含附子的汤剂可回阳救逆，如四逆汤、参附汤。

有补火助阳作用，用于治肾阳虚衰、风寒湿痹等，常配桂枝、生姜、大枣、甘草等，如桂附汤。

［用量］犬、猫 1 ~ 3 g/只。

［注意］孕畜禁用。不宜与贝母、瓜蒌、半夏，白及、白蔹同用。

［主要成分］含乌头碱、新乌头碱和其他非生物碱成分。

［药理研究］

附子少量使用可兴奋神经中枢，有强心、镇痛和消炎作用，同时可促进心肌收缩幅度增高。由于毒性大，临床多需炮制，降低乌头碱毒性，若生用或大量用需谨慎，以防中毒。

对垂体-肾上腺皮质系统有兴奋作用。

附子所含磷脂酸钙及β-谷甾醇等脂类成分具有促进饱和脂肪酸和胆固醇新陈代谢的

作用。

3. 肉桂

为樟科植物肉桂的干燥树皮。

[性味与归经] 辛、甘，大热。归肾、脾、心、肝经。

[功能] 温中祛寒、补火壮阳。

[主治]

肉桂温中祛寒，大补阳气。用于治下焦命门火衰、脾胃虚寒、冷肠泄泻等，常配附子、茯苓、白术、干姜等，也用于命门火衰引起的阳痿、四肢低温等，常配熟地黄、山茱萸等，如肾气丸。

此外，用于治疗气血衰弱的方中，有鼓舞气血生长之功能，如十全大补汤。

[用量] 犬每千克体重0.1 g，猫0.5 ~ 1 g/只。

[注意] 孕畜禁用。

[主要成分] 含有肉桂油、肉桂酸、甲脂等。

[药理研究]

可促进胃肠分泌，增进食欲。

桂皮油能缓解胃肠痉挛，抑制肠内消化物的异常发酵，故有止痛作用。

扩张血管，增强脏器血液循环的作用，促进热量传递。

4. 吴茱萸

为芸香科植物吴茱萸的干燥近成熟果实。

[性味与归经] 辛、苦，温，有小毒，归肝、脾、胃、肾经。

[功能] 温中散寒，理气止痛。

[主治]

吴茱萸可温中散寒，疏肝理气，并消脾胃阴寒之气，用于治脾胃虚寒、冷肠泄泻、胃寒不食等，常配干姜、肉桂。

具有和中止呕之效，用于治胃冷吐涎，常配生姜、党参、大枣等。

[用量] 犬、猫每千克体重0.1 ~ 0.2 g，或更少。

[注意] 血虚有热者慎，孕畜慎用。

[主要成分] 主要含吴茱萸甲碱、吴茱萸乙碱。

[药理研究]

对金黄色葡萄球菌、铜绿假单胞菌等有一定抑制作用，对猪蛔虫有杀灭作用。

有收缩子宫、促进胃排空、镇痛、止呕等作用。

5. 小茴香

为伞形科植物茴香的干燥成熟果实。

［性味与归经］辛，温，归肝、肾、脾、胃经。

［功能］温经散寒，理气止痛，和胃降逆。

［主治］

小茴香辛温，能温脾肾，并理气止痛，用于治下腹冷痛、冷肠泄泻、腹胀等，常配干姜、木香等。治腰胯畏寒，动作迟滞，配巴戟天、白附子、肉桂、白术等，如茴香散。

芳香醒脾，能开胃，促进食欲，用于治胃寒引起的食欲下降，常配白术、干姜、益智仁等配伍。

［用量］犬、猫1～3 g/只。

［注意］热证或阴虚火旺者忌用。

［主要成分］含小茴香油，包括茴香脑、茴香酮、茴香醛等。

［药理研究］

小茴香油能刺激胃肠神经血管，增强胃肠蠕动，促进消化，排出腐败气体。

有祛痰作用。

6. 高良姜

为姜科植物高良姜的干燥根茎。

［性味与归经］辛，热。归脾、胃经。

［功能］温中祛寒，止痛，健胃消食。

［主治］高良姜温中止痛，可用于肚腹冷痛、反胃吐食等症状，既可单用，也可与温中行气药同用，如治胃寒少食、气滞腹痛、胃冷吐涎等，常配香附、半夏、厚朴、生姜等。

［用量］犬每千克体重0.1～0.2 g，猫0.3～1 g/只。

［注意］胃火亢盛者忌用。

［主要成分］含挥发油，如油精、辛辣油质高良姜酚等，另含黄酮类化合物。

［药理研究］

对炭疽芽孢杆菌、分枝杆菌、金黄色葡萄球菌、溶血性链球菌有抑制作用。

刺激胃壁神经，促进消化，增强消化道运动。

7. 白扁豆

为豆科植物扁豆的干燥成熟种子。

［性味与归经］甘，微温。归脾、胃经。

［功能］健脾和胃，化湿消暑。

［主治］

白扁豆健脾和胃，可用于治脾胃虚弱，配白术、木香、茯苓等，又消暑化湿，可用于治暑湿泄泻，常配荷叶、藿香等。

［用量］犬、猫1.5～5 g/只。

［主要成分］含蛋白质、B族维生素、维生素C、蔗糖及少量植物凝集素等。

［药理研究］

对志贺菌有抑制作用，并含有抗病毒作用的物质。

［备注］白扁豆含有天然植物毒素，生用可抑制胰蛋白酶，对消化道有强烈刺激性。另外，大便燥结者慎用。

（十）祛湿药

1. 木瓜

为蔷薇科植物贴梗海棠的干燥近成熟果实。

［性味与归经］酸，温。归肝、脾经。

［功能］平肝舒筋，和胃化湿。

［主治］

木瓜性温能去湿，兼顾和胃，湿气内停于脾胃见呕吐、泄泻等问题，配白术、茯苓。

有舒筋化湿、温经通络之效，为后肢痹痛的引经药，用于治后肢风湿病证，见风湿痹痛、腰胯无力，常配独活、威灵仙等。

［用量］犬、猫2～5 g/只。

［主要成分］含有苹果酸、酒石酸、皂苷、鞣酸、维生素C及萜类等。

［药理研究］

木瓜三萜可改善肠绒毛上皮。

水煎剂对小鼠蛋白性关节炎有明显的消肿作用。

可缓解腓肠肌痉挛所致的抽搐。

2. 茯苓

为多孔菌科真菌茯苓的干燥菌核。

［性味与归经］甘、淡，平。归心、肺、脾、肾经。

［功能］渗湿利水，健脾宁心。

［主治］

茯苓味甘能和中，淡能渗湿，可用于脾虚湿困、水饮不化的脾虚泄泻，食欲下降等，有标本兼顾之效，因茯苓既能健脾又能利湿，能补能泻，常配人参、白术同用，如参苓白术散。

［用量］犬3～6 g/只，猫1.3～5 g/只。

［主要成分］含有麦角甾醇、蛋白质、茯苓酸、卵磷脂、胆碱、β-茯苓聚糖及钾盐等。

［药理研究］

对金色葡萄球菌、大肠埃希菌等有抑制作用，茯苓次聚糖能抑制小鼠肉瘤。

有利尿镇静作用，其利水作用可能与抑制肾小管重吸收机能有关。

［备注］其寄生于松树根，傍松根而生者，称为茯苓，有利水渗湿、健脾宁心之功效；菌核抱附松根而生者，谓之茯神，安神宁心之功效较茯苓更多，朱砂拌用，可增强疗效。内部色白者称白茯苓；色淡红者称赤茯苓；外皮称茯苓皮，均可供药用。茯苓用于水湿停滞，偏寒者多用白茯苓；偏于湿热者多用赤茯苓；若水湿外泛而见水肿、尿涩者，多用茯苓皮。

3. 茵陈

为菊科植物滨蒿或茵陈蒿的干燥地上部分。

［性味与归经］苦、辛，微寒。归脾、胃、肝、胆经。

［功能］清热燥湿，利疸退黄。

［主治］

茵陈苦泄下降，专于清利湿热，治湿热泄泻，常配黄柏、车前子等；治湿热黄疸，常配栀子、大黄，如茵陈蒿汤；治阳黄，单味大剂量内服可奏效；治阴黄，则需配伍温里药，化湿同时兼除阴寒，如茵陈四逆汤。

［用量］犬3~8 g/只，猫1~2 g/只。

［主要成分］含有挥发油，主要为β-蒎烯、茵陈烃、茵陈酮及叶酸。

［药理研究］

对伤寒沙门菌、金黄色葡萄球菌、枯草杆菌、病原性丝状菌等有一定的抑制作用；其乙醇提取物对流感病毒有抑制作用。

有明显的利胆作用，在增加胆汁分泌的同时促进胆汁中固体物质胆酸和胆红素的排泄。

有解热、降压作用。

4. 薏苡仁

为禾本科植物薏苡的干燥成种仁。

［性味与归经］甘、淡，凉。归脾、胃、肺经。

［功能］健脾渗湿，消肿排脓。

［主治］

薏苡仁炒熟用于治脾虚泄泻，常与茯苓、白术同用，如参苓白术散。

渗湿而利水功效，也用于治水肿、浮肿、尿结石等，常配车前草、滑石、木通等。

可排脓清肺，可用于治肺痈等，配桃仁、芦根、桔梗等。

［用量］犬3~12 g/只，猫1~5 g/只。

［主要成分］含有薏苡仁油、糖类、氨基酸、B族维生素等。

［药理研究］

薏苡仁油对离体的肠管、子宫小骨骼肌及运动神经末梢等，低浓度兴奋，高浓度则呈现麻痹作用。此外，其对癌细胞有抑制作用。

5. 大腹皮

为棕榈科植物槟榔的干燥果皮。

［性味与归经］辛，微温。归脾、胃、小肠、大肠经。

［功能］行气宽中，利水消肿。

［主治］大腹皮善于引气下行，行水利尿，用于治水湿内阻、气滞水满、排尿不利等证。

用于治气滞导致的肚腹胀满，常配槟榔、木香、木通、牵牛子等。

用于治水湿内阻导致的四肢浮肿，常配五加皮、生姜皮、茯苓皮、地骨皮等，如五皮饮。

用于治妊娠水肿，常配黄芩、白术、茯苓、当归等。

［用量］犬、猫1～3 g/只。

［主要成分］含槟榔碱、槟榔次碱、去甲基槟榔次碱等。

［药理研究］

可兴奋胃肠道神经，且有促进纤维蛋白溶解的作用。

煎剂可使兔离体肠管紧张性升高，收缩幅度减少。

6. 藿香

为唇形科植物藿香的干燥地上部分。

［性味与归经］辛，微温。归脾、胃、肺经。

［功能］芳香化湿，宣散表邪，和中止呕，行气化滞。

［主治］

藿香芳香化湿，可用于治夏伤暑湿、脾受湿困证，见反胃吐食、肚胀、泄泻等症状，常配苍术、厚朴、陈皮、甘草、半夏等。

可散表邪，可用于治外感寒湿或暑湿引起头昏无力、食欲减退、运步迟缓等，常配苏叶、白芷、陈皮、厚朴。

［用量］犬2～5 g/只，猫1～2 g/只。

［注意］阴虚无湿及胃虚作呕者忌用，不宜久煎，猫使用可能对味道敏感。

［主要成分］含有挥发油，其中主要为百里香醌等。

［药理研究］

所含有的芳香性成分对胃肠神经有镇静作用，和促进胃液分泌以助消化，并能扩张微血管。

对大肠埃希菌、金黄色葡萄球菌、志贺菌等有抑制作用。

7. 苍术

为菊科植物茅苍术或北苍术的干燥根茎。

［性味与归经］辛、苦，温。归脾、胃、肝经。

［功能］健脾燥湿，祛风散寒。

［主治］

苍术气香善行，性温而燥，用于治水湿困于脾胃所致的泄泻、水肿等，常配厚朴、陈皮、甘草等，如平胃散。

辛温发散，可解表，能祛风湿，可用于风寒湿痹、治关节疼痛，常配秦艽、牛膝、独活、薏苡等。

入肝经，有明目效果，也有用于治眼科疾病。

［用量］犬2～8 g/只，猫1～3 g/只。

［注意］阴虚有热或多汗者忌用。

［主要成分］含挥发油（苍术醇、苍术酮）、胡萝卜素以及B族维生素等。

［药理研究］

小剂量有镇静作用，大剂量对中枢呈抑制作用，并能降低血糖含量。

含大量维生素A和B族维生素，对骨软症、皮肤过度角化症有一定疗效。

8. 白豆蔻

为姜科植物白豆蔻或爪哇白豆蔻的干燥成熟果实。

［性味与归经］辛，温。归脾、胃、肺经。

［功能］醒脾化湿，行气温中，开胃消食。

［主治］

白豆蔻善醒脾化湿，行气温中，可用于脾寒气滞，出现食滞腹胀、食欲不振、腹痛怕冷、泄泻的情况，常配陈皮、半夏、苍术、厚朴。

能行气止呕，用于治胃寒呕吐，常配半夏、藿香、生姜等。

［用量］犬1～5 g/只，猫0.5～1.5 g/只。

［主要成分］含有挥发油，如旋龙脑及左旋樟脑等。

［药理研究］

能促进胃液分泌，增强肠管蠕动，减少肠管内异常发酵，减少胃肠内积气，促进止呕。

9. 草豆蔻

为姜科植物草豆蔻的干燥近成熟种子。

［性味与归经］辛，温。归脾、胃经。

［功能］健脾燥湿，温胃止呕。

［主治］

草豆蔻气味辛香，性温和中，可用于治脾胃虚寒证，见食欲不振、食滞腹胀、腹痛、寒湿泄泻等，配砂仁、陈皮、神曲等。

可温胃止呕，用于治寒湿郁滞于中焦，胃气上逆所致呕吐，常配生姜、吴茱萸或高良姜。

［用量］犬、猫1~5 g/只，猫用量宜取少。

［注意］阴血不足、无寒湿郁滞者不宜用。

［主要成分］含挥发油，如豆蔻素、樟脑等。

［药理研究］

小剂量对豚鼠离体肠管有兴奋作用，大剂量则抑制。

（十一）补虚药

1. 党参

为桔梗科植物党参、素花党参或川党参的干燥根。

［性味与归经］甘，平。归脾、肺经。

［功能］补益中气，健脾益肺。

［主治］

党参为常用的补气药，用于治脾胃虚弱、食少腹泻、倦怠无力、肺虚咳喘等，常配白术、茯苓、炙甘草等同用，如四君子汤；见气虚垂脱，加黄芪、升麻等，如补中益气汤。

党参也可益气生津，用于津伤口渴、肺虚气短，配麦冬、五味子、地黄等。

［用量］犬3~10 g/只；猫1~3 g/只。

［注意］不宜与藜芦同用。

［主要成分］含党参苷、多种内酯、烟酸、多糖和氨基酸等。

［药理研究］

可升高血糖含量，使周围血管扩张，调控血压。

对神经系统有兴奋作用。

调节机体的抵抗力，使红细胞增加，平衡白细胞数量。

可促进凝血。

2. 人参

为五加科植物人参的干燥根或根茎。

［性味与归经］甘、微苦，平。归脾、肺、心经。

［功能］补气健脾，复脉固脱，益肺生津，安神。

[主治]

人参大补元气，补益脾肺，复脉固脱，可用于治各种虚脱证，如体虚欲脱，肢冷脉微，长期虚损，脾虚胃弱，肺虚久咳，独味即可见效，如独参汤。

益气生津，也用于治病后津气两亏、口干少津，可与麦冬、五味子等同用。

安神，用治心气不足、烦躁不寐、情绪敏感，可与当归、枣仁等配伍。

[用量] 犬、猫0.5～2 g/只。

[注意] 不宜与藜芦同用。

[主要成分] 含人参皂苷，氨基酸、肽、维生素，以及挥发油、脂肪油、有机酸、甾醇、多种糖类等。

[药理研究]

调节大脑皮层兴奋或抑制过程，尤其加强兴奋过程更为显著，故可抗疲劳。

能兴奋垂体-肾上腺系统，从而加强机体对有害因素的抵抗力，增加抗应激能力，也提高动物温度变化的耐受力。

能调节胆固醇代谢，预防高胆固醇血症。

辅助强心作用，故心力衰竭，休克时可用本品。

促进蛋白质、核糖、核酸合成，刺激造血器官，使造血机能旺盛。

增强机体免疫力，促进免疫球蛋白及白细胞的生成，防治多种原因引起的白细胞下降，增强网状内皮系统功能。

3. 黄芪

为豆科植物蒙古黄芪或膜荚黄芪的干燥根。

[性味与归经] 甘，温。归肺、脾经。

[功能] 补气升阳，益卫固表，利水消肿，托毒排脓，敛疮生肌。

[主治]

黄芪为重要的补气药，适用于肺脾气虚、呼吸浅快、食少倦怠、泄泻等情况，常配党参、白术、山药、炙甘草等；也可治疗中气下陷引起的脱肛、子宫脱垂等，配党参、升麻、柴胡等配伍，如补中益气汤。

益气健脾，利水消肿之效，可用于治脾气虚、水湿停滞而成的水肿，或排尿不利，常配防己、白术。

黄芪也能益卫固表，用治于表虚自汗，多见急喘伴口水较多或见脚垫湿润，常配麻黄根、浮小麦、牡蛎等配伍；也可以用于治表虚易感风寒或过敏等，配防风、白术，如玉屏风散。

可托毒排脓，敛疮生肌之效，多用于治气血不足，疮痈难溃，久溃不敛等。用治脓成不溃，配白芷、当归、皂角刺；治疮痈内陷或久溃不敛，可配党参、肉桂、当归。

［用量］犬2~10 g/只，猫1~2 g/只。

［注意］阴虚火盛、邪热实证不宜用。

［主要成分］含黄芪多糖、黄芪苷、甲氧基异黄酮、β-谷甾醇、氨基酸、叶酸、亚油酸等。

［药理研究］

对志贺菌、金黄色葡萄球菌、炭疽芽孢杆菌、溶血性链球菌等有抑制作用。

能加强正常心脏收缩，对衰竭的心脏有强心作用。

可使冠状动脉及全身末梢血管扩张，且辅助肾脏利尿，使血压下降。

有加强毛细血管抵抗力的作用，可防止组胺造成的毛细血管渗透性增加的现象，并能改善毛细血管脆性增加情况。

有类性激素的作用，促进泌乳。

4. 山药

为薯蓣科植物薯蓣的干燥块茎。

［性味与归经］甘，平。归脾、肺、肾经。

［功能］补脾健胃，益肺生津，补肾填精。

［主治］

山药补而不燥，作用和缓，是平补脾胃之药，脾阳虚或胃阴亏皆可用。治脾胃虚弱、食欲不振、脾虚泄泻等，常配党参、白术、茯苓、白扁豆等，如参苓白术散。

益肺气，养肺阴，可用于虚劳咳喘，配沙参、麦冬、五味子等。

可补益肾气，用于治肾虚滑精，常配熟地黄、山萸肉等配；用于治肾虚尿频数，常配益智仁、桑螵蛸等。

［用量］犬2~8 g/只，猫1.5~3 g/只。

［主要成分］含皂苷、黏液质、淀粉酶、黏蛋白质、尿囊素、胆碱、精氨酸等。

［药理研究］

所含的黏蛋白质在体内水解为有滋养作用的蛋白质和碳水化合物，所含淀粉酶可水解淀粉为葡萄糖，尿囊素可促进上皮细胞代谢更新。

5. 甘草

为豆科植物甘草的干燥根及根茎。

［性味与归经］甘，平。归心、肺、脾、胃经。

［功能］补脾益气，祛痰止咳，和中缓急，解毒，缓解药物毒性、烈性，调和诸药。

［主治］

甘草炙后性微温，善于补脾胃，益心气，治脾胃虚弱、倦怠无力等，常配党参、白术等同用，如四君子汤。

有甘缓润肺止咳之功，用治咳喘等，常配化痰止咳药，且其性质平和，肺寒或肺热咳嗽均可应用。

生用能清热解毒，用于疮疡肿痛，配金银花、连翘等清热解毒药；用于治咽喉肿痛，配桔梗、牛蒡子等。

甘草是解毒要药，能缓和某些药物的毒性和烈性，因此也具有调和诸药的作用，许多处方常配伍本品。

［用量］犬、猫每千克体重0.2～0.5 g。

［注意］不宜与大戟、芫花、甘遂、海藻同用。

［主要成分］含甘草酸、甘草苷、甘露醇、甘草次酸、异甘草酸、β-谷甾醇、有机酸及挥发油等。

［药理研究］

对食物、体内代谢产物的中毒，或蛇虫毒素、某些细菌毒素等有较强的解毒作用，其解毒的有效成分为甘草酸。

甘草酸、甘草苷有镇咳作用，这是由于对咳嗽中枢的抑制及服药时能覆盖发炎的咽部黏膜，减少刺激的结果。

甘草酸和甘草次酸及其盐类有明显的抗利尿作用，甘草次酸还有肾上腺皮质激素样作用。

有抗炎、抗过敏性反应作用。

6. 白术

为菊科植物白术的干燥根茎。

［功能］补脾养胃，燥湿利水，安胎，止汗。

［主治］

炒白术为补脾益气的重要药物，治脾虚泄泻、食少肚胀、倦怠乏力，常配党参、茯苓等同用，如四君子汤；治脾胃虚寒、肚腹冷痛，常配党参、干姜等配伍，如理中汤。

燥湿利水，也可用于水湿内停或水湿外溢之水肿，常配茯苓、泽泻等，如五苓散。

白术也有安胎之效，用于治胎动不安，常配当归、白芍、黄芩。

用于表虚自汗，常配黄芪、浮小麦同用。

［用量］犬、猫1～5 g/只。

［主要成分］含挥发油，主要成分为苍术醇和苍术酮，并含维生素A成分。

［药理研究］

有利尿作用，其可能与抑制肾小管重吸收有关。

有轻度降低血糖含量的作用。

可调节免疫，升高白细胞水平。

7. 大枣

为鼠李科植物枣的干燥成熟果实。

[性味与归经] 甘，温。归脾、胃经。

[功能] 补气养血，安神。

[主治]

大枣为调补脾胃的常用佐使药，多用于脾虚食少、便溏腹泻等，常配党参、白术等，加强组方药补益脾胃的功能。

可养血安神，用于内伤肝脾、气血亏损或津液不足时，精神低沉，烦躁不寐，配甘草、浮小麦。

[用量] 犬、猫每千克体重0.3~0.5 g。

[注意] 痰湿较重，胸腹中水满或胀满者不宜用。

[主要成分] 含蛋白质、脂肪、维生素A、B族维生素、维生素C及钙、磷、铁等。

[药理研究]

可明显增加肝损伤家兔的血清总蛋白与白蛋白含量，具有保肝作用。

可使小鼠体重明显增加，有增强肌力的作用。

醇提物具有镇静催眠和降压作用。

8. 白芍

为毛茛科植物芍药的干燥根。

[性味与归经] 苦、酸，微寒。归肝、脾经。

[功能] 平肝止痛，养血敛阴。

[主治]

白芍疏肝和营，多用于情志不畅、肝旺乘脾或受应激下营卫不和所致的腹痛腹泻或其他软组织疼痛，常配炒柴胡、白术、陈皮、防风等。

养血敛阴，适用于血虚或阴虚内热，烦躁不安，常与当归、地黄等配伍。

[用量] 犬、猫1~5 g/只。

[注意] 不宜与藜芦同用。

[主要成分] 含芍药苷、β-谷甾醇、鞣质、少量挥发油、苯甲酸，以及一些营养成分等。

[药理研究]

对肠胃平滑肌有不同程度的松弛作用，故有缓痉止痛之效。

对葡萄球菌、伤寒沙门菌、霍乱弧菌、大肠埃希菌、溶血性链球菌、志贺菌及铜绿假单胞菌等有抑制作用。

9. 益智仁

为姜科植物益智的干燥成熟果实。

［性味与归经］辛，温。归脾、肾经。

［功能］温脾固气，暖肾涩精，缩尿，摄涎。

［主治］

益智仁可温脾固气，摄唾，常用治脾阳不振、运化失常引起的虚寒泄泻，腹痛，常配党参、白术、干姜等配用，见脾虚吐涎，配党参、山药、陈皮、茯苓、姜半夏等。

温补肾阳，涩精，适用于肾阳不足、不能固摄所致的尿频，常见于泌尿道疾病日久，排尿障碍难愈，常配桑螵蛸、山药、菟丝子等。

［用量］犬1～5 g/只，猫1～2 g/只。

［注意］阴虚火盛者忌用。

［主要成分］含挥发油、萜类、黄酮类和庚烷衍生物等。其中，主要有聚伞花烃香橙烯、芳樟醇、桃金娘醛、益智酮和益智醇等。

［药理研究］

益智酮对试验豚鼠左心房具有强大的正性肌力作用。

可见其能影响鼠小肠中对刺激性成分的吸收，有止泻作用。

10. 补骨脂

为豆科植物补骨脂的干燥成熟果实。

［性味与归经］辛、苦，温。归肾、脾经。

［功能］温肾壮阳，止泻，纳气。

［主治］

补骨脂为温性较强的补阳药，因其既能补肾阳，又能温脾阳，有止泻作用，常用于脾肾阳虚引起的泄泻，多与豆蔻、吴茱萸、五味子等同用，如四神丸。

能助命门之火，用于肾阳不振的阳痿、滑精、尿频数及腰胯寒痛等，常与淫羊藿、菟丝子、熟地黄等助阳益阴药配伍。

可纳气而平喘，用于肾气不纳，咳喘伴有虚寒怕冷等，配人参、肉桂等同用。

［用量］犬1～5 g/只，猫1～2 g/只。

［注意］阴虚火旺、粪便秘结者忌用。

［主要成分］含补骨脂素、新补骨脂素、异补骨脂素和补骨脂定等。

［药理研究］

加快体外培养的成纤维细胞的增殖速度，促进巨噬细胞增强吞噬能力。

对金黄色葡萄球菌、耐青霉素葡萄球菌等有抑制作用。

补骨脂素对肝癌、小鼠肉瘤、艾氏腹水瘤等有抑制作用。

11. 麦冬

为百合科植物麦冬的干燥块根。

［性味与归经］甘、微苦，微寒。归心、肺、胃经。

［功能］养阴生津，润肺清心。

［主治］

麦冬味甘，性偏苦寒，适用于热病伤津之肠燥便秘等，常与地黄、玄参等配伍，如增液汤。

能养肺阴，清肺热，可用于肺阴虚有热的干咳痰少等症，常与天冬、地黄等配伍。

清心热而安神，用于心神不安、情绪敏感、烦躁不寐，可与酸枣仁、柏子仁等同用。

［用量］犬2～8 g/只；猫0.6～1.5 g/只。

［注意］寒咳多痰、脾虚便溏者不宜用，肾功能异常的猫慎用。

［主要成分］含麦冬皂苷和阔叶麦冬皂苷、薯蓣皂苷元及异黄酮等。

［药理研究］

麦冬提取物和总皂苷具有明显的抗心肌缺血作用。

对金黄色葡萄球菌、志贺菌和伤寒沙门菌等有较强的抑制作用。

12. 石斛

为兰科植物金钗石斛、铁皮石斛的新鲜或干燥茎。

［性味与归经］甘，微寒。归胃、肾经。

［功能］益胃生津，养阴清热。

［主治］

石斛滋养胃阴而清虚热，适用于热病伤津、口渴贪饮或病后虚热，常配麦冬、沙参、地黄、天花粉等。

［用量］犬、猫1～5 g/只。

［注意］适合阴伤者，温热尚未化燥者忌用。

［主要成分］含石斛碱、石斛次碱、石斛胺、黏液质及淀粉等。

［药理研究］

煎剂能促进胃液分泌，帮助消化，低浓度时可促进肠管兴奋，高浓度时则使之抑制。

能够显著提高超氧化物歧化酶水平，降低过氧化物的聚积。

能够降低高血糖模型动物的血糖水平。

13. 黄精

为百合科植物黄精或多花黄精的干燥根茎。

［性味与归经］甘，平。归脾、肺、肾经。

［功能］补气养阴，健脾益肾，润肺。

［主治］

黄精主要可补益脾、肺、肾，适用于治疗脾胃虚弱，倦怠无力、口干食少等消化道问题，也可用于肺虚燥咳或病后体虚，精血不足等情况。用于治消化道问题时，常配党参、山药等，用于肺虚燥咳，常配沙参、麦冬、天冬等；用于治久病体虚、精血不足，配熟地黄、枸杞子等。

［用量］犬、猫1～5 g/只。

［主要成分］含烟酸、黏液质、淀粉及糖分等。

［药理研究］

有降低血糖含量及血压的作用。

对伤寒沙门菌、志贺菌、金黄色葡萄球菌，以及多种皮肤真菌有抑制作用。

（十二）开窍药

1. 石菖蒲

为天南星科植物石菖蒲的干燥根茎。

［功能］开化湿和胃、开窍豁痰。

［主治］

石菖蒲芳香化湿又能健胃，常用于寒湿泄泻、肚腹胀满、腹痛呕吐等，常与藿香、陈皮、香附、郁金、厚朴等同用，如藿香正气水。

气味芳香，利于开窍，用于痰湿蒙蔽清窍，清阳不升所致的神昏、癫痫，配远志、茯神、郁金等。

［用量］犬、猫1～5 g/只。

［主要成分］含挥发油，主要为细辛醚、p-细辛醚，另外有氨基酸和糖类。

［药理研究］

可促进消化液分泌，制止胃肠异常菌群生存，并可弛缓肠管平滑肌，缓解肠管痉挛。

挥发油成分对豚鼠气管平滑肌具有解痉作用。

（十三）杀虫药

1. 鹤虱

为菊科植物天名精的干燥成熟果实。

［性味与归经］苦、辛，平；有小毒。归脾、胃经。

［功能］杀虫。

［主治］

可用于多种肠内寄生虫病，更多用于驱杀蛔虫、蛲虫、绦虫、钩虫等，常配川楝子、槟榔等，外治可用于疥癞。

［用量］目前无犬猫使用剂量推荐，类推犬、猫可用每千克体重0.2～0.4 g。

［主要成分］含挥发油，主要有天名精内脂、天名精酮和正己酸。

［药理研究］

煎剂有驱杀绦虫、蛲虫、钩虫作用。

对大肠埃希菌、葡萄球菌等有抑制作用。

二、常用方剂

1. 四君子汤

（出自《和剂局方》）

［组成］党参20 g，炒白术20 g，茯苓20 g，炙甘草10 g。

［用法］共为末，开水冲调，候温灌服，或水煎服。

［功效］益气健脾。

［主治］脾胃气虚证。证见形体消瘦，精神倦怠，四肢无力，食欲减退或大便溏稀；舌淡苔白，脉细弱等。

［方解］本方为治脾气虚弱的基础方。脾胃为后天之本，气血生化之源，调理脾气有助水谷运化，加快气血生化。方中党参补中益气（原方为人参，补气之效更强），为君药；白术健脾燥湿，为臣药；茯苓甘淡，健脾利水渗湿，为佐药，白术、茯苓合用，健脾除湿之功更强；炙甘草益气和中，调和诸药，为使药。诸药相合，共奏补中气、健脾胃之功。

［应用］用于脾胃虚弱证，本方作为基础方剂，加减后可演化为许多补气健脾的方剂。临床中，可用于各种原因引起的慢性胃肠炎、胃肠功能减退、消化不良或食物不耐受等问题，凡表现有脾气虚弱者，均可加减运用。本方加陈皮以理气导滞，名为异功散（出自《小儿药证直诀》），主治脾虚兼有气滞者；加陈皮、半夏以理气导滞，降逆化痰，名六君子汤（出自《医学正传》），主治脾胃气滞兼有痰湿；六君子汤再加木香、砂仁以行气止痛，名香砂六君子汤（出自《和剂局方》），主治脾胃气虚，湿阻气机；加诃子、肉豆蔻，名加味四君子汤（出自《世医得救效方》），主治脾虚泄泻。

［备注］本方组成与理中汤一味之别，四君子汤参、术、苓、草，重在益气健脾渗湿；理中汤参、术、姜、草，重在温中散寒。

2. 参苓白术散

（出自《和剂局方》）

［组成］党参15 g，白术15 g，茯苓15 g，炙甘草12 g，山药15 g，白扁豆20 g，莲子肉10 g，桔梗10 g，薏苡仁10 g，砂仁10 g。

［用法］共为末，开水冲调，候温灌服，或水煎服。

[功效] 补气健脾，渗湿止泻，益肺化痰。

[主治] 脾胃气虚兼有湿邪内阻证。证见精神倦怠，形体消瘦，食欲减退，四肢无力或腹泻；舌苔白腻，脉缓弱等。多见于疾病日久，腹泻不能痊愈，或见伴有气虚喘咳。

[方解] 本方由四君子汤加味而成，补虚除湿，行气调滞。方中党参、白术、茯苓、炙甘草补气健脾，为君药；山药、莲子肉助党参补气健脾，白扁豆、薏苡仁助茯苓、白术健脾渗湿，共为臣药；佐以砂仁芳香醒脾，理气宽中；桔梗宣利肺气，引药上行以补肺气清痰浊，为使药。诸药相合，共奏补气健脾，渗湿止泻，益肺化痰效果。

[应用] 本方温而不燥，是补气健脾、渗湿止泻的常用方剂。临床用于脾胃虚弱引起的慢性病，如慢性消化不良、慢性胃肠炎、久泻不愈以及幼畜脾虚泄泻等。临床中也免疫性肠炎且病位靠下者。本方兼有益肺气之功，有"培土生金"的效果，对脾肺气虚，咳喘不愈者也可应用。

3. 补中益气汤

（出自《脾胃论》）

[组成] 炙黄芪18 g，党参12 g，白术12 g，当归12 g，陈皮12 g，炙甘草9 g，升麻6 g，柴胡6 g。

[用法] 水煎服。

[功效] 补中益气，升阳举陷。

[主治] 脾胃气虚，中气下陷证。证见精神倦怠，饮食较少，口渴喜饮，粪便稀溏，脚垫湿润，黏膜色淡，久泻脱肛或子宫脱垂；舌质淡，苔薄白等。见于久病、产后或频繁配种后。

[方解] 本方为治疗脾胃气虚、气虚下陷诸证的常用方，是根据《内经》所说"劳者温之""损者益之"的原则而创立的。气虚下陷，治宜调补脾胃，补气升阳。方中黄芪补中益气，升阳固表，为君药；党参、白术、甘草取自四君子汤，温补脾胃，助君药益气补中，为臣药；当归养血活血，陈皮理气导滞，与补气养血药物同用，使补而不滞，再配升麻、柴胡升阳举陷，助君、臣药升提正气，均为佐药；炙甘草调和诸药，有使药之用。诸药相合，升阳益气，调补脾胃，升阳举陷。

[应用] 本方为治疗脱肛或子宫脱垂的代表方。中气不足，气虚下陷，见器官下垂，倦怠无力等均可使用本方。气滞胀满者加入枳壳，效果更为显著。

[备注] 本方去当归，加阿胶、焦艾，名加减补中益气汤（出自《脾胃论》），功能补气安胎，升阳举陷；去当归、白术，加木香、苍术，名调中益气汤（出自《脾胃论》），健脾养血之效减弱，行气化湿气之效增加。同一出处还有一方，名升阳益胃汤（出自《脾胃论》）（黄芪、半夏、党参、炙甘草、白芍、羌活、独活、陈皮、茯苓、泽泻、柴胡、黄连、防风、白术、生姜、大枣），功能为疏肝理气，健脾化湿，甘温补肺，

与本方相近，可用于猫三体炎，或情绪问题所干预的慢性腹泻。

4. 归脾汤

（出自《济生方》）

［组成］白术12 g，党参12 g，炙黄芪12 g，龙眼肉10 g，酸枣仁12 g，茯神9 g，当归12 g，远志6 g，木香6 g，炙甘草3 g，生姜6 g，大枣6 g。

［用法］水煎服，或共为末，开水冲调，候温灌服。

［功效］健脾养心，益气补血。

［主治］心脾两虚，气血不足所致的精神倦怠、食欲较差、呼吸浅快、舌淡脉弱，以及脾不统血引起的各种慢性出血或贫血。

［方解］本方针对心脾两虚，气血不足证。心主血脉，脾为气血生化之源，心血虚则血脉充盈无力，脾虚则血无以化生，血少则心失所养，脾虚又可致气不摄血，血液外溢。方中党参、黄芪补气健脾，脾气旺则生化有源，故为君药；当归、龙眼肉补血养心安神，配合君药则气血双补，为臣药；白术、木香健脾理气渗湿，使补而不滞，远志、茯神、酸枣仁养心安神，共为佐药；甘草、生姜、大枣和胃健脾，调和诸药，为使药。诸药相合，则行健脾养心，益气补血之效。

［应用］临床用于治疗心脾两虚证及脾不统血的各种慢性出血或慢性贫血。凡久病体虚、黏膜蛋白、气虚气短，或见再生障碍性贫血、胃肠道慢性出血、功能性子宫出血不止（发情后期）等属于心脾二者，均可加减应用。也可作为巴贝斯焦虫，埃利希氏体或钩端螺旋体感染，或免疫性贫血等疾病的治疗周期内，为气血亏虚的动物作补气养血之用，帮助机体早日痊愈。

5. 小建中汤

（出自《伤寒论》）

［组成］桂枝9 g，炙甘草6 g，大枣4枚，芍药18 g，生姜9 g，饴糖30 g。

［用法］水煎去渣，入饴糖烊化，一日分三次服，或共为末，饴糖水冲调。

［功效］温中补虚，和里缓急。

［主治］因中焦虚寒、化源不足所致的虚劳里急证。证见食欲下降，腹中时痛，喜温喜按；舌淡苔白，脉细弦；或易惊悸敏感，虚烦不宁，面沉色暗（表情沉闷），咽干口燥，时而饮水等。

［方解］本方为饴糖和桂枝汤加减化裁，主要为除中焦之寒。方中饴糖甘温质润，温中健脾，和里缓急，为君药；芍药养血敛阴，柔肝缓急而止痛；桂枝温阳祛寒，温凉共用，一散一收，调和阴阳，共为臣药；生姜、大枣温胃补脾，升中焦生发之气而调营卫，为佐药；炙甘草甘温益气，助饴糖补虚，合桂枝则辛甘助阳，配芍药又酸甘化阴，且可调和诸药，为佐使药。全方辛甘酸合用，酸甘养阴以柔肝止痛，辛甘化阳使阴阳相生，营卫

和谐，有效调解虚劳阳虚所发之症。诸药合用，使中气健，化源足，气血生，营卫调，则虚劳诸证可解。

［应用］常用于治疗应激性胃肠炎，胃及十二指肠溃疡、慢性肝炎、慢性胃炎、再生障碍性贫血等见阴阳不和者。

［备注］呕吐较多者不可用建中汤，因有糖分，湿热者不可用（见于急性炎症反应）。

6. 理中丸/汤

（出自《伤寒论》）

［组成］党参9 g，干姜9 g，炙甘草9 g，白术9 g。

［用法］水煎服，或共为末，开水冲调，候温灌服。

［功效］补气健脾，温中散寒。

［主治］脾胃虚寒证。证见食欲减退，饮食缓慢，或见腹痛泄泻，完谷不化；口色淡白，脉象沉细或沉迟。

［方解］本方为温中散寒的代表方。脾主运化，升清阳，胃主受纳，降湿浊。脾胃虚寒，则升降失常，出现食欲减退，腹痛泄泻等症状。方中干姜温中焦脾胃而祛里寒，为君药；党参益气健脾，助干姜调脾胃之升降，为臣药；脾虚则湿生，故以白术燥湿健脾，为佐药；炙甘草益气和中而调和诸药，为使药。四药合用，温中祛寒，补气健脾，助运化而复升降，升清降浊。

［应用］本方是治疗脾胃虚寒的代表方剂，用于脾胃虚寒引起的食欲下降，饮食缓慢，腹痛泄泻等情况，临床见于慢性胃肠炎、胃及十二指肠溃疡等病证，属脾胃虚寒者。寒甚者，重用干姜；虚甚者，重用党参；兼有呕吐者，加生姜或吴茱萸；泄泻甚者，加肉豆蔻、诃子。本方加附子，名附子理中汤（出自《和剂局方》），其温阳祛寒，益气健脾，用于见理中汤证兼有四肢厥逆，拘急等症状时。

7. 吴茱萸汤

（出自《伤寒论》）

［组成］吴茱萸9 g，党参9 g，大枣6 g，生姜9 g。

［用法］共为末，开水冲调，候温灌服，或煎汤服。

［功效］温肝暖胃，降逆止呕。

［主治］肝胃虚寒证。证见肚腹疼痛、呕吐嗳气、口吐清亮涎沫；舌淡苔白滑，脉细迟。

［方解］本方专治疗肝胃虚寒证。方中吴茱萸温胃散寒，开郁化滞而下气降逆，为君药；党参补脾养胃，为臣药；生姜辛散，散寒温胃，降浊消痰，止呕吐，为佐药；大枣甘缓和中，助吴茱萸、党参温胃补虚，且调和诸药药性，为佐使药。诸药合用，共奏温中散寒，益胃降逆之效。

［应用］本方为治疗肝胃虚寒而呕吐严重的常用方剂。临床见肚腹疼痛、口吐清涎、呕吐严重、四肢不温、口不渴等症状。现代兽医临床常用于慢性胃炎、慢性胰腺炎、妊娠呕吐及原因不明的呕吐等属于脾胃虚寒者。呕吐甚者，可加半夏、砂仁以增强降逆止呕之功；阴寒甚者，宜加干姜、附子等。凡呃逆严重者，应予冷服。有些动物服药后症状反而加剧，此为正常服药反应，约半小时后消失，呕吐重者可缓慢多次少量使用，避免过度呕吐引起其他问题。

8. 玉女煎

（出自《景岳全书》）

［组成］石膏30 g，熟地18 g，麦冬9 g，知母6 g，川牛膝6 g。

［用法］水煎服。

［功效］清胃热，滋肾阴。

［主治］少阴不足，阳明有余，即所谓胃热阴虚证。证见口唇齿龈发红，齿龈疼痛，口渴贪饮。

［方解］方中石膏清胃火之有余，为君药；熟地滋阴补肾，补水之不足，为臣药，二药合用，是清火而又壮水；知母苦寒质润，助石膏以泻火清胃，且无苦燥伤阴之虑，麦冬养胃滋阴，助熟地以滋肾阴，兼顾其本，均为佐药；川牛膝导热引血下行，降上炎之火，止上溢之血，为使药。

［应用］常用于治疗急性口腔炎、牙龈炎、舌炎等见口腔黏膜溃烂者，另可用于三叉神经痛等属胃火盛而肾阴亏者，或可用于因中暑后大热耗失阴液时。

9. 痛泻要方

（出自《古今医统大全》）

［组成］炒白术9 g，炒芍药6 g，炒陈皮4.5 g，防风3 g。

［用法］共为末，开水冲调，候温灌服，或煎汤服。

［功效］补脾柔肝，祛湿止泻。

［主治］肝旺脾虚、运化失常所致之腹痛腹泻证。证见肠鸣腹痛。大便泄泻，腹痛必泻，反复发作；舌苔薄白，脉弦而缓。

［方解］方中炒白术味甘苦而性温，补脾燥湿以治脾虚，是为君药。白芍酸寒，柔肝缓急止痛以抑肝气，为臣药。陈皮理气燥湿，醒脾和胃，为佐药。防风辛散肝郁，疏理脾气，又为脾经引经之药，能胜湿以助止泻之功，为佐使药。诸药合用，共奏补脾柔肝、祛湿止泻之效。

［应用］痛泻要方临床可用于治疗急性肠炎、慢性结肠炎、神经性腹泻时，止疼止泻的重要方剂，该方剂有抗病原微生物、抗炎、解痉之效，还可改善循环功能及调节神经内分泌功能。其主要作用是解痉，抗菌之效相对不足，因此，在治疗感染性疾病时应酌情加

用抗菌药物，或配黄连、黄芩、柴胡同用。

10. 半夏泻心汤

（出自《伤寒论》）

［组成］半夏12 g，黄芩9 g，干姜9 g，人参9 g，黄连3 g，炙甘草9 g，大枣4枚。

［用法］水煎服。

［功效］和胃降逆，平调寒热，散结除痞。

［主治］主治寒热互结之痞证。证见寒热中阻、胃气不和所致心下痞满而不痛，或见干呕、呕吐、肠鸣泄泻；苔腻微黄，脉弦滑。

［方解］方中法半夏性辛散，下气散结除痞，又善降逆止呕，为君药。干姜辛热，温中散寒，黄芩、黄连苦寒，可泄热开痞，为臣药。以上四药相伍，平调寒热，辛开苦降。而寒热互结，又缘于中气亏虚，运化失司，故又以人参、大枣甘温益气，以补脾虚，与半夏配合，有升有降，以复脾胃升降之常，为佐药。甘草补脾和中而调诸药，为使药。诸药合用，使寒热得解，升降复常，痞满呕利自愈。全方寒热互用，调和阴阳，苦辛并进，调解升降，补泻同用，兼顾虚实，为本方的配伍特点。

［应用］临床用此方见于急慢性胃肠炎、慢性结肠炎、神经性胃炎、慢性肝炎、早期肝硬化治疗中，见有中气虚弱、寒热互结所致胸腹痞满，呕吐泄泻者。

［备注］因气滞或食积所致的心下痞满，不宜应用。

11. 大柴胡汤

（出自《伤寒论》）

［组成］柴胡15 g，黄芩9 g，芍药9 g，半夏9 g，枳实9 g，大黄6 g，大枣4枚，生姜15 g。

［用法］水煎服，或共为末，开水冲调，候温灌服。

［功效］和解少阳，内泻热结。

［主治］少阳邪热未解阳明里实已成，寒热往来、胸胁苦满、呕吐、食欲差、情绪烦躁、膈下痞硬，或痞满胀痛、大便硬结；舌苔黄，脉弦有力者。

［方解］方中柴胡、黄芩和解少阳，解郁热为君药；枳实、大黄内泻热结，芍药助柴胡、黄芩清肝胆之热，枳实、大黄治腹中实痛为臣药；半夏和胃降浊以止呕逆，为佐药；生姜、大枣既助半夏和胃止呕，又能调营卫，调和诸药，为佐使药。诸药合用，共奏和解少阳、内泻结热之功。

［应用］常用于治疗急性胰腺炎、急慢性胆囊炎、胆石症、胃及十二指肠溃疡伴有大便不畅等属少阳阳明合病者。

12. 葛根芩连汤

（出自《伤寒论》）

［组成］葛根16 g，黄芩9 g，黄连9 g，炙甘草6 g。

［用法］水煎服，或共为末，开水冲调，候温灌服。

［功效］解表清里，清热止泻。

［主治］治外感表证未解，热邪入里，畏热烦躁、下利臭秽、腹部痞满或疼痛、肛门有灼热感，呼吸喘，口干而渴；舌红苔黄，脉数。

［方解］葛根芩连汤方中重用葛根既清热解表，又能升发脾胃清阳之气而治泻下，为君药；黄芩、黄连性寒清胃肠之热，味苦燥胃肠之湿，如此则表解里和，身热下利可止，为臣药；甘草甘缓和中，协调诸药，为佐药。

［应用］葛根芩连汤适用于急性肠炎、细菌性痢疾或滴虫球虫感染等，属表证未解、里热甚者，可加减应用，主要针对食物或感染引起伴有肠壁炎症的腹泻，对大肠性腹泻效果较明显。

13. 白头翁汤

（出自《伤寒论》）

［组成］白头翁12 g，黄柏6 g，黄连9 g，秦皮12 g。

［用法］为末，开水冲调，候温灌服。

［功效］清热解毒，凉血止痢。

［主治］热毒血痢。证见里急后重、泻痢频繁，或大便脓血、发热、渴欲饮水；舌红苔黄，脉弦数。

［方解］本方为热毒侵袭肠胃，热入血分所致。方中白头翁清热解毒、凉血，清大肠血热而治热毒血痢，为君药；黄连、黄柏、秦皮，助清热解毒，燥湿止痢之效，共为臣佐药。合用可清热解毒，凉血止痢。

［应用］本方为治热毒血痢要方，常用于病毒、寄生虫或细菌感染引起的急性腹泻。对体弱血虚者，加阿胶、甘草养血滋阴，为白头翁加甘草阿胶汤（出自《金匮要略》）；本方去秦皮，加黄芩、枳壳、砂仁、苍术、厚朴、泽泻、猪苓，名三黄加白散（出自《中兽医治疗学》），清热燥作用更强；若高热，粪少且带黏液或脓血者，减砂仁、苍术，加生地、黄芩、枳壳、厚朴、泽泻、猪苓、天花粉、大黄、芒硝等。

14. 大承气汤

（出自《伤寒论》）

［组成］大黄6 g（后下），芒硝18 g，厚朴3 g，枳实3 g。

［用法］水煎服或为末开水冲调，候温灌服。

［功效］攻下热结，破结通便。

［主治］热结便秘。证见粪便秘结、情绪烦躁、腹部胀满、小便短赤、口干欲饮；舌苔厚，脉沉实。

［方解］本方为阳明腑实证经典方，针对大肠气机阻滞，肠道胀满，大便燥实所致的粪便燥结不通，因此采用行气破结的原则，方中大黄苦寒，泻热通便，为君药；芒硝咸寒软坚润燥，为臣药；厚朴、枳实行气散结，消痞除满，助大黄、芒硝排泄积滞的大便，为佐药。四药相合，有攻下热结，承顺胃气下行之功。

［应用］本方适用于实热便秘，以"痞、满、燥、实"为本证特点。"痞、满"指腹部胀满，"燥、实"指燥粪结于肠道，且有腹痛拒按。临床应用时，可根据病情在本方基础上加减化裁，本方去芒硝，为小承气汤（出自《伤寒论》），针对仅其痞、满、实三证而无燥证者，即未见大便燥硬且口渴明显者；去枳实、厚朴，加炙甘草，名调胃承气汤（出自《伤寒论》），主治燥热内结之证，配甘草乃取其调和脾胃之效，泻下而不伤正气，针对脾胃比较虚弱的动物出现燥实大便可用；若疾病病程较长，导致热结阴亏，可用原方去枳实、厚朴，加地黄、玄参、麦冬，名增液承气汤（出自《温病条辨》），针对犬猫慢性便秘可用，若有情绪问题可以适量加减疏肝理气或养心安神的中药。

15. 大黄牡丹汤

（出自《伤寒论》）

［组成］大黄12 g，丹皮3 g，桃仁9 g，冬瓜仁30 g，芒硝（冲服）9 g。

［用法］除芒硝外其他煎水，去渣后加芒硝冲服。

［功效］泻热破瘀，散结消肿。

［主治］因湿热郁蒸，气血凝聚，结于肠中，肠络不通所致肠痈初起之病证。证见食欲较差、下腹痞胀、疼痛拒按、大便难下、时时发热，或见粪便带血；苔黄腻，脉滑数。

［方解］方中大黄苦寒攻下，泻肠中湿热郁结，且有去瘀之功；丹皮辛苦微寒，凉血化瘀，消肿透创，二药相伍，泻瘀热之结，同为君药。芒硝咸寒，泻热导滞，软坚散结，助大黄荡涤实热，桃仁有破血之效，助大黄、丹皮活血破瘀，泻热散结，共为臣药。冬瓜仁甘寒，清肠利湿，排脓散结，为佐药。诸药合用，共起到泻热破瘀，散结消肿之效。

［应用］可用于病原感染一段时间后，动物气血瘀滞，瘀血阻于大肠，出现结肠松弛无力，大便难下时，临床也用于结肠、直肠存在肿物导致大便难下，且容易便血的情况，或可用于急性肠梗阻术后，帮助清除瘀血和大便（前三天内慎用）。另外，子宫内膜炎或绝育术后感染属湿热瘀滞者也可用。

16. 温脾汤

（出自《备急千金要方》）

［组成］大黄12 g，附子9 g，干姜6 g，人参6 g，甘草6 g。

［用法］水煎服，大黄后下，或为末开水冲调，候温灌服。

　　［功效］温补脾阳，攻下冷积。

　　［主治］阳虚寒积证。证见脾阳不足，冷积便秘或久利赤白（频繁泻下赤白相间的黏膜黏液），腹痛、脐周疼痛、手足欠温、口不渴；苔白，脉沉弦。

　　［方解］本方是为温下之著名方剂，方中以附子补温脾阳，祛除寒邪；大黄攻下积滞，虽性苦寒，但与辛热之附子相配，则具有温下之功以攻逐寒积，共为君药。芒硝、当归润肠软坚，助大黄泻下攻积；干姜温中助阳，助附子之效，均为臣药。人参和甘草益气健脾，是先益气，增加助阳之效，为佐药。其中甘草又能调和药性，兼使药之功。诸药合用，温补而攻下。

　　［应用］温脾汤是治疗中阳不足，冷积便秘证的代表方剂。可用于老年或久病后脾胃虚寒的动物出现急性单纯性肠梗阻或不全梗阻，出现以便秘腹痛、得温则快、身体倦怠、手足欠温等为主要表现者，即可使用本方加减治疗，或可在术后使用（有创口者前三天内慎用）。

　　17. 麻子仁丸

　　（出自《伤寒论》）

　　［组成］麻子仁20 g，芍药10 g，枳实10 g，大黄10 g，厚朴6 g，杏仁6 g。

　　［用法］炼蜜味丸，日服。

　　［功效］润肠泄热，行气通便。

　　［主治］因肠胃燥热，脾津不足，气机受阻所致的脾约证，脾运化受制约，则出现功能性便秘。

　　［方解］方中重用麻子仁，其质润多脂，是润燥通便的常用药，为君药；大黄苦寒泄热，攻下通便，杏仁利肺降气，又润燥通便，助麻子仁润肠之效，白芍养阴敛津，柔肝理气，三者共为臣药。枳实下气破结，厚朴行气除满，相须为用，以加强降泄通便之力，用以为佐。蜂蜜润燥滑肠，调和诸药，为使药。诸药相合，共组成攻润相合之剂。

　　［应用］常用于治疗习惯性便秘、药物性便秘、产后肠燥便秘，亦用于肛门或其他器官疾病手术后大便干燥引起疼痛或肠推动功能下降等属肠胃燥热，津液不足者。

　　［备注］相对大承气汤，泻下能力减弱，主要以润下为主，更适合体虚或老龄动物。

　　18. 四神丸

　　四神丸（出自《证治准绳》）

　　［组成］补骨脂（炒）12 g，肉豆蔻（煨）6 g，五味子6 g，吴茱萸3 g。

　　［用法］共研为末，另用生姜12 g，大枣12 g，与水同煎，去姜和枣肉，和上述药粉为丸，或水煎服，也可为散剂。

　　［功效］温补脾肾，涩肠止泻。

　　［主治］脾肾虚寒泄泻。证见消化力明显减弱，久泻不止，且完谷不化（可见大便有

明显未消化的食物），神疲乏力、四肢发凉；舌淡苔白，脉象沉迟无力等。

［方解］本方是用于脾肾虚寒之泄泻的重要方剂。本方病因为动物体弱，脾肾阳虚，命门火衰，温煦无力，脾阳虚则脾失健运，水湿内停，导致腹泻，治宜温肾暖脾，涩肠止泻。本方重用补骨脂，温补肾阳，暖脾止泻，为君药；肉豆蔻温补脾肾，升脾阳，涩肠止泻，吴茱萸暖脾胃，散寒湿，均为臣药；五味子酸敛固涩，助涩肠止泻之效，生姜助吴茱萸温胃散寒，为佐药，大枣补脾和中叫为使药。诸药合用，温肾健脾，使运化复，大肠固，则诸证自愈。

［应用］现代兽医临床常用本方加减治疗慢性胃肠炎、慢性结肠炎或慢性胰腺炎等属脾肾阳虚者。一般多用于老年或久病后动物，食物消化力明显下降，排出未消化食物，伴有四肢温度偏低，喜温。久泻气陷脱肛者，宜加党参、柴胡、枳壳、升麻等以益气升陷；若泄泻无度，肾阳虚甚者，宜加肉桂或附子以温补肾阳。

19. 柴胡疏肝散

（出自《医学统旨》）

［组成］柴胡6 g，陈皮6 g，川芎5 g，芍药5 g，枳壳5 g，香附5 g，炙甘草3 g。

［用法］制成散剂灌装使用，或水煎服。

［功效］疏肝解郁，行气止痛。

［主治］肝气郁滞证。证见两胁肋疼痛（起胸缩腹趴卧），情志抑郁不乐，或沉闷，或急躁易怒，可能见嗳气、脘腹胀满；舌暗红，脉弦。

［方解］本方用柴胡疏肝解郁，为君药；香附理气疏肝，助柴胡以解肝郁，川芎行气活血，通络止痛，助柴胡解肝经之郁滞，增其行气止痛之功，共为臣药；陈皮、枳壳理气行滞，芍药养血柔肝，缓急止痛，为佐药。甘草兼调诸药，为使药之用。诸药相合，共奏疏肝行气，活血止痛之功。

［应用］目前临床可用于慢性肝炎或急性黄疸型肝炎见胃肠道症状者、慢性胃炎，属肝郁气滞者，可根据情况加减药物。另外对于存在情志问题引起，出现食欲不佳或其他消化道症状如呕吐黄水、大便黏腻不下、腹痛的情况也适用。

20. 越鞠丸

（出自《丹溪心法》）

［组成］香附30 g，苍术30 g，川芎30 g，六神曲30 g，栀子30 g。

［用法］水煎服，或研末，开水冲调，候温灌服。

［功效］行气解郁，疏肝理脾。

［主治］六郁证（气、火、血、痰、湿、食）。证见肚腹胀满、嗳气呕吐、水谷不消等症状，舌苔腻，脉弦。

［方解］本方为六郁证代表方，长于发越郁滞，治疗气、火、血、痰、湿、食引起的

郁滞之证。六郁之中，以气郁为主。气郁可由湿、食、痰、火、血诸郁所致，也可致湿、食、痰、火、血诸郁。六郁之生成，主要是由于脾胃气滞，升降失常而致，故见肚腹胀痛、嗳气呕吐、消化功能失常等症状。因此，本方重在行气解郁，调理肝脾气机。方中香附行气解郁，以治气郁，为君药；川芎行气活血，以治血郁诸痛；苍术燥湿健脾，以治湿郁；六神曲消导和胃，以治食郁；栀子泻火清热，以治火郁，共为臣佐药。痰郁多因水湿凝聚而成，亦与其他有关，尤其气郁更使湿聚而痰生，若气机通畅，五郁得解，则痰郁亦随之而解，且方中苍术，可增加祛痰解郁之功，故不另用治痰郁之药。故本方以治疗气郁为主，六郁并治。

［应用］现代兽医临床上常用本方治疗胃肠神经官能症、胃及十二指肠溃疡、慢性胃炎及其他慢性胃肠病和消化不良等属于六郁所致者，根据其症状使用。腹腔肿瘤见其症者也可使用，以改善症状。

临床应用时根据六郁的偏甚，适当配伍，以提高疗效。如气郁偏重，以香附为主，并加入厚朴、枳壳、木香等，以加强行气解郁的功用；若湿郁偏重，以苍术为主，加入茯苓、泽泻以利湿；如食郁偏重，以六神曲为主，加山楂、麦芽等以加强消食作用；如血郁偏重，以川芎为主，加入当归、红花等加强活血作用；如火郁偏重，以栀子为主，再加黄连、黄芩等以清热；如以痰郁为主，加半夏、陈皮或胆南星等以化痰；若挟寒者，加干姜或吴茱萸以祛除寒邪。总之，应随证加减，灵活使用。

21. 半夏厚朴汤

（出自《金匮要略方论》）

［组成］半夏12 g，厚朴9 g，茯苓12 g，生姜15 g，苏叶6 g。

［用法］水煎服。

［功效］行气散结，降逆化痰。

［主治］由情志不畅，肝气郁结，肺胃宣降失常，导致湿郁为痰，痰气互结于咽喉而导致的梅核气证。证见情绪焦虑、频繁吞咽。

［方解］本方为治疗梅核气证经典方剂，方中半夏化痰下气，和胃降逆，厚朴行气开郁除满，同为君药；苏叶辛散，宽胸畅中，宣通郁气，助半夏、厚朴理气之效，生姜、茯苓助半夏化痰，且生姜也助和中降逆，又解半夏之毒性，同为臣药。诸药合用，辛以散结，苦以降逆，解痰气郁结。

［应用］可用于咽异感症、焦虑性神经症、慢性咽喉炎、慢性支气管炎、慢性胃炎、食管扩张或痉挛、幽门狭窄等问题，其他药物所致恶心呕吐厌食，也可配合西药使用。

22. 良附丸

（出自《良方集腋》）

［组成］高良姜（酒洗）9 g，香附（醋洗）9 g。

［用法］古法以米汤加入生姜汁1匙，盐1撮，为丸服之，目前可用作汤剂，水煎服。

［功效］温胃行气疏肝，祛寒止痛

［主治］肝郁气滞，中焦寒凝。证见脘腹疼痛、喜温喜按、呕吐清水。

［方解］方中高良姜味辛大热，温中暖胃，散寒止痛，且用酒洗，以增其散寒之力。香附疏肝开郁，行气止痛，且用醋洗，引药入肝，加强行气止痛之功。两药相配，散寒行气，共解中焦寒气凝滞。

［应用］本方是治疗气滞寒凝之胃痛的代表方剂，常用于治疗慢性胃炎、消化性溃疡等可见气滞寒凝者。

23. 旋覆代赭汤

（出自《伤寒论》）

［组成］旋覆花、法半夏、甘草（炙）各9 g，人参、代赭石各6 g，生姜10 g，大枣10 g或4枚。

［用法］水煎服。

［功效］降逆化痰，益气和胃。

［主治］心下痞硬、胃虚气逆证。证见反胃呕吐，吐涎沫；舌苔白滑，脉弦而虚。

［方解］方中旋覆花既可理气降逆，又可化痰平喘止咳，为君药；代赭石镇肝和血，以平逆气，助降逆之效，生姜、半夏辛散，开散表邪，降逆下气以散痞满，为臣药，人参、甘草、大枣甘缓补气，以补胃弱，为佐药，甘草调和诸药，亦为使药。

［应用］可用于各种原因引起的呕吐不止，或白涎不止，对神经性疾病引起的呕吐反流嗳气和顽固性呕吐也有明显的效果。

24. 橘皮竹茹汤

（出自《金匮要略》）

［组成］橘皮12 g（也作陈皮），竹茹12 g，大枣5枚，生姜9 g，炙甘草6 g，人参3 g。

［用法］水煎服，或研末，开水冲调，候温灌服。

［功效］理气降逆止呕，益胃清热，降呃逆（即打嗝）。

［主治］胃虚有热，气逆不降之证。

［方解］方中橘皮理气和胃，降逆止呕，为君药；竹茹清胃热，止呕逆，生姜辛散表寒，和胃止呕，助橘皮之效，为臣药；人参益气和胃，调补脾胃之气，为佐药；炙甘草、大枣补虚安中，调和诸药，为使药。诸药合用，补虚理气，温而不热，气顺热清，胃得和降，则降呃逆，止呕吐。

［应用］临床可用于治疗妊娠呕吐、幽门不完全梗阻引所致呕吐、腹部手术后呃逆不止等情况，属胃虚有热，胃气上逆者。

25. 黄土汤

（出自《金匮要略》）

[组成] 灶心黄土30 g，炙甘草9 g，干地黄9 g，白术9 g，附子（炮）9 g，阿胶9 g，黄芩9 g。

[用法] 水煎服，或研末，开水冲调，候温灌服。

[功效] 温阳健脾，养血止血。

[主治] 阳虚出血。证见大便下血，或吐血、衄血，或发情后期，血性分泌物不止，血色黯淡，四肢不温；舌淡苔白，脉沉细无力。

[方解] 方中灶心黄土中医名伏龙肝，辛温而涩，有温中、收敛、止血之效，为君药。白术健脾、附子温阳，以复脾胃功能，为臣药。生地、阿胶滋阴养血止血，既可补益阴血之不足，又可制约白术、附子之温燥伤血之力，是为佐药。生地、阿胶配白术、附子，有可避免其滋腻阻碍脾气之弊。黄芩苦寒，不仅止血，且又佐制温热以免动血，为佐药。炙甘草调和诸药并益气调中，为使药。诸药合用，标本兼顾，温阳健脾，养血止血。

[应用] 临床可用于各种非外伤或外源性因素引起的出血证或血细胞丢失情况，其都因脾阳不足所致；脾主统血，脾阳不足，失去统摄之能，则血从上溢而吐衄，下走而为便血或下阴出血不止，也可用于免疫性疾病见胃肠慢性失血者。灶心土口服后在胃肠黏膜表面吸附收敛，对胃肠黏膜具有保护作用，同时其中含有的钙成分可促进凝血酶激活和血小板黏附，因此可增加止血作用，因成分不常见现临床中可用高岭土代替。

26. 平胃散

（出自《和剂局方》和《元亨疗马集》）

[组成] 苍术12 g，厚朴9 g，陈皮9 g，炙甘草6 g，生姜4 g，大枣18 g。

[用法] 共为末，开水冲调，候温灌服，或水煎服。

[功效] 健脾燥湿，行气和胃，消胀除满。

[主治] 胃寒食少、寒湿困脾。证见食欲减退、肚腹胀满、大便溏泻、嗳气呕吐；舌苔白腻而厚，脉缓。

[方解] 本方为治湿滞脾胃的主要方剂。脾主运化，喜燥恶湿，湿浊困阻脾胃，脾运化失司，胃失和降，则食欲降低、呕吐、腹胀、腹泻等湿阻中焦之象。因此需燥湿健脾，行气和胃，消胀除满。方中重用苍术，除湿健脾，为君药；厚朴行气化湿，消胀除满，为臣药；陈皮理气化滞，助厚朴除胀，又可和胃止呕，为佐药；炙甘草味甘和中，调和诸药，生姜、大枣调和脾胃，共为使药。诸药合用，共同发挥化湿健脾、理气和胃的作用。

[应用] 本方为健脾燥湿的基本方，临床治疗脾胃病证的许多方剂都由此演化而来。现代兽医临床经常用于治疗食欲减退，或急慢性胃肠炎、胃肠神经官能症等属湿郁气滞者。实际应用中根据情况，加减化裁。本方加藿香、半夏，名藿香平胃散（出自《和剂局

方》），化湿解表，和中止呕，主治脾虚胃寒，兼受外感而致的腹痛呕吐、肚腹胀满、寒热腹泻等证，对犬猫外感寒湿或暑湿引起胃肠道反应效果明显；加槟榔、山楂，名消食平胃散（出自《中华人民共和国兽药典·二部》），主治寒湿困脾，宿食不化，即各种问题引起的食物消化不良；加山楂、香附子、砂仁，名消积平胃散（出自《元亨疗马集》），可用于情志不畅，气郁湿阻并见饮食不消情况；如见湿郁化热，可加黄芩、黄连以清热燥湿；如属寒凝于内，加干姜、肉桂以温化寒湿。

27. 实脾饮

（出自《济生方》）

［组成］厚朴6 g，白术6 g，茯苓6 g，木香6 g，草果仁6 g，大腹皮6 g，熟附子6 g，木瓜6 g，炙甘草3 g，干姜3 g，大枣3枚或6 g，生姜5片或6 g。

［用法］共为末，开水冲调，候温灌服，或水煎服。

［功效］温阳健脾，化湿消肿。

［主治］阳虚水肿。证见全身浮肿，腰以下更甚，胸腹胀满、体倦乏力、食欲下降、手足不温、大便溏、小便清；舌苔厚腻而润，脉沉迟。

［方解］本方干姜温脾助阳，使中焦健运，脾阳振奋，运化水湿，附子温肾助阳，肾阳得温，则化气行水，二味同用，温养脾肾，扶阳抑阴，共为君药；白术、茯苓健脾和中，渗湿利水，为臣药；木瓜能补脾土并泻肝木，兼以祛湿利水，使木不克土而肝脾和，厚朴宽中降逆，木香调理脾胃之滞气，大腹子行气之中兼能利水消肿；草果辛热燥烈之性较强，善治湿郁，五药相合，共助醒脾化湿、行气导滞之效，为佐药。炙甘草调和诸药，为使药。另外，加生姜、大枣以益脾和中。诸药相伍，共奏温脾暖肾、行气利水之功。

［应用］临床上出现于慢性肾病或内分泌病，伴有胃肠道症状，见腹下水肿、胸腹胀满、舌淡苔腻等为主要表现者，可使用本方加减治疗。有气短乏力、情绪倦怠者，加黄芪、党参等以补气；脘腹胀甚者，加陈皮、砂仁；大便溏泄者，改大腹子为大腹皮。

28. 藿香正气散

（出自《和剂局方》）

［组成］藿香18 g，紫苏6 g，白芷6 g，大腹皮6 g，茯苓6 g，白术12 g，半夏（曲）12 g，厚朴（姜汁炙）12 g，桔梗12 g，炙甘草15 g。

［用法］共为末，生姜、大枣煎水冲调，候温灌服，或水煎灌服。

［功效］解表化湿，理气和中。

［主治］外感风寒，内伤湿滞。证见发热、肚腹胀满疼痛、呕吐、肠鸣泄泻，舌苔白腻，脉象滑。

［方解］本方证由外感风寒，内伤湿滞，阻碍脾胃功能，导致脾运化失司，胃气失和，升降失常。治宜外散风寒，内化湿浊，兼以和中理气。方中重用藿香，辛散风寒，同

时芳香化浊，和中止呕，为君药；紫苏、白芷亦辛香发散，芳香化浊，可助藿香解风寒束表之状，为臣药；用半夏（曲）、陈皮燥湿和胃，降逆止呕，茯苓、白术健脾化湿，和中止泻，厚朴、大腹皮行气化湿，消胀除满，桔梗宣肺利膈，解表化湿，共为佐药。生姜、大枣、炙甘草调和诸药，为使药。诸药合用，外散风寒，内化湿浊，升清降浊，诸证自愈。

　　［应用］本方为治外感风寒、内伤湿滞的常用方，对夏月受凉或中暑，脾胃失和者较有效果。现代兽医临床上也用本方加减治疗急性胃肠炎、多种外感风寒、内伤湿滞型消化不良。如表邪偏重，恶寒无汗，可加香薷以助其解表；如有食积，可加炒莱菔子、焦三仙以消食导滞；如泄泻严重，加白扁豆、薏苡仁以祛湿止泻；若小便短少，可加泽泻、车前子以利水除湿。

　　［备注］本方不宜久煎，以免影响疗效。半夏曲是半夏加姜汁、面粉等发酵而来的曲剂，增加宽中消食之效。

29. 真人养藏汤

（出自《太平惠民和剂局方》）

　　［组成］人参6 g，当归6 g，白术6 g，肉豆蔻8 g，肉桂6 g，炙甘草6 g，白芍12 g，木香3 g，诃子9 g，罂粟壳9 g。

　　［用法］共为末，灌装服用，或制丸使用。

　　［功效］涩肠固脱，温补脾肾。

　　［主治］久泻久痢，脾肾虚寒证。证见精神倦怠、食欲较差、泻痢严重、滑脱不禁（伴有脏腑功能衰退），甚至脱肛坠下、脐腹疼痛、喜温喜按；舌淡苔白，脉迟细。

　　［方解］本方针对泻下严重，滑脱之状，体现"急则治标"之法，方用罂粟壳涩肠固脱止泻，为君药；诃子苦酸温涩，专于涩肠止泻，肉豆蔻涩肠止泻同时又温中散寒，共为臣药，助君药增强涩肠固脱止泻之功；肉桂、人参、白术、当归、白芍、木香共为佐药，肉桂温肾暖脾，兼散阴寒，用人参、白术益气健脾，治泻痢日久，气血亏虚，当归养血和营，白芍敛阴和营，止腹痛，共治其本，以上多为补涩止药，因此加木香醒脾导滞、行气止痛，使补而不滞；炙甘草调和诸药，为使药。

　　［应用］用于治疗慢性肠炎、慢性结肠炎、炎性肠病、慢性痢疾、痢疾综合征等日久不愈属脾肾虚寒，近有滑脱之状者，主要针对腹泻不止。

30. 保和丸

（出自《丹溪心法》）

　　［组成］山楂18 g，神曲6 g，半夏9 g，茯苓9 g，陈皮6 g，连翘6 g，莱菔子6 g。

　　［用法］研末制成丸后以水服用。

　　［功效］消食和胃。

［主治］食积停滞证。证见饮食停胃，胸脘痞满、腹胀时痛、厌食，或见呕吐泄泻；脉滑，舌苔厚腻或黄。

［方解］本方为消积导滞的常用方，方中重用山楂，消积导滞力较强，能消散多种积滞的食物，尤善消肉食油腻，为君药；神曲消食健脾，善化谷食陈腐之积；莱菔子下气消食，长于消谷积，并为臣药；因食阻气机，胃失和降，又易化生湿热，故用半夏、陈皮行气化滞，和胃降逆，茯苓渗湿健脾，和中止泻，连翘清热而散结，共为佐药。诸药相合，起消食和胃、清热祛湿的效。

［应用］可用于因饮食失节而食积内停或食入不易消化之物，致气机阻滞，脾胃升降失司，出现脘腹胀满、厌食呕吐、嗳气，或见腹泻之症时。若食物积致较重者，可酌加枳实、槟榔等以增强其消食导滞之力；食积化热较甚，而见苔黄、脉数者，可酌加葛根、黄芩、黄连以清热；大便秘结者，可加大黄以泻下通便；兼脾虚者，加白术以健脾。

［备注］保和丸不宜长期使用，纯虚无实者禁用。

31. 乌梅丸

（出自《伤寒论》）

［组成］乌梅肉16 g，花椒4 g，细辛6 g，黄连16 g，黄柏3 g，干姜10 g，制附子6 g，桂枝6 g，人参6 g，当归4 g。

［用法］粉碎成细粉，过筛，混匀后制成水丸或蜜丸。

［功效］调中散寒，清胃温下。

［主治］胃热肠寒，蛔动不安。证见倦怠乏力、腹痛腹泻，或见呕吐。

［方解］乌梅涩肠止泻，安蛔止痛，为主药；附子、青椒、桂枝、干姜、细辛辅用以温肾健脾，调和肾阳和脾阳，以除脏寒，缓解疼痛，为臣药；人参、当归益气养血，扶正补虚，治久病气血俱虚之状，黄连、黄柏苦寒清热，以防方中辛热药伤阴动火，为佐药。诸药相合，共奏安蛔定痛之功。

［应用］可用于蛔虫（或其他线虫）和急性细菌感染后导致胃肠道症状，见形体消瘦、面色苍白、食欲差、呕吐、腹痛、四肢发寒、久痢不止。乌梅味酸，有安蛔虫之效，可配合驱虫药使用，减少杀虫引起的蛔虫扭转伸缩导致腹痛甚至肠穿孔的反应。

［备注］怀孕动物禁用。

下　篇

脾胃病辨证论治

第五章

胃痛

第一节　定义及西医讨论范围

一、定义

胃痛，又称胃脘痛，是以小动物胃脘部、近心处发生疼痛为主症的疾病。小动物多表现出触诊前腹部紧张或回避、食欲不振或厌食、嗳气反酸、呕吐，可呕吐出食物、胆汁，或混有少量血液。发病前可有明显诱因，如环境食物更换等应激因素、剧烈运动、暴饮暴食、饥饿或有不合理的用药史等。

胃痛的记载，首见于《黄帝内经》，如《灵枢·邪气脏腑病形》曰："胃病者，腹膜胀，胃脘当心而痛。"《素问·六元正纪大论》记载："木郁之发，民病胃脘当心而痛。"这里所谓的胃脘当心而痛即指胃痛，东汉张仲景将胃脘部称为"心下"，《伤寒论·辨太阳病脉证并治》曰："正在心下，按之则痛，脉浮滑者，小陷胸汤主之。"这里的心下即为胃脘。至唐代，医家尚把胃脘痛与心痛混淆，唐代孙思邈《千金要方·心腹痛》有九种心痛之说："一虫心痛，二注心痛，三风心痛，四悸心痛，五食心痛，六饮心痛，七冷心痛，八热心痛，九去来心痛。"这里记载的九种心痛，大部分指胃痛。

宋代开始有医家对胃痛与心痛的混谈提出质疑，陈无择《三因极一病证方论·九痛叙论》载："夫心痛者，在方论则曰九痛……一曰卒痛，种种不同，以其痛在中脘，故总而言曰心痛，其实非心痛也。"李东垣《兰室秘藏》首立"胃脘痛"一门，将胃脘痛的证候、病因病机、治法明确区分于心痛，使胃痛成为独立的病证。

明清时期，有关胃痛与心痛的鉴别要点得以明确，治法也逐渐完善。《医学正传·胃脘痛》曰："古方九种心痛……详其所有，皆在胃脘。"叶天士对胃痛的辨证论治有很多独到之处，如《临证指南医案·胃脘痛》记载："初病在经，久痛入络。"阐述了胃痛的病机特点，"痛则不通，通字须究气血阴阳，便是看诊要旨也。"提出了胃痛的几大治法，为后世辨治本病提供了宝贵经验。

二、西医讨论范围

胃痛既是一个独立的疾病症状，又是脾胃系多种疾病的一个症状，其发病与肝、脾失调有关。本章所讨论的，就是以脾胃疾病为中心，以胃痛为主要症状的小动物疾病。在西医角度而言，小动物急、慢性胃炎，功能性消化不良，胃、十二指肠溃疡，胃痉挛，胃部肿瘤等导致的胃脘部疼痛，都可以按照本章进行辨证论治。

第二节　病因病机

一、胃痛的病因

胃痛的病因主要有外邪侵袭、饮食不节、情志失调、久病体虚等，当小动物外感寒、热、湿诸邪内客于胃，饮食不科学或不规律，处于紧张焦虑或应激状态等，导致脾胃纳化失司、升降失常、不通则痛；或小动物久病导致胃阴不足、脾胃虚寒、脾胃虚弱，使胃腑失于濡润、温煦，不荣则痛，均可导致胃痛的发生。

1. 外邪侵袭

小动物外感寒、热、湿诸邪内客于胃，均可导致胃脘气机阻滞，不通则痛。其中寒邪犯胃在临床居多，因为寒性收引，容易导致气机阻滞，使胃气不和，发生胃痛。

2. 饮食不节

小动物的饮食不科学时，如吃人的食物、摄入腐败变质的食物、营养过度等，均可导致内生寒湿，或内生湿热，使气机阻滞，发生胃痛。此外，过量服用寒凉或温燥的中西药物，也会导致胃气、胃阴的损耗，发生胃痛。

3. 情志失调

当环境中存在应激因素等，使小动物处于紧张焦虑的情绪状态，肝失疏泄，即横逆犯胃，进而使脾失健运，胃气阻滞，发生胃痛。

4. 久病体虚

脾胃主受纳和运化水谷，共主升降。如果小动物因久病导致脾胃虚弱，运化失职，气机不畅，也会发生胃痛。或者中焦虚寒，失其温养，或胃阴亏虚，胃失濡养，均可导致胃痛。

二、胃痛的病机

胃痛的病位在胃，但与肝、脾的功能失调密切相关。胃主受纳、腐熟水谷，胃气以降为顺，脾主运化、转输水谷精微，脾气以升为健，二者共同完成食物的消化、吸收、排泄。若脾失运化，胃的受纳被影响，若脾不升清，胃的和降受影响，所以脾的升清、运化是胃受纳、和降的重要保证。而肝主疏泄，具有助运化的作用，若小动物处于紧张焦虑状态，肝气横逆，势必克脾犯胃，导致气机郁滞，胃失和降而痛。所以不论是小动物脾失健运，或肝气犯胃，都会导致胃失和降，气机郁滞，疼痛发生。

脾胃损伤、纳运升降失常是小动物胃痛的病理基础，而胃痛有暴痛、久痛之分，病理性质也分为虚实两类。前文提到的不通则痛是气血经络阻滞引发的疼痛，是实证的痛；不荣则痛是由于气血不足或阴精消耗过度而引起经络失去濡养，引发的疼痛，是虚证的痛。而暴痛以实为主，久痛多虚实交杂。暴痛发病较急，多是小动物由于外邪、饮食、情志所伤，使胃失通降，不通则痛。而慢性胃痛病程较长、反复不愈，多是小动物久病损伤中气，使脾胃虚弱，不荣则痛，同时影响脾胃的纳运升降功能，形成虚实夹杂。这一过程是由实证转为虚证出现虚实夹杂，比如小动物最初是外感寒邪，寒凝导致胃痛，寒邪伤阳，久而久之脾阳不足，可形成脾胃虚寒证，脾胃虚寒容易兼有食滞或湿浊，出现虚实夹杂证。所以小动物急性胃痛的病机以邪实为主，慢性胃痛的病机多虚实交杂。除虚实的转化外，小动物胃痛的病机演变还有寒热、气血之间的转化。比如小动物外感热邪而胃痛，热邪伤阴，胃阴不足，又导致阴虚胃痛；比如小动物由紧张焦虑等情志所伤，肝郁气滞，气滞日久，气病及血，必见血瘀，瘀血阻滞，又常使气滞加重，导致胃痛。所以胃痛日久，或病情加重，常有诸多变证。

胃腑以通为贵，胃气以降为和，所以通降正常是胃行使机能的基本条件。我们了解到，小动物临床上有很多种病因可导致脾胃损伤、纳运升降失常，但"不通则痛"是胃痛的病机特点。气滞、痰湿、食滞、瘀血等使胃失通降，不通则痛；脾胃气虚、胃阴不足、脾胃虚寒等使胃失濡润、温煦，虽然属于"不荣则痛"，但也会导致胃气失和，滞而作痛。因此，小动物胃痛虽有实证、虚证之分，病机有不通、不荣之分，但总体以"不通则痛"为病机特点。小动物胃痛的病因病机演变如图5-1所示。

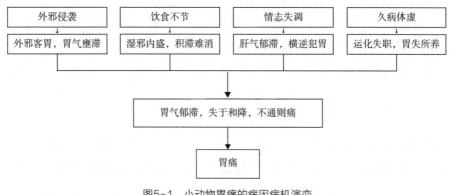

图5-1 小动物胃痛的病因病机演变

第三节　辨治备要

辨治备要主要介绍辨治要点与治法方药。

小动物胃痛多表现出触诊前腹部紧张或回避、食欲不振或厌食、嗳气反酸、呕吐等。发病前可有明显诱因，如环境食物更换等应激因素、剧烈运动、暴饮暴食、饥饿或有不合理的用药史等。除临床症状与病史调查外，在西医角度，腹部超声检查、X线检查、钡餐造影等有助于本病的诊断，在中医而言，则需要进行辨证而论治。

一、辨证纲要

小动物胃痛的辨证应该区分寒热、虚实、气滞、血瘀的不同，临床多有寒热错杂、虚实兼杂、气血同病等热点，需要根据小动物对于触诊前腹部的反应、饮食饮水情况、粪便状态、应激状态等临床表现，进行全面的分析与综合诊断，重点在于辨寒热、辨虚实、辨气血与辨病势。

1. 辨寒热

口渴多饮、大便燥结、喜欢到阴凉处趴伏、吐酸水、脉滑数实者多为热证；口淡不渴、大便清稀、喜欢到温热处趴伏、吐清水、脉沉迟缓者多为寒证。寒与热均有虚实之分，应进一步辨别虚实。

2. 辨虚实

触诊前腹部回避、采食后身体蜷缩疼痛加重、空腹时疼痛减轻、体壮脉盛者多属实证，实证大多病程短，应进一步辨别不同的病理因素；触诊前腹部舒适，空腹饥饿时身体蜷缩疼痛加重、采食后疼痛减轻，体弱脉虚者多属虚证，虚证大多病程长，应进一步辨别气虚、阳虚与阴虚。

3. 辨气血

一般初病在气，久病在血。胃痛初发，环境存在应激因素、小动物情绪处于紧张焦虑等状态，触诊按压小动物前腹部多处，均表现紧张疼痛，痛无定处者多属气滞；胃痛日久不愈，舌质紫暗或有瘀斑，偶见呕血或便血，在夜间小动物身体蜷缩或嚎叫、表现为入夜胃痛加重，触诊按压小动物前腹部同一位置，表现紧张疼痛，疼痛部位固定不移者多属血瘀。

4. 辨病势

一般而言，胃痛的预后良好。但若小动物持续应激，肝火犯胃使胃络损伤；或饮食长期不科学，胃热炽盛，热伤胃络；或脾胃虚弱，统摄无权；或瘀血阻络，使血不循经，则可造成吐血、便血。如果出血量多，反复不止，小动物四肢厥冷、结膜苍白、脉微欲绝者，则可导致气随血脱，危及生命，遇此情况临床应积极救治。另外，胃痛日久可凝聚痰瘀，于腹中结块，小动物前腹部日渐增大坚硬，食欲下降，迅速消瘦，甚至呕吐红色液体，则预后极差，需要在辨证中充分注意，早期防治。

二、辨析类证

小动物胃痛，应与心痛、胁痛、腹痛相鉴别。

1. 心痛

小动物胃痛与心痛均会身体蜷缩，触诊紧张或回避，但心痛部位常为左侧胸部，胃痛在前腹部，触诊可发现不同。心痛常有心血管病史，胃痛常有脾胃病史，在病史调查时也可发现不同。小动物心痛常伴发呼吸困难、哮喘等症状，每次疼痛时间较短，而胃痛常伴有厌食、呕吐等消化道症状，每次疼痛时间相对较长。

2. 胁痛

胁痛的疼痛部位以胁肋部为主，病位在肝胆，但当肝气横逆犯胃时，也可出现胃痛；胃痛的疼痛部位以胃脘部为主，病位在胃，但部分小动物可攻冲两胁，出现胁痛。所以小动物发生胃痛或胁痛时，临床触诊前腹部均会出现紧张或回避等表现。但胃痛多有急慢性胃炎、消化不良等脾胃病史，胁痛则多有急慢性肝炎、胆囊炎、胆道结石等肝胆系病史。

3. 腹痛

在疼痛部位上，腹痛较胃痛的范围更广，小动物不止触诊前腹部紧张回避。且胃痛多与肝脾功能失常有关，而腹痛涉及了腹内脏腑气血郁滞及经络受病，因此胃痛多伴有反酸，采食后、空腹疼痛增加或疼痛减轻，但腹痛一般无此症状。

三、治疗原则

小动物胃痛的病理核心是外邪客胃、饮食停滞、肝气犯胃、脾胃虚弱等诸种因素导致胃腑"不通则痛"或"不荣则痛"，所以治疗的重点在于通降、补虚，而虚实夹杂证又应当补虚泻实、通利胃腑。

1. 通降

用于胃痛实证，通降法即通过导滞祛邪的方法，使胃腑重新恢复其职能。胃痛实证应区别寒凝、胃热、食积、气滞、血瘀，如寒邪客胃，需要散寒止痛；肝胃郁热，需疏肝泄热；食滞胃脘，需消食导滞；肝气犯胃，需疏肝解郁；瘀血停滞，则需活血化瘀。这些都属于通降法，通过通降之法，使胃腑的气机调畅、脉络通畅、和降得常，则"通而不痛"。

2. 补虚

用于胃痛虚证，补虚法即通过补益脾胃的方法，达到止痛的目的。胃痛虚证应区分虚寒、阴虚、气虚，如脾胃虚寒，需要温中祛寒；胃阴不足，需滋阴养胃；脾胃气虚，则需补脾益胃。这些都属于补虚法，通过补虚之法，使胃腑得以温煦、濡润，则"荣而不痛"。

3. 补虚泻实

用于胃痛虚实夹杂证，由于慢性胃痛的病理特点多为虚实夹杂，因此治疗的重点就是补虚泻实。比如脾胃虚寒，水津失布导致的中虚痰湿证，治疗需以温中散寒、燥湿化痰为主；脾胃气虚，无力运气导致的中虚气滞证，治疗需补气疏理、调畅气机；中气不足，无力运血导致的气虚血瘀证，治疗需益气化瘀、活血通络；脾胃虚弱，饮食停滞导致的中虚气滞证，治疗需补中助运、消食导滞。胃痛的虚实夹杂证，通过补虚泻实，使胃体得养、胃腑得畅，胃痛从而获愈。

第四节　辨证论治

辨证论治主要介绍主证、治法和代表方。

一、胃实痛

（一）寒邪客胃

1. 临床表现

小动物突然蜷缩作一团，饮水量下降，大便清稀，喜欢到温热处趴伏，吐清水，舌苔薄白，脉弦紧，可有感寒或食冷病史。

2. 辨证提要

（1）辨证要点。起病急，畏寒喜暖，喜欢到温热处趴伏，多发生于采食冰冷食物或因环境受凉后。

（2）辨诱因。由于采食冰冷食物导致的胃痛，可兼见食滞，伴有食欲下降、呕吐或便溏等症状；由于环境受凉导致的胃痛，常伴有发热等症状。

（3）辨体质。老龄或幼龄小动物，素体胃弱，寒邪入侵则易损中阳，小动物可能出现食欲下降、消化不良、四肢温低、困倦、舌质淡、脉虚弱等虚寒之象。

3. 理法概要

寒邪入侵，客于胃腑，则中阳受损，胃腑气机郁滞，导致疼痛。治疗时，以温胃散寒、行气止痛为主，并且根据小动物兼有体虚、表寒、食滞等症状，联合采用益气、解表、消食等治法。

4. 方药运用

代表方：良附丸或良附丸加味。

常用药：高良姜、香附、砂仁、吴茱萸、生姜、陈皮、木香。

高良姜、砂仁、吴茱萸、生姜，有温胃散寒的功效；香附、陈皮、木香，有行气止痛之功效。如果小动物寒邪较为严重，可以于方中加入荜茇、肉桂、川椒，以温胃散寒；如果小动物伴有畏寒喜暖等表寒症状，可以加入苏叶、桂枝、防风，以疏风散寒；伴有呕吐症状的小动物，可加半夏，以温胃降逆止呕；伴有食滞症状的小动物，可加神曲、炒麦芽、鸡内金，以消食和胃；若是老龄、幼龄小动物或脾胃虚弱者，可以加入党参、茯苓、白术，或加爱迪森参麦健胃片，以补中益气。

（二）饮食停滞

1. 临床表现

小动物胃部胀满，触诊前腹部回避，因为疼痛表现出拒绝按压，小动物可有嗳气、反酸，甚至呕吐出未完全消化的食物等症状，呕吐物味道腐臭，吐后按压胃部回避减轻，食欲可表现出下降至厌食，舌苔厚腻，脉滑，可有暴饮暴食病史。

2. 辨证提要

（1）辨证要点。胃部胀满，前腹部疼痛拒按，嗳气、反酸、厌食等症状，多发生于暴饮暴食后。

（2）辨诱因。饮食所伤，有油腻肉食所伤、过多淀粉食物所伤、生硬难以消化食物所伤等区别，应当通过详细的病史调查，而用以不同的药物。

（3）辨病程。通过病史调查，伤食不久的小动物，多属于实证；而食物停滞于胃时间较长的小动物，多属于虚实夹杂的情况。需根据不同的情况，用以不同的药物。

（4）辨体质。成年或健壮的小动物，多阳盛，则食物积滞更容易化热成燥，小动物可能出现前腹部按压回避明显、便秘等症状，且舌苔黄厚、津液缺失导致舌苔干燥、脉滑数；而老龄或幼龄小动物，平素胃弱，食物积滞可能出现胃部胀满、食欲下降、大便溏稀等症状，且舌质淡、舌苔垢腻。

3. 理法概要

饮食停滞，胃失和降，使得气机不畅、不通则痛，小动物前腹部疼痛拒按。治疗应当以消食导滞、和胃止痛为主，如果小动物有呕吐倾向，也应以吐法治疗，促进食物排出，如果小动物表现为便秘，则应以通法治疗，清热散结。

4. 方药运用

代表方：保和丸或参麦健胃片加减。

常用药：山楂、炒莱菔子、炒麦芽、陈皮、半夏、茯苓、连翘。

山楂酸温，善消油腻肉食之积滞；莱菔子辛甘，可下气消面食淀粉积滞；炒麦芽亦善消米面之积，同时可以宽中下气；陈皮、半夏、茯苓和胃降逆，祛湿；连翘清热散结，共同发挥消食导滞、和胃止痛的功效。如若小动物所摄入食物十分难以消化，则加鸡内金、穿山甲，以软坚消食；若小动物前腹部拒按明显，则加木香、枳壳，以行气止痛；如果小动物苔黄便秘为主，则加大黄、芒硝，以通腹泻热；若是老龄、幼龄小动物或脾胃虚弱者，可以加入党参、茯苓、白术，以益气化积。

（三）肝气犯胃

1.临床表现

小动物胃部胀满，触诊前腹部表现出拒绝按压，频繁嗳气，食欲下降，大便次数减少或成颗粒状，舌苔薄白，脉弦紧，病史调查可有家庭成员变更、环境改变、食物变化等应激性因素。

2.辨证提要

（1）辨证要点。应激或情绪刺激是辨证的重要因素。肝气犯胃有肝气乘脾与胃弱肝贼之分，肝气乘脾为肝气过盛、横逆犯胃，肝郁化火伤胃，以致疼痛，多为实证；胃弱肝贼则是胃气虚弱、招致肝乘，虚而容易积食，以致疼痛，多为虚证。后者平时即表现为食欲不良、时常嗳气。

（2）辨病势。初次发作时，病机在气滞，但反复发作后，气滞可导致血瘀，气滞可影响水津的敷布，导致痰湿，所以疾病日久，小动物往往出现血瘀和痰浊。

（3）辨体质。成年或健壮的小动物，素体阳亢，则应激后容易肝郁化火，属于肝气乘脾，表现为舌质红、舌苔黄、脉弦数；老龄或幼龄小动物，平素胃弱，则应激后容易食物积滞，属于胃弱肝贼，表现为舌苔薄白，脉弦紧。

3.理法概要

肝气横逆犯胃，使胃气不顺畅，而导致疼痛，治疗需疏肝理气、和胃止痛。但应当辨别肝气乘脾与胃弱肝贼的主次，肝旺则疏肝以和胃，胃弱则健胃以御肝。小动物疾病日久，还应考虑有无血瘀、痰浊的情况，分别给予活血化瘀、祛湿化痰的治法。

4.方药运用

代表方：柴胡疏肝散或柴胡疏肝散加味。

常用药：柴胡、白芍、川芎、香附、陈皮、枳壳、炙甘草、佛手。

柴胡、香附、川芎、陈皮可散肝郁和胃中；白芍、炙甘草缓急止痛；枳壳、佛手解肝郁理胃气而不伤阴，共同发挥疏肝理气、和胃止痛的功效。小动物嗳气频繁者，可加半夏、旋覆花等和胃降逆；疾病反复发作，导致血瘀者，可加丹参、当归、乳香、没药等化瘀通络；疾病日久导致痰浊的小动物，可加半夏、白芥子、莱菔子等解郁化痰。

（四）肝胃郁热

1.临床表现

小动物前腹部按压回避明显，或因疼痛急迫不停嚎叫，对于刺激反应激烈，易激怒，反流酸水、尿液黄赤、大便秘结，舌质红、舌苔黄，脉弦数。

2. 辨证提要

（1）辨证要点。前腹部按压回避明显，对于刺激反应激烈，易激怒为辨证要点。

（2）辨病势。肝胃郁热日久，可伤及肝胃之阴，导致阴虚，小动物表现出口渴贪饮甚至没有舌苔；若郁热过盛，热迫血行，小动物可出现吐血的症状。

（3）辨体质。老龄或幼龄小动物，比之成年健壮小动物，机体更易处于阴虚状态，则肝胃郁热容易伤阴耗损津液，小动物疼痛拒按表现可减弱，但出现口渴贪饮、舌红少苔至无苔、脉细数等证。

3. 理法概要

肝郁化火，郁热伤胃。肝气郁结，郁久则化热，热郁于胃，胃腑气机运行不畅，导致疼痛。所以治疗需疏肝泄热，和胃止痛。且若小动物有阴伤、津液耗损的症状，则需加养阴治法；若有热迫血行、吐血的症状，则需加止血治法。

4. 方药运用

代表方：化肝煎或化肝煎加左金丸。

常用药：丹皮、栀子、白芍、青皮、陈皮、浙贝母、泽泻、黄连、吴茱萸、甘草。

丹皮、栀子清泻肝火；白芍、甘草柔肝缓急止痛；青皮、陈皮行气止痛；浙贝母、泽泻清泻郁热；黄连、吴茱萸清泻胃热、辛散肝郁，共同发挥疏肝泄热、和胃止痛的功效。若小动物兼有湿热，表现出大便黏腻、舌苔黄厚而黏腻、脉滑数，需加薏苡仁、白蔻仁等，或合爱迪森葛根芩连片以清化湿热；若小动物热盛伤阴，表现出口渴贪饮、舌红少苔至无苔、脉细数，需加石斛、沙参、知母、麦冬等养阴清热；若小动物热迫血行，表现出呕血、舌红苔黄、脉弦数的症状，需加藕节、茜草、旱莲草等凉血止血。

（五）瘀血停滞

1. 临床表现

小动物前腹部触诊拒绝按压，因疼痛而嚎叫可在入夜和食后加重，或出现呕血、便血、黑粪等症状，舌质紫暗或有瘀斑，脉涩。

2. 辨证提要

（1）辨证要点。疼痛反应如嚎叫或前腹部触诊拒按，在入夜后加重，且持续时间已久。

（2）辨诱因。疼痛反应在应激或情绪刺激后加重的小动物，多属于气滞血瘀型；疼痛反应在摄食后加重者，多为食瘀交并；疼痛反应若在环境受凉或饮食冷物后加重，多为寒凝血瘀型。

（3）辨病势。小动物疾病持续时间已久，或反复发作，大多为虚实交杂、虚瘀夹杂；若血瘀日久，可阻塞脉络，使血不循经而外溢，小动物出现吐血、便血等症状。

3. 理法概要

食积、痰湿、气滞、寒凝等皆会阻碍气机，气为血之帅，指气是血液生成和运行的动力，气机阻碍则血行不畅，导致瘀阻；或者虚证为主时，气虚则无力推动血液运行，也可导致血瘀，瘀停于胃络，胃络壅滞而不通则痛。治法应当以活血化瘀、通络止痛、理气和胃为主，当小动物兼有食积、痰湿、气滞、寒凝、气虚等证时，则需配合消食、化痰、行气、散寒、补气等治法治疗。

4. 方药运用

代表方：失笑散活血祛瘀、散结止痛，配合丹参饮调气化瘀、行气止痛，加味。

常用药：五灵脂、蒲黄、丹参、檀香、砂仁、当归、桃仁、元胡、香附、炙甘草。

五灵脂、蒲黄、丹参加当归、桃仁、元胡可活血化瘀、散结止痛；檀香、砂仁加香附可理气和胃、行气止痛；炙甘草和中缓急、健脾止痛、调和诸药。小动物兼有积食时，可加鸡内金、焦三仙等，或加爱迪森参麦健胃片以消食导滞；小动物兼有痰湿时，可加半夏、厚朴、茯苓等燥湿化痰；小动物兼有寒凝时，可加桂枝、干姜、附子等散寒化瘀；小动物兼有气虚时，可加党参、黄芪等补中益气；血不循经而外溢出现吐血、便血、黑粪的小动物，可加三七粉、花蕊石、大黄等止血化瘀。

二、胃虚痛

（一）胃阴亏虚

1. 临床表现

小动物触诊前腹部可有回避，但不明显，表现出口渴贪饮、大便干燥秘结，舌质红但津液缺失、甚至光剥无苔，脉细数无力。

2. 辨证提要

（1）辨证要点。胃阴不足则津液缺失，阴虚生内热，小动物疼痛反应可不明显，但舌诊少津或无苔、大便干结为辨证要点。

（2）辨病机。胃的受纳腐熟功能，不仅有赖胃阳的蒸化，更需要胃液的濡润，胃中津液充足，才能消化水谷，维持其通降功能。胃为阳土，喜润恶燥，当胃阴不足时，胃失濡养，则通降失常、气机不畅，导致气滞；胃阴亏虚，易伤胃气，往往导致气阴两虚；而胃阴不足，津液缺失以致血液黏稠，易引起血瘀。所以胃阴亏虚的小动物往往兼有气滞、气虚、血瘀等证。

3. 理法概要

胃阴亏虚可由多种原因引发，肝郁化火、胃热过盛，或过量服用温燥药物、热病后期，均会灼烧耗损胃阴。胃阴不足，胃失濡养，则润降失司，气滞或血瘀以致疼痛。故治疗需以养阴益胃、润燥止痛为主。

4. 方药运用

代表方：一贯煎滋阴疏肝，配合芍药甘草汤柔筋止痛，加味。

常用药：北沙参、麦冬、当归、生地黄、枸杞子、川楝子、芍药、乌梅、石斛、甘草。

北沙参、麦冬、枸杞子、石斛滋养胃阴以益胃；生地黄养阴清热；当归养血活血；芍药、乌梅、甘草酸甘化阴；川楝子疏理气机，达到补而不滞的功效。小动物兼有气滞时可见时而做出呕吐姿势，可加佛手、竹茹等行气止呕；小动物兼有气虚时可见不愿活动、时常趴伏，可加太子参、黄芪等，或加爱迪森参麦健胃片以补中益气；小动物兼有血瘀时舌质紫暗可见瘀斑，需加丹参、元胡、桃仁、丹皮等活血化瘀；小动物兼有便秘时，可加火麻仁、郁李仁、生首乌等养阴润便。

（二）脾胃气虚

1. 临床表现

小动物触诊前腹部无回避，表现出食欲下降、前腹部胀满、大便稀薄或时硬时溏，小动物不喜活动、时常趴伏不动，舌质淡、舌苔薄白，脉细弱。

2. 辨证提要

（1）辨证要点。因疼痛隐晦喜按，故触诊前腹部小动物无回避，以不喜活动、舌淡苔薄白为主。

（2）辨虚实。慢性疾病或长期精神压抑的小动物，可引发脾胃气虚。脾胃无力运气时可导致气滞；脾主运化，脾虚失运时水津失布，可导致痰湿；胃主受纳，脾胃气虚时纳化失司，可导致食滞；气为血之帅，中气不足时血液运行动力不足，可导致血瘀；气行血亦行，气虚血亦虚，脾胃气虚时气血化生不足，可致血虚，肝血不足，不荣则不通，肝无以养又导致肝郁。所以脾胃气虚的小动物常兼有气滞、痰湿、食滞、血瘀、肝郁等实证。

（3）辨病程。气虚为阳虚之渐，阳虚为气虚之甚，阳虚会累积为气虚，气虚日久也会导致阳虚。脾虚气虚日甚，中阳亏乏越厉害，阳气可温暖身体、温煦脏腑，亏乏则导致寒从中生，进而发展为脾胃虚寒。

3. 理法概要

脾胃气虚，胃腑失去煦养，不荣而不通，导致小动物出现疼痛反应。虽然虚证为主的小动物疼痛反应不剧烈，按压前腹部回避反应不明显，但治疗还应以益气补中、和胃止痛为主。且兼有气滞、痰湿、食滞、血瘀、肝郁的小动物，需加以行气、化痰、消食、活瘀、疏肝等治法。

4. 方药运用

代表方：香砂六君子汤加减。

常用药：党参、白术、茯苓、陈皮、半夏、砂仁、木香、炙甘草。

党参、白术、茯苓、炙甘草补中益气、健脾养胃，以补虚为主；陈皮、半夏和降胃气、行胃之滞，以通降为主；砂仁、木香助脾运化、疏脾之郁，共同发挥出补而不滞的功效。另外，小动物兼有痰湿时可见干呕欲吐、口黏苔腻，需加厚朴以燥湿化痰；小动物兼有食滞时可见厌食反酸嗳气，需加鸡内金、焦三仙等，或加爱迪森参麦健胃片以消食导滞；小动物兼有血瘀时可见舌质紫暗、瘀斑，需加丹参、元胡、桃仁、丹皮等活血化瘀；小动物兼有肝郁时可见触诊胁肋亦有回避反应、容易激惹，需加香附、小茴香、青皮等疏肝畅胃。若脾失运化、痰湿中阻导致小动物出现腹泻，可加薏苡仁、泽泻、车前子等健脾利湿止泻；若脾失统摄、血液外逸导致小动物出现便血，可加黄芪、阿胶、地榆炭等补气摄血止血。

（三）脾胃虚寒

1. 临床表现

小动物触诊前腹部无回避，受凉后可表现出回避现象，不喜活动，喜欢到温热处趴伏，表现出食欲下降、呕吐清水，触摸四肢及耳尖冰凉，大便溏薄，舌质淡，脉细弱。

2. 辨证提要

（1）辨证要点。与脾胃气虚同为虚证，故触诊前腹部小动物无回避，不同的是虚寒则小动物喜暖，故触摸四肢及耳尖冰凉。

（2）辨虚实。与脾胃气虚相同，脾胃虚寒往往可导致气滞、痰湿、食滞、血瘀、肝郁等证，以致出现脾胃虚寒为本，兼有气滞、痰湿、食滞、血瘀、肝郁为标的各种不同的虚实夹杂证候。

（3）辨病势。脾胃虚寒日久，可致中气下陷或阴血失统。中气下陷的小动物脉虚弱甚至出现脱肛；阴血失统的小动物大便呈黑色或柏油样，或呕血、血色暗淡。

3. 理法概要

中焦虚寒，同脾胃气虚，胃失温养，不荣则痛，不同于脾胃气虚的补中益气为主，脾胃虚寒治疗应以温中为主，故治法为温中健脾、和胃止痛。并且根据小动物气滞、痰湿、食滞、血瘀、肝郁、失血等兼证，配合以行气、化痰、消食、活瘀、疏肝、止血等治法。

4. 方药运用

代表方：黄芪建中汤加味。

常用药：黄芪、白芍、桂枝、高良姜、茯苓、白术、生姜、大枣、饴糖、炙甘草。

桂枝、高良姜温中散寒；黄芪、茯苓、白术补中益气；白芍、炙甘草缓急止痛；生姜、大枣温中补脾；饴糖补虚建中，共同发挥温中健脾、和胃止痛的功效。若小动物呕吐清水严重，前腹部触诊有振水音，可加陈皮、半夏、吴茱萸等温胃化饮；兼有气滞、痰湿、食滞、血瘀、肝郁等证的小动物，参见脾胃气虚的方药运用加减药物治之；若小动物阴血失统出现黑色便、呕血、便血，需加干姜炭、伏龙肝、白及等温中止血。

第五节　预防调护

当小动物患有胃痛时，应当根据具体病因给予正确科学的护理，若为寒证，其药物应热服；若为热证，药物可稍凉服用；若小动物有呕吐的症状，药物当少量多次服用。出现呕血、便血的小动物，应当随时关注其出血量的多少及其颜色，危险时及时救治。肝气犯胃、肝郁热的小动物，应注意环境舒适，避免应激因素或精神刺激，以防加重病情。患胃痛的小动物尤其要注意饮食，需使用消化率高的食物，并定时定量给予，可建议小动物主人选择高消化率的胃肠处方粮。胃痛初治愈时也可使用处方膏作善后调理，避免复发，饮食则需注意避免摄入油腻肉类，建议可持续使用药食同源的处方粮，调理脾胃，使脾胃气机顺畅。

第六章

呕吐

第一节　定义及西医讨论范围

一、定义

呕吐是由于胃失和降、气逆于上，迫使胃内容物从口而出的病证。古人将呕与吐进行了区别：有物有声谓之呕，有物无声谓之吐，无物有声谓之干呕。小动物临床呕与吐常同时发生，很难截然分开，医生统称为"呕吐"。本病乃胃失和降，气逆于上引起。凡外感、内伤、饮食失节以及其他疾病影响到胃的，都可以发生呕吐。

二、西医讨论范围

现代医学中，呕吐可以单独发生，也会常常伴随腹泻、返流等症状同时发生，可见于多种急慢性的疾病中。西医临床上的神经性呕吐、急慢性胃炎、贲门痉挛或幽门梗阻、饮食原因引起的呕吐等可参考本病的辨证论治。此外，急性胆囊炎、肝炎尿毒症、酸碱平衡障碍、肠梗阻以及类似于犬细小或猫瘟等急性传染病早期，以呕吐为主要临床表现的疾病，也可以参考本病论治，同时要结合辨病处理。

第二节　病因病机

胃属中焦，为仓廪之官，主受纳和腐熟水谷，其气下行，以和降为顺。小动物临床上，当小动物感受外邪犯胃、饮食不适、素体脾胃虚弱或受到应激时，便会扰动胃腑或胃虚失和，气逆于上则出现呕吐。《景岳全书·呕吐》曰："呕吐或因暴伤寒凉，或暴伤饮食，或因胃火上冲，或因肝气横逆，或因痰饮水气聚于胸中，或以表邪传里，聚于少阳、阳明之间，皆有呕吐，此皆呕之实邪也。所谓虚者，或其本无内伤，又无外感而常为呕吐者，此既无邪，必胃虚也。"扼要指出了本病的发病特点。

一、外邪犯胃

外感暑、湿、风、寒或有秽浊之邪侵犯胃腑，胃失和降，水谷随逆气上出，导致呕吐的发生。由于季节和小动物所在的地域不同，感受的病邪也不尽相同。例如：冬春时小动物更易感风寒，夏秋则易感暑湿。而北方寒冷，因此寒邪犯胃居多，而南方湿热，小动物更易感湿热。但因为寒邪最易损耗中焦阳气，导致气凝气滞，扰动胃腑，因此呕吐病例中，寒邪致病的小动物相对更常见。又因小动物生活环境特殊，因此寄生虫引起的呕吐也很常见，特别是没有按照医生建议定期驱虫的小动物，医生在接诊到此类呕吐病例时，还需将寄生虫考虑到诊断范围内。

二、饮食不适

小动物因为主人的粗心，暴食过量或摄入生冷油腻的饮食，也会导致食滞不化，运化不足，食物随气逆而上，导致呕吐。也可能摄入的犬粮猫粮腐馊不洁，或者摄入了异物或者毒物等，导致小动物胃内清浊混杂，胃失通降，上逆为呕吐。饮食不适而至脾胃受伤，水谷不归正化，内生痰饮，停于胃内，也会导致小动物呕吐。

三、脾胃虚弱

有些小动物先天禀赋薄弱，素体脾虚，或者是因为某些慢性疾病或劳倦太过损伤脾胃，纳运失常，导致胃气不降反升，引发呕吐。也可能因为胃阴不足，胃失濡养，不能正常受盛水谷，亦可发生呕吐。

四、情绪应激

恼怒伤肝，肝失条达，横逆犯胃可致呕吐。因此临床常见一些小动物，因过度吠叫而致呕吐，皆因肝气太旺，气郁化火，气机上逆。此外，小动物因为情志抑郁，忧思伤脾，脾失健运，饮食停滞于胃内，胃失和降也会导致呕吐。

呕吐的病位主要在胃，但是与肝脾的关系密切，基本病机为胃失和降，胃气上逆。脾主运化，脾以升为健，与胃互为表里，若因各种原因导致脾阳虚弱，脾失健运，则引起饮食积滞，水谷不化，聚湿为痰饮，客犯于胃，最终导致胃失和降引起呕吐。同时，肝主疏泄，具有调节脾胃升降的功能，当小动物恼怒或者气郁时，肝气横逆，胃气上逆，也可以引起呕吐。

呕吐的病性有虚实之分，但也常常相互转化和兼夹。如果实证呕吐非常剧烈，损伤津气，或者是慢性呕吐，水谷运化不足也容易导致虚证。虚证的呕吐，也更容易感受到外邪，每当外邪犯胃，就会急性发作，表现为标实之证。小动物医生在临床上应该详细且谨慎的辨别。小动物呕吐的病因病机演变如图6-1所示。

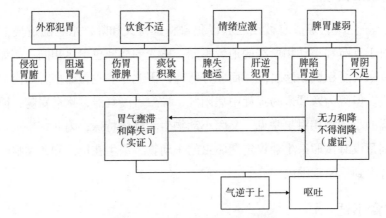

图6-1　小动物呕吐的病因病机演变

第三节　诊断与鉴别诊断

一、诊断

（1）小动物的临床症状表现为摄入的食物、痰涎、水液等胃内容物从胃中上涌，通过口腔流出的症状，有些小动物也会表现出干呕的症状，特别是猫，可能因为舔舐太多毛发而出现慢性的干呕。

（2）除呕吐外，小动物也常常伴有腹痛、腹泻、食欲下降或废绝、精神沉郁等症状。

（3）基础检查也根据疾病的不同，出现腹部的压痛，小动物表现为蜷缩卷腹，拒绝检查，有些小动物也会表现出明显的肠鸣音亢进或减弱等体征。

（4）发病的时间也是因疾病的不同而不同，小动物常常先频繁做出呕吐动作，后逐渐有胃内容物呕出，多由病毒、饮食、寒温不适或应激引起，也可能是由于摄入了毒物或者治疗不当错误用药所致。

除临床辨证外，上消化道造影、胃镜检查、呕吐物的实验室检查等也可在不同程度上辅助疾病的诊断。

二、鉴别诊断

1.噎膈

呕吐与噎膈，小动物都会表现出呕吐的症状。噎膈是由于气、痰、瘀交结，阻隔于食管所致。小动物表现为进食不顺或食不得入，也可能是食入即吐，吐的表现仅仅出现于摄入食物之时。而呕吐则无定时，并且不会表现出吞咽困难。

2.反胃

呕吐与反胃非常相近，二者病机皆是胃失和降，气逆于上，并且都有呕吐的表现。反胃多属脾胃虚寒，胃中无火，难以腐熟摄入的水谷，以朝食暮吐，暮食朝吐，终致完谷尽吐出而始感舒畅为主症。

第四节　辨治备要

一、辨证要点

本病辨证需要以虚实为纲。

小动物呕吐病程短，起病急，呕吐物较多，一般以实邪为主，治疗相对容易且预后良好。确定是实证呕吐后，需要进一步辨别外感、食滞、痰饮和气火的不同。发病急且伴有表证者，属于外邪犯胃；呕吐腐酸量多，气味臭秽难闻，为宿食内停；呕吐清水痰涎，胃脘如囊裹水者，属于痰饮内停；呕吐返流明显，并且小动物易受情绪应激影响，多属于肝气郁结。呕吐绿液者，多因胆热犯胃。而小动物临床中，痰饮和肝气犯胃引起的呕吐，往往容易复发。

若病程较长，起病较缓，吐出物较少，同时小动物倦怠乏力，精神萎靡，多属于虚证。确定虚证后，就要详细区分是脾胃气虚，脾胃虚寒还是胃阴不足。若小动物反复发作，摄入过度即引起呕吐，属脾胃虚弱；若小动物口干，有食欲但每次进食量少，为胃阴不足。

若长时间呕吐，疾病则可由实转虚，或虚实夹杂，治疗相对困难。若因呕吐导致内外俱虚，卧不得安，四肢温低，呕吐且食欲废绝的小动物，预后不良。

二、治法方药

和胃降逆止呕是治疗呕吐的总原则。但也要结合小动物临床表现进行辨证论治。若为实证，重在驱邪，多以采用解表、消食、化痰、解郁或理气之法。虚证则重在扶正，就要采用益气、温阳、养阴或健脾等方法。若是虚实夹杂的病例，应该适当的兼顾。具体药物与方剂在具体的辨证论治中详细阐述。

第五节 辨证论治

（一）外邪犯胃

1. 临床表现

小动物突然呕吐，可能会伴有恶寒发热，因为身痛也会拒绝医生检查，舌苔白腻，脉濡缓。

2. 辨证提要

（1）辨证要点。发病往往比较突然，许多小动物会伴有发热恶寒的表现。

（2）辨病因。如果是夏天小动物发生呕吐，呕吐剧烈的话，一般是秽浊犯胃，大多与不干净的饮食相关。

3. 理法概要

外邪犯胃，阻遏胃气，和降失司，气逆于上导致呕吐。

4. 治法

疏邪解表，化浊和中，降逆止呕。

5. 方药运用

代表方：藿香正气散

本方中藿香、紫苏、白芷芳香化浊，散寒解表；厚朴，大腹皮等可以理气除满；陈皮，半夏发挥降逆止呕的功效，白术、茯苓可以健脾化湿，生姜和大枣调和营卫，降逆止呕。若小动物同时伴有食滞嗳腐，可以改白术、大枣为鸡内金或神曲消食导滞。风寒偏重，加入荆芥、防风解表祛寒。兼有气机不畅，腹胀腹痛者，加入木香、枳壳行气消胀。如果见到高热口渴，便秘尿赤的小动物，可以加入黄芩、黄连和栀子。若是暑湿犯胃，可以用新加香薷饮治疗。

（二）饮食停滞

1. 临床表现

呕吐反酸且量多，呕吐物中含有未消化的食物，食欲下降并且在摄食后呕吐明显，呕吐后症状减轻或消失。粪便可能便秘也可能便溏，气味臭秽。舌苔厚腻，脉滑实有力。

2. 辨证提要

（1）辨证要点。往往发生在小动物摄入过多食物后，或者摄入了腐败变质的食物，呕吐反酸，吐后症减，摄食加重，食欲减退。

（2）辨病因。饮食停滞的呕吐，往往与摄入大量高脂、变质、生冷食物等病史有关。小动物腹痛明显，可见干呕表现。

（3）辨阳明腑实。小动物虽可见呕吐，但腹痛拒按，大便秘结，发热明显，舌红苔黄脉滑数。

（4）辨胃中积热。小动物摄食即吐，口臭明显，口干贪饮，舌苔黄，脉数有力。

3. 理法概要

摄食过量，食滞脾胃，停积不化，胃气失和。

4. 治法

消食化滞，和胃降逆

5. 方药运用

代表方：保和丸或参麦健胃片

方中山楂、神曲、麦芽等可以消食和胃。陈皮、半夏等理气降逆，和中止呕。连翘清热散结。若舌苔黄腻，表现有湿热之象，可加入黄连、黄芩，或直接联合葛根芩连片使用。若小动物摄入了腐败之物或毒物，可以因势利导，用高浓度盐水刺激呕吐。

（三）肝气犯胃

1. 临床表现

小动物频繁发生干呕姿势，可有吞咽动作，触诊腹部胀满，回避按压。病史调查可有家庭成员变更、环境改变、食物变化等应激性因素，小动物处于易激惹状态。舌边红、舌苔薄腻或微黄、脉弦。

2. 辨证提要

（1）辨证要点。应激事件或情绪刺激是辨证的重要因素。

（2）辨病势。肝气犯胃所致呕吐往往容易复发，初次呕吐时，病机多在气滞，但呕吐频繁发作，气滞则可导致血瘀，且影响水津的敷布，导致痰湿。

3. 理法概要

情志不调，使肝气横逆犯胃，胃气不顺畅，导致胃失和降，胃气上逆，发生呕吐。

4. 治法

疏肝理气，和胃降逆。

5. 方药运用

代表方：四逆散合半夏厚朴汤。

本方中柴胡、白芍、枳壳疏肝理气，厚朴、紫苏行气开郁，半夏、生姜、茯苓、甘草和胃降逆发挥止呕效果。如果小动物呕吐频率高，可加橘皮、旋覆花、竹茹、炙枇杷叶等，增强和胃降逆止呕的功效；如果气郁化火，小动物口腔发干，频繁吞咽动作，可合左金丸以清热止呕；如果兼有腑气不通、便秘，可加大柴胡汤清热通腑；如果呕吐发作已久导致气滞血瘀，可加丹参、郁金、当归、延胡索等活血化瘀。

（四）痰湿内阻

1. 临床表现

小动物可呕吐出清稀的水液，伴有黏液白沫，可听到胃中流动的水声，食欲下降，常到温热处趴伏，舌苔白且滑腻、脉沉弦滑。

2. 辨证提要

（1）辨证要点。呕吐物多为清稀水液伴黏液白沫为辨证要点。

（2）辨病因。小动物摄入过多生肉、冷食，则容易诱发痰湿内阻的呕吐。触诊可有疼痛，或伴有肠鸣。

3. 理法概要

痰饮内停，中阳不振，即湿痰困阻脾胃，运化升降功能失常，胃气不降反而上逆，导致呕吐发生。

4. 治法

温中化饮，和胃降逆。

5. 方药运用

代表方：小半夏汤合苓桂术甘汤。

小半夏汤为著名的燥湿祛痰、降逆止呕方，以此为主，既消已成之痰，又绝生痰之源。方中半夏祛痰止咳，温中止呕；佐生姜温胃涤饮，降逆止呕，增强祛痰降逆之功，又能制约半夏的毒性，加之甘草温中化痰，和胃止呕。舌苔厚腻的动物，可去掉白术，加苍术、厚朴以行气除满；口腔发干、呕吐严重动物，可去桂枝，加黄连、陈皮化痰泄热，和胃止呕；食欲下降的小动物，可加白蔻仁、砂仁化浊开胃；体质虚弱的小动物，可加党参补中益气。

（五）脾胃气虚

1. 临床表现

小动物采食后不久即呕吐，呕吐物伴有未消化完全的食物，食欲下降，可有腹泻或排便困难的情况。触摸小动物四肢温度偏低，不喜活动、时常趴伏不动。舌质淡、苔薄白、脉细弱。

2. 辨证提要

（1）辨证要点。气虚则倦怠无力，所以小动物不喜活动、舌淡苔薄白为辨证要点。

（2）辨病因。脾胃气虚的小动物，常由慢性疾病或长期精神压抑引发。

（3）辨虚实。脾胃无力运气，可致气滞；脾虚失运、水津失布，可致痰湿；脾胃气虚、纳化失司，可致食滞；中气不足、血液运行动力不足，可致血瘀；脾胃气虚、气血化生不足，可致血虚。因此脾胃气虚的小动物常兼有气滞、痰湿、食滞、血瘀、血虚等证。

（3）辨病程。气虚为阳虚之渐，阳虚为气虚之甚，阳虚会累积为气虚，气虚日久也会导致阳虚。脾虚气虚日甚，中阳亏乏越厉害，阳气可温暖身体、温煦脏腑，亏乏则导致寒从中生，进而发展为脾胃虚寒。

3. 理法概要

脾胃气虚，纳运无力，胃虚气逆，呕吐发生。

4. 治法

健脾益气，和胃降逆。兼有气滞、痰湿、食滞、血瘀的小动物，需加以行气、化痰、消食、活瘀等治法。

5. 方药运用

代表方：香砂六君子汤。

方中党参、白术、茯苓、炙甘草补中益气、健脾养胃，以补虚为主；陈皮、半夏和降胃气、行胃之滞，以通降为主；砂仁、木香助脾运化、疏脾之郁，共同发挥出补而不滞的功效。如果呕吐频率高，可加旋覆花、代赭石以镇逆止呕；如果呕吐清水较多，四肢冰凉严重者，可加附子、肉桂、吴茱萸以温中降逆止呕。兼有痰湿时可见干呕欲吐、口黏苔腻，需加厚朴以燥湿化痰；兼有食滞时可见厌食反酸嗳气，需加鸡内金、焦三仙等，或加爱迪森参麦健胃片以消食导滞；兼有血瘀时可见舌质紫暗、瘀斑，需加丹参、元胡、桃仁、丹皮等活血化瘀。

（六）脾胃虚寒

1. 临床表现

小动物采食量较多，但稍多即吐，可反复呕吐，呕吐物初时多伴有未消化完全的食物，后可为清水状，伴有腹泻。不喜活动，喜欢到温热处趴伏，触摸四肢及耳尖冰凉，舌质淡，脉细弱。

2. 辨证提要

（1）辨证要点。脾胃虚寒动物多喜暖，因此触摸四肢及耳尖冰凉、喜欢到温热处趴伏、小动物采食稍多即吐为辨证要点。

（2）辨虚实。脾胃虚寒往往可导致气滞、痰湿、食滞、血瘀、肝郁等证，以致出现脾胃虚寒为本，兼有气滞、痰湿、食滞、血瘀、肝郁为标的各种不同的虚实夹杂证候。

（3）辨病势。脾胃虚寒日久，可致中气下陷或阴血失统。中气下陷的小动物脉虚弱甚至出现脱肛；阴血失统的小动物大便呈黑色或柏油样，或呕血、血色暗淡。

3. 理法概要

脾胃虚寒，失于温煦，脾胃运化失职，胃气上逆而发生呕吐。

4. 治法

温中健脾，和胃降逆。

5. 方药运用

代表方：理中汤。

方中人参补气益脾，白术健脾燥湿，甘草和中补土，干姜温胃散寒，共同发挥温中健脾和胃的功效。呕吐严重的小动物，可加砂仁、半夏以理气降逆止呕；如果是不停呕吐清水，可加吴茱萸、生姜以温中降逆止呕；如果呕吐物多是未消化的食物，且伴有四肢冰凉、舌质淡胖、脉沉细症状，可加制附子、肉桂等温补脾肾之阳；如果小动物阴血失统出现黑色便、呕血、便血，需加干姜炭、伏龙肝、白及温中止血。

（七）胃阴不足

1. 临床表现

可见呕吐反复发作，或频繁有干呕姿势，小动物口腔发干，有食欲但每次进食量少或只嗅闻、不进食，腹内可有响声，舌红少津，脉细数。

2. 辨证提要

（1）辨证要点。胃阴不足则津液缺失，小动物口腔发干，只嗅闻、不进食为辨证要点。

（2）辨病因。胃阴不足的呕吐，常常与长期饮食不规律、暴饮暴食有关，可见于长期吃人的食物的小动物。

（3）辨病机。胃的受纳腐熟功能，不仅有赖胃阳的蒸化，更需要胃液的濡润，胃中津液充足，才能消化水谷，维持其通降功能。胃为阳土，喜润恶燥，当胃阴不足时，胃失濡养，则通降失常、气机不畅，导致气滞；胃阴亏虚，易伤胃气，往往导致气阴两虚；而胃阴不足，津液缺失以致血液黏稠，易引起血瘀。所以胃阴亏虚的小动物往往兼有气滞、气虚、血瘀等证。

3. 理法概要

胃阴亏损，胃失濡养，则润降失职，胃气上逆，以致呕吐。

4. 治法

滋养胃阴，降逆止呕。

5. 方药运用

代表方：麦门冬汤。

方中人参、麦冬、粳米、甘草发挥滋养胃阴功效，半夏降逆止呕，大枣补脾和胃生津。如果小动物呕吐严重，可加橘皮、竹茹、枇杷叶以降逆止呕；如果小动物阴虚便秘，可加火麻仁、瓜蒌仁、白蜜润肠通便；如果小动物口腔严重发干，可加生地、天花粉、芦根生津，或同时伴有舌红甚者，加黄连清热；如果小动物倦怠乏力，食欲严重下降，可加太子参、山药益气健脾。

第六节　预防调护

（1）小动物主人需要对小动物进行特殊的护理及关照，避免受到六淫的入侵。

（2）对饮食要有节制，并且需要小动物主人给予特殊的关照，不能摄入生冷或者变质的食物，尽量避免饲喂人的食物，不能饥饱无度，以免损伤脾胃。

（3）减少小动物的应激，保证小动物的情绪稳定。

（4）可以选用处方粮，特别是胃肠道处方粮进行护理，少食多餐。

（5）呕吐对机体而言，是本能反应，也是小动物排出体内有害物质的过程，因此要客观对待呕吐症状，不要一味追求快速止吐。

第七章
泄泻

第一节　定义及西医讨论范围

一、定义

泄泻，指小动物排便次数增多，粪质稀溏，或完谷不化，甚至泻出如水样便症者，其中特别是以粪便稀薄为主要特征。小动物大便次数增加，每天可以增加3~5次甚至十数次以上，而且通常会伴有腹部疼痛、肠鸣音增强、食欲减退等症状。对小动物而言，本病一年四季都可以发生，但夏秋季较为多发。

二、西医讨论范围

泄泻既是一个独立的疾病症状，同时也是脾胃系多种疾病表现出的一个症状。本章所讨论的，就是以脾胃疾病为中心，以泄泻为主要症状的小动物疾病。而针对西医而言，像小动物胃源性腹泻、肠源性腹泻、功能性腹泻以及内分泌紊乱导致的腹泻，都可以按照本章进行辨证论治。

第二节　病因病机

泄泻的病因有内外之别。外因多为感受六淫之邪，其中又以湿邪为主因。而内因则多以受饮食、情志所伤，或者小动物肝郁、脾虚、肾虚等方面影响。无论是内因还是外因，都会导致小动物脾胃纳化失常、升降失司、小肠的受盛和大肠的传导功能异常，从而导致泄泻。

脾主生清，则清气得于输布，胃主纳降，则浊阴得以下行。因此当小动物受内伤饮食、情志或者外邪损伤，则脾胃功能必会出现异常，纳运失常，升降反作，清浊混杂而致泄泻。因此脾胃受伤、纳运失常是泄泻的病理基础。"脾胃损伤"也有虚有实，疾病初起，多为湿邪困脾，脾失健运，治疗则以祛湿健脾为主。倘若医生失治误治，病程延长或者是长期泄泻，则会导致脾虚，脾虚同样会加重泄泻，此时治疗则以补脾益气为主。故《景岳全书》云："泄泻之本，无不由于脾胃……脾强者，滞去即愈，脾弱者，因虚所以易泻，因泻所以愈虚。"

除脾胃外，大肠小肠功能异常也会引起泄泻。小肠是"受盛之官"，主化物而泌别清浊，因此既可以将水谷精微吸收并且输布于五脏六腑，同时又可以将水液和饮食物糟粕传入大肠，并且通过膀胱外排，大肠胃"传导之官"，发挥对水液的再吸收功能，将饮食物糟粕转化为粪便。大小肠之传化之功有赖于中焦阳气的蒸化。如果脾失健运，或者脾胃虚弱，不能蒸化水谷，则水失转输而为湿，谷失腐熟而为滞，一定会导致大小肠功能异常。况且湿邪是导致泄泻的主要原因，湿邪本性黏滞，容易造成气机阻滞，进而导致食滞胃肠，气滞食滞交阻肠间，互为因果，就会导致小肠无法泌别清浊，大肠无法传导糟粕，由此泄泻产生。故肠失传化，湿滞交阻是泄泻的病理特点。由此提示，治疗时应当多考虑"祛湿"与"导滞"两个方面。又《六因条辨》中有"阳湿者，胃热恒多，即为湿热，阴湿者，脾阳必衰即为寒湿"，故湿有阴阳之分，内外之别，感受外湿则最易犯脾，脾失健运，内湿乃生，内湿困脾，则又易感受外湿，因此，内湿往往就是外湿发病的内在原因。

泄泻有暴泻与久泻之分，暴泻伤阴以湿热泄泻为多发，久泻伤阳以内伤疾病为多发。因此，暴泻伤阴，久泻伤阳为泄泻的两大病理趋势。暴泻的主要原因为脾受湿热，也可能由于脏腑积热，同时感受湿邪，也可能因为小动物误食了腐败或不干净的食物，导致湿热直驱大肠，因此暴泻特点为"暴注下迫"。泻下急迫会导致阴液外泄，若不及时治疗，就会有亡阴的危险。暴泻伤阴，就会导致小动物口燥渴，贪饮。但由于脾胃肠的运化与转输功能异常，且小便不利，就会使小动物所饮之水都会进入大肠，进一步加重泄泻。泄泻与贪饮二者互为因果，在治疗时也需要注意小动物饮水量的变化。久泻伤阳，迁延不愈会伤脾及肾。临床上年老体弱、素体虚弱或脾肾亏虚的小动物多发。也存在正虚挟实，邪气不易清除而泄泻不止的情况。因此，小动物泄泻的虚实之因也基于阴阳互根之理，阴损及阳，阳损及阴，治疗时应当考虑周全，不可以孤立而观。针对临床常见的久泻，不能经验性的认为就是"虚"证，此时经验性的给予高蛋白、高碳水、高脂肪的食物，引起胃肠积滞，油腻难化，或者早早给予收涩、补益药物，导致外邪难去，留恋于肠胃之间，又或者受到各种应激，导致小动物气机郁滞，最终都会导致脾胃受损，升降失司，水返为湿，谷反为滞，而致泄泻。小动物泄泻的病因病机演变如图7-1所示。

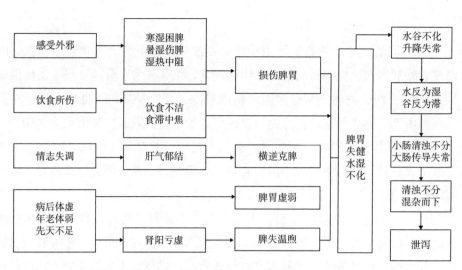

图7-1 小动物泄泻的病因病机演变

第三节 辨治备要

一、辨证纲要

辨证要点：根据小动物粪便的颜色、状态、气味、泄泻与进食之间的关系，以及腹痛、腹胀、肠鸣等情况，来辨别其泄泻的寒热虚实。

1. 辨轻重

小动物泄泻的同时，食欲未发生变化，依旧饮食如常，说明脾胃功能尚在，多为轻症，稍加调理即愈，预后良好。若小动物泄泻的同时，食欲废绝，体重明显下降，或者暴泻无度致滑脱不禁，精神萎靡，津液耗伤，此为重症。

2. 辨缓急

起病急，病程短，虽泄泻但一般在一周内可自愈者为暴泻。起病缓、病程长、泄泻间歇性发作且医生经验治疗无效者，属久泻。

3. 辨寒热

大便清稀如水，气味腥秽，多属寒证，大便色黄而臭，泻下急迫，肛门红肿者多属热证，大便溏垢，臭如败卵，完谷不化往往是由伤食引起。

4. 辨虚实

病势急骤，泻下无度，腹痛拒按，泻后痛减，小便不利者多属实证。起病缓慢，病程较长，反复发作，腹痛不甚，喜暖喜按者多属虚证。

5. 辨别顺逆

暴泻的小动物如果没有出现津脱气耗、昏厥抽搐之象者为顺，但如果暴泻无度，并且出现抽搐、神昏吠叫之象者为逆。

二、治疗原则

泄泻属于湿盛伤脾，或者由胃肠壅滞而导致，因此在治疗时的重点应当放在祛湿、理脾和通降。

1. 祛湿

由于暴泻主要是因为湿盛导致，因此治疗暴泻首先考虑祛湿，祛湿重在淡渗利湿，使湿从小便而出以止泻。渗利可以与芳香化湿的方法同时使用，使湿邪透达，脾运健旺。湿从寒化，易伤脾阳，治疗就需要结合苦温燥湿之法，若湿从热化，则易伤胃阴，治疗就需要结合苦寒燥湿的方法。

2. 理脾

主要用于久泻致脾胃虚弱，脾失健运而致湿恋不除。此时治疗如果只补气健脾则会导致气机壅滞，只利水渗湿则会导致脾气损伤。因此治疗时建议补气与理气相结合，补益与调理相结合。根据虚实主次、寒热偏盛，以及有无夹杂之邪，要根据实际情况灵活调整，虚者以补为主，实者以理气、渗利为主，寒者温中，热者清化，食滞者消导，痰饮者涤痰等。

3. 通降

用于久泻实证。因此，此治法重点在于驱邪，可以采用理气导滞、化瘀通络、辛开苦降等方法，但需要结合小动物的临床症状和脉证。即使小动物表现出明显虚象，只要正气还未衰竭，都应当以通为主。如果此时误用补法，则会出现越补越泻的情况。等到排便次数减少，或者粪便性状好转，再辅以补气健脾的药物，才能达到好的治疗效果。

《医宗必读》中有治泻九法，分别为淡渗、升提、清凉、疏利、甘缓、酸收、燥脾、温肾、固涩，在小动物泄泻临床病例处理时，可以结合具体的症状表现，采用一个方法治疗，也可以多个方法并用。

第四节　辨证论治

一、暴泻

（一）寒湿内盛

1. 临床表现

泄泻清稀，甚则如水样，腹痛时小动物呈蜷缩状，腹部听诊可见肠鸣音，食欲减退，精神萎靡，或有恶寒发热，舌苔白腻或薄白而润，脉濡缓。

2. 辨证提要

（1）辨证要点。起病急，粪便清稀如水，小动物有腹痛肠鸣、食欲减退的症状，多发于夏秋季节。

（2）辨诱因。如果小动物是因为摄入生冷食物或者在寒冷环境中着凉所致，多数会有寒湿之证，少见表证。粪便如水清稀，肠鸣音严重，小便清白的小动物，寒邪重于湿邪，如果粪便稀薄但黏垢，有呕吐发生，精神萎靡不喜运动，舌苔白腻的小动物，湿邪重于寒邪。

（3）辨体质。老龄或幼龄小动物，素体虚弱，易损脾阳，小动物可能出现贫血、困倦、四肢温低，舌质淡，脉沉细的虚寒之象。

3. 理法概要

寒湿困于脾胃，则脾阳受损，脾胃纳化失常，气机阻滞，肠失传化，因此泄泻清稀，腹痛肠鸣。治疗时，可以采用淡渗利湿或芳香化湿，并且根据小动物表寒、体虚、食滞等情况，联合使用温阳、益气、消导等治法。

4. 方药运用

代表方：藿香正气散或胃苓汤加减。

泽泻、茯苓、猪苓可以渗湿利水，同时又可以健脾；苍术与厚朴、陈皮相合，苦温燥湿。桂枝既能温阳化湿，又能行水化气。白术通过健脾益气而运化水湿。针对寒湿下注之泄泻有良好的效果。如果寒重于湿，重用桂枝，加入干姜而温中。若有表寒，可选用藿香正气散加减。若是老龄或幼龄的小动物，可以多用苍术、白术健脾化湿。如果小动物同时伴有食滞，加神曲、炒麦芽等消食导滞。如果伴随呕吐症状，重用生姜，并且加入半夏、陈皮降逆理气止呕。

（二）湿热下迫

1. 临床表现

腹痛即泻，泻下急迫，泻而不爽，粪便颜色呈黄褐色，粪便腥臭，肛门灼热，口渴贪饮，小便短黄，舌苔黄腻，舌质红，脉滑数。

2. 辨证提要

（1）辨证要点。粪色黄褐而臭，泻而不爽，在夏季或长夏季节最为多发。

（2）辨湿热轻重。泻如水柱，口干贪饮，舌苔黄腻，脉滑数者，热重于湿。泻而不爽，频繁有排便动作，食欲减退，渴不欲饮，舌苔厚腻，脉濡数者，湿重于热。

（3）辨阴伤证。暴泻易伤津，热重则伤阴，因此要关注小动物出现阴伤的现象，治疗时适时补液，结合滋阴之法。

3. 理法概要

湿热下迫大肠，导滞肠失传化，难分清浊，气机不畅，因此产生痛泻。治疗方法应该采用苦寒燥湿与淡渗利湿联合，湿热泄泻，也可能存在伤津的情况，但是滋补药物也要谨慎使用，避免邪恋不去。若出现气随津脱，应当尽快益气固脱生津。

4. 方药运用

代表方：葛根黄芩黄连汤（葛根芩连汤）加减。

葛根解肌清热，同时可以升发脾胃清阳，为此方之主药。黄芩、黄连苦寒燥湿清热，甘草甘缓和中，调和诸药。若湿重于热，可重用车前子并加藿香、佩兰芳香醒脾，行气化湿，若热重于湿，可配合金银花、连翘以清热解毒。针对气滞而腹痛明显的小动物，可以加入木香、白芍理气缓急止痛，针对食滞而胀，嗳气酸腐的小动物，加入莱菔子、山楂或神曲等以消食导滞。津伤明显的小动物，联合猪苓汤加沙参、牡蛎滋阴清利。

（三）饮食所伤

1. 临床表现

泻下粪便中伴有未消化的粮食或食物，且粪臭如败卵，腹痛腹胀但常常拒按，因此拒绝小动物医生的腹部触诊，但泻后痛减，嗳腐酸臭，食欲减退，舌苔厚腻，脉滑。

2. 辨证提要

（1）辨证要点。若因饮食所伤而发病，泻下臭如败卵，腹痛明显但泻后痛减，食欲减退至废绝。

（2）辨病因。饮食损伤可分为摄入不干净或者腐败的食物，即饮食不洁，可存在摄入超量的食物，或近期突然摄入高营养食物，即饮食不节。小动物医生应当与小动物主人充分沟通，追溯病史。

（3）辨病位。若食滞严重而致泄泻，则病位偏重于肠，若呕吐嗳腐频繁，则属胃气上逆，胃肠并伤。

（4）辨体质。食滞中焦，会因为小动物体质的强弱不同，表现出积热和脾虚的症状，如果是体质强壮或者有胃热的小动物，食积化热，则小动物可见热象，口臭喜吠，泻而不爽，舌苔黄厚或黄腻。如果是脾胃虚弱的小动物，则小动物可见食欲减退，腹胀明显，泄泻时作时止，喜卧神萎，倦怠乏力，舌淡苔腻。

（5）辨伤食与停食。二者都会表现出呕、胀、痛、泻、嗳气、厌食等症状，但伤食小动物一定会有清晰病史，治疗可用吐法、下法或消法。停食小动物则往往胃气不和，只要食物稍有变化，就易停积，治疗则偏重理气消食。

3. 理法概要

饮食不节导致食滞胃肠，脾失运化而致气机不畅，因此胃肠难分清浊，泄泻乃生。治疗应当消食导滞，健脾理气。若有上逆者，可以考虑吐法。有坚结之形者，考虑采用泻下消导之法。

4. 方药运用

代表方：保和丸或参麦健胃片加减。

山楂善消油腻肉积，炒麦芽善消米面之积，同时可以宽中下气，陈皮、半夏、茯苓和胃降逆，祛湿。因为食积的小动物容易发热，因此可以加入连翘以清热，如果因生冷而致泄泻，加干姜、肉桂。如果有恶心、呕吐，加入砂仁、白蔻仁和胃降逆。食积化热，利用大黄或黄连通腹泻热，脾气虚弱者，利用太子参、白术消补兼施。

二、久泻

（一）脾胃气虚

1. 临床表现

小动物大便时溏时泻，完谷不化，饮食稍有改变或牵遢劳倦则排便次数增加或粪质变软，食欲差且精神萎靡，倦怠乏力或不喜运动，舌质淡、苔白腻，脉细弱。

2. 辨证提要

（1）泄泻总是反复发作，大便稀溏，饮食稍有不慎就会发生泄泻，体倦乏力。

（2）辨病势。泄泻日久，常会导致脾胃阳虚或中气下陷，脾阳虚的小动物泻下清稀，完谷不化，腹痛而拒检，四肢末温稍低，口渴但不贪饮，舌淡苔白，脉沉迟。中气下陷的小动物则会出现滑脱不禁，脱肛不收，舌淡苔白，脉虚弱。

（3）辨虚实夹杂。脾胃虚弱，则运化功能失常，容易出现挟湿、挟食和挟湿热等证。挟湿的小动物，泻下清稀，肠鸣呕吐，口淡不渴，小便短少，舌淡胖苔白腻。挟食者，腹胀腹痛，泻而不爽，嗳腐吞酸，完谷不化，舌苔厚腻，脉滑。挟湿热者，泻而不爽，总有便意，大便稀溏色黄，间有黏液，舌苔黄腻，脉濡数。

3. 理法概要

脾胃气虚，纳化失常，升降失司，清浊不分，而作泄泻，故当以益气健脾，化湿和中之法，佐以升发脾阳，祛风胜湿。

4. 方药运用

代表方：参苓白术散或参麦健胃片加减。

治疗脾胃虚弱，当以四君子汤益气健脾升清为主。山药、薏苡仁、莲子肉等可以健脾，同时又可以渗湿降浊。陈皮可以理气行滞。脾胃阳虚者，加桂枝、干姜以温中扶阳。如果肾阳虚弱，可以使用附子理中汤加味治之。若有中气下陷者，补中益气汤加葛根以补中益气，升清举陷。若湿邪偏盛，加入苍术、厚朴，可重用茯苓、薏苡仁。若饮食停滞，加神曲、山楂消食和胃。湿郁化热者，配合香连丸，辛开苦降，两解湿热。

（二）肝气乘脾

1. 临床表现

小动物一直都是食欲不好，并且嗳气臭秽，泄泻往往是因为各种情绪应激导致，每当受到刺激后，即出现腹痛泄泻，泻后痛减，矢气频作，舌淡红，苔薄白，脉弦。

2. 辨证提要

（1）辨证要点。小动物的肝脾失调而致的泄泻都是因为情志刺激而发，腹痛而泻，泻而不畅，泻后觉舒。

（2）辨肝郁乘脾与脾虚肝贼。肝郁乘脾者，本属肝盛，始发于肝，后及于脾，证偏实而容易化热，可见泡沫溏便，夹杂未消化的食物，矢气频繁且有脘胁胀痛的症状。而脾虚肝贼者，本属脾虚，始发于脾，后及于肝，证偏虚而容易生湿。可见大便清稀，完谷不化，肠鸣腹痛，病程较长的症状。

3. 理法概要

肝郁乘脾，脾失健运，进而扰乱气机导致泄泻，治疗时重在抑肝扶脾。辨别是肝郁还是脾虚，则采用疏肝实脾、培土抑木的治疗方法。

4. 方药运用

代表方：痛泻要方合四逆散加减。

白术健脾除湿，白芍柔肝缓急，此二者为调和肝脾的主药。防风与白术合用，可升阳止泻，合白芍则疏肝止痛，柴胡疏肝解郁。陈皮与枳壳可以理气和中。如果气滞明显，配合川楝子、青皮和旋复花来疏肝和胃。若有明显肝郁化火，吠叫不止，舌质红、苔薄黄、脉弦数者，配合黄连、吴茱萸、栀子等清肝泻火。腹痛泄泻反复发作，可加乌梅、木瓜等酸敛收涩止泻。脾虚明显时，加党参、山药等培土抑木。

（三）脾肾阳虚

1. 临床表现

久泻不止，特别是每日清晨前会有泄泻，且泻下清稀，完谷不化，泻后则安，喜暖喜按，神疲纳差，倦怠乏力，四肢末温低，舌淡苔白，脉沉细无力。

2. 辨证提要

（1）辨证要点。五更泻且反复发作，大便清稀，主要是体温偏低且倦怠乏力。

（2）辨五更泻实证。五更泻亦有虚实之分，不能断然判断为肾阳虚衰，如果泻而不爽，泻下极臭，腹痛拒按，脉滑数或弦而有力，一般是实证。

3. 理法概要

长期泄泻必致脾虚，进而及肾，或者小动物本身肾阳虚衰，火不暖土，导致脾气不升，脾失健运，水谷不化。治疗当以温肾健脾，涩肠止泻。

4. 方药运用

代表方：附子理中丸合四神丸加减。

四神丸中的补骨脂温阳补肾，吴茱萸温中散寒，五味子、肉豆蔻收涩止泻，温补脾肾。附子理中丸则温肾健脾。若寒凝气滞，腹痛严重者，加入乌药、干姜温阳散寒，行气止痛。年老体弱或脱肛的小动物，加柴胡、升麻以提升阳气。若小动物食欲差且便溏，加入厚朴、茯苓来燥湿、健脾和中。

第五节　预防调护

当小动物患有泄泻时，应当根据具体病因给予正确科学的护理，若为饮食所伤，则需要调整饮食，注意养护胃气。若为脾胃虚弱，则需避风寒、慎起居。暴泻的小动物，应当随时关注小动物状态，避免出现厥脱重症，泄泻治愈后也可使用处方膏适当调理，避免复发或引起慢性腹泻。脾胃素虚的小动物，平日饮食则需注意，避免生冷，此时，可建议小动物主人选择药食同源的处方粮日常服用以调理脾胃，温中健脾。

第八章

痢疾

第一节　定义及西医讨论范围

一、定义

痢疾，是以小动物大便次数增加、腹痛、里急后重、便下赤白脓血为特征的一种病证；是一类具有传染性的疾病，四季均可发，夏秋季节尤甚。此处需注意，痢疾与泄泻虽有多处相同，但还是存在大量辨证施治上的区别，本章将详细论述。

二、西医讨论范围

现代医学中小动物较常发生的急慢性菌痢，阿米巴痢疾以及一些急慢性的结肠炎、溃疡性结肠炎等均属于本病的范畴，可以参照本章辨证论治。其中慢性结肠炎在幼龄猫中极为常见，表现粪便稀软，偶见带血，参考本章论治，将取得很好的效果。

第二节　病因病机

小动物痢疾的发生，多由外感湿热、疫毒之邪，饮食内伤及脏腑亏虚所致。其中尤以湿热为患最多见，夏秋季节，天暑下迫，地湿上蒸，形成秽浊疫毒之气，侵害小动物机体可致疫毒痢。体质偏于阳虚的小动物，容易感受寒湿之气，或感受湿邪后，湿从寒化形成寒湿痢。饮食所伤在小动物也是痢疾发病的重要因素之一，特别是饮食不洁，既可单独引起痢疾，又常常与外邪相互影响，交感为患。对于小动物而言，七情内伤致痢则较为少见，若小动物长期处在应激状态下，可为休息痢的诱发因素。外邪损及脾胃与肠，邪气客于大肠，与气血搏结，肠道脂膜血络受伤，传导失司，而致下痢。

一、病因

1. 外感时邪疫毒

就小动物而言，因其生活环境与自身习性的特殊性，对疫毒之邪易感，特别是在夏秋季节，暑湿秽浊内侵肠道，湿热郁蒸，气血与之搏结于肠之脂膜，化为脓血而成湿热痢。如细小、猫瘟等疫毒之邪，侵及阳明气分，进而内窜营血，甚则进迫下焦厥阴、少阴，而致急重之疫毒痢。素体阳虚的小动物，容易感受寒湿，或感受湿邪之后，湿从寒化伤中，胃肠不和，气血壅滞，则表现为寒湿痢。

2. 饮食伤中

有些小动物平素进食较为厚腻，易生湿热，而夏秋季节内外湿热交蒸之时，小动物主人给予不洁饮食或暴饮暴食，湿热直中，蕴结肠之脂膜，邪毒繁衍与气血搏结，腐败化为脓血，则成湿热痢或疫毒痢。若不能化湿清热，则湿热易伤阴血，形成阴虚痢。若小动物平素饮食寒凉或不洁，伤及脾胃，中阳不足，湿从寒化，寒湿内蕴，食积壅塞，气机不畅，气滞血瘀，气血与肠中腐浊之气搏结于肠之脂膜，化为脓血而成寒湿痢。

二、病机

肠中有滞，是痢疾病机的关键所在，此肠中有滞，并非单指食滞，而是包含气血与诸邪郁滞。湿热、疫毒、寒湿、饮食等壅滞肠腑，与气血搏结，导致大肠传导功能受阻，通降不利，气血凝滞，肠腑脂膜与血络受损，引起小动物脓血痢下。又因气机阻滞，腑气不通，故可见腹痛与里急后重。

痢疾之病，邪伤正虚，便会引发疾病的变证，湿热痢疾，引起小动物津液消耗，久致肾阴亏损，形成阴虚痢。如果因湿热疫毒上攻于胃，或因为久痢而致正气虚衰，胃虚气逆，小动物下痢且不进食，则成噤口痢。若小动物医生对痢疾失治误治，或过早的使用收涩药物，或小动物主人未能按照医嘱服药，导致驱邪不尽，日久正虚邪留，虚实并见，寒热交错，痢下赤白，时发时止，则成为休息痢。

三、病位

痢疾病位在大肠，与脾胃肝肾密切相关。痢疾的基本病变是发生在肠道，但其病机与肝肾脾胃等脏腑功能的失调或者虚弱有着密切的联系。首先，诸邪积滞导致脾胃功能失常。小动物饮食无节制或饲喂无度，导致脾胃之气损伤。抑或小动物受到应激，肝郁气滞，思虑气结，影响脾胃的运化功能，酿生寒湿或湿热，形成寒湿或者湿热痢。其次，由外受六淫之邪导致痢疾，其影响途径必先脾胃而后肠腑。在脾胃功能失调、虚弱或者不足的基础上，反过来又会影响脾胃。若久痢不止或不愈，脾胃损伤之外，重则必累积于肾。寒湿之痢易伐中阳，最终导致命门火衰。若小动物劳逸过度，或先天不足，脾肾素弱者，易感寒湿之气，或因为用寒凉攻下，则会导致阳气更弱，而成虚寒痢。小动物痢疾的病因病机演变如图8-1所示。

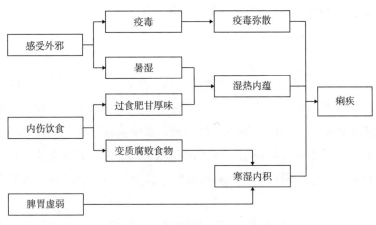

图8-1　小动物痢疾的病因病机演变

第三节　诊断与鉴别诊断

一、诊断

（1）痢疾以腹痛、里急后重，下痢赤白脓血为主证。

（2）急性痢疾起病急骤，或伴有恶寒发热的症状。慢性痢疾则反复发作，日久不愈。

（3）小动物痢疾多见于夏秋之际，往往因饮食不洁导致，或者具有传染性。

（4）粪检可帮助诊断病因，血常规检查对于急性细菌性痢疾也具有诊断意义，必要时，影像、造影和内窥镜检查也可以帮助诊断。

二、鉴别诊断

痢疾最需要与泄泻相鉴别，二者病位均在肠胃，症状都有腹痛、大便次数增多。但痢疾的大便次数虽多却量少，痢下赤白脓血或者黏胨，里急后重明显，小动物便而不出或便而不爽。而泄泻则表现大便溏薄，泻下爽利，或清稀如水，或完谷不化，甚至出现滑脱不禁，无赤白脓血便，腹痛常常伴随肠鸣，很少出现里急后重之感。当然，泄泻与痢疾在一定的条件下又可以相互转化，先痢后泄或先泄后痢。一般认为，先泄后痢病情加重，而先痢后泄病情减轻。

第四节　辨治备要

一、辨证要点

痢疾的辨证，以虚实寒热为纲。要抓住腹痛、里急后重和痢下脓血三大的主症，然后结合兼证及其他脉证进行辨证论治。

1. 辨虚实

暴痢发病急，病程短，小动物表现腹痛胀满，痛而拒按，泻下急迫但排便时里急后重明显，便后疼痛缓解。此证多为实证痢疾，常为暴痢新病或者青年小动物易得。湿热、寒湿、疫毒痢属于此证。久痢则起病缓，病程长，腹痛喜按，便后腹痛不减，或者更加明显，或者里急后重便后不减。阴虚痢、虚寒痢和休息痢属之。此证多为老龄小动物或者素体虚弱的小动物易得。至于噤口痢，则有虚有实，各阶段小动物均有可能发生。

2. 辨寒热

下痢脓血、颜色鲜红，严重者黑紫，黏稠腥臭，腹痛蜷缩，里急后重表现明显，口干贪饮，小便黄赤，舌红苔黄腻，脉数者属热。若大便排出赤少白多而清稀，腹痛较轻喜按，里急后重之感较轻，四肢末端不温，舌淡苔白脉细者属寒。

3. 辨痢色

小动物下痢粪便在辨证施治中发挥重要作用，小动物医生应当仔细辨别与分析。粪便颜色的变化、赤白的多少可以帮助小动物医生判断病情。痢下白脓或者白多赤少，多为湿重于热，邪伤气分，病情较轻。如果粪便纯白清稀，或如胶如脓，形似鼻涕，为寒湿伤于气分。若白而滑脱者，为虚寒，白而如脓者则为热。痢下赤脓，或者赤多白少，或见纯血鲜红者，一般属热、属火、属血分，此为热迫血行，热度炽盛，其病较重。痢下赤白相杂，属热者多，为湿热夹滞，气血俱伤。痢下色黄而深，臭味较重者属热证，或为积滞不化的实证。若痢下紫黑，属血瘀，或为热伤血深，湿毒相瘀。若痢下紫暗而便质淡者，为阳虚。若色焦黑，便质浓厚且腥臭，多属火盛。此外，有些小动物粪便五色相杂，证有实有虚。实证可能是因为治疗时收涩太早，导致热度滞留中焦导致。虚症可能是因为痢下日久，伤及脏腑导致脾肾亏虚。

4. 辨病势预后

小动物痢疾经过医生的治疗后，痢下脓血的次数减少，小动物腹痛感减轻，里急后重的表现减少，此为气血将和，预后良好。当小动物下痢脓血次数减少，但全身的其他症状不减反增，甚至出现了精神萎靡、腹部膨胀，四肢末端冰凉，脉证不符的情况，则提示病情恶化，需要小动物医生注意监护。如果小动物下痢次数逐渐减少，但出现呕吐、口渴且饮水增加，吠叫或行为异常，为热毒上攻。若小动物下痢且食欲废绝，精神萎靡，呕吐频繁，表明胃气损伤，需补胃气。凡是小动物下痢不止，或者反不见下痢，萎靡蜷缩，气息微弱，脉沉细迟，或脉微欲绝，为阳气将脱，阴阳欲离的表现。

二、治法方药

针对痢疾的治法遵循以下总的原则：热痢清之，寒痢温之，初痢实则通之，久痢虚则补之，寒热交错者，清温并用，虚实夹杂着，攻补兼施。

痢疾初起，以实热证为多见，治疗宜清热化湿解毒；久痢则多以虚寒证为主，应该采取补虚温中，调理脾胃兼以清肠收涩固脱之法。若小动物下痢兼有表证者，可采用解表剂，外疏内通。若夹食滞者，可采用消导药消积除滞。此外，调气和血之法是治疗小动物痢疾的重要方法，可用于多个证型，赤多重用血药，白多重用气药。而在整个痢疾的治疗过程中，应当始终注意顾护胃气。治疗痢疾应当切忌：忌过早补涩，忌竣下攻伐，忌分利小便。

热痢初期，同时存在表证，可采用荆防败毒散。如果表邪未解，里热已盛，小动物表现发热，脉象急促，可以使用葛根芩连汤。如果因痢疾导致脱垂，黏膜苍白，舌色暗紫，尿少，脉微欲绝的小动物，应当紧急服用独参汤或者参附汤。如果暑天感受寒湿而导致下痢的小动物，也可以采用藿香正气散治疗。如果小动物脾阳虚，则会表现遇寒则发，可见下痢白胨，食欲下降，精神不振，舌淡苔白，脉沉，可以用温脾汤治疗。如果久痢不止兼肾阳虚衰，可加四神丸。若久痢而致脱肛，属于脾胃虚弱至极，中气下陷，可以服用补中益气汤。下痢时作时止，大便稀溏，有饮食行为但食量极小，行为略亢奋但四肢末温低，属于寒热交错，可以使用乌梅丸加减治疗。

第五节　辨证论治

（一）湿热痢

1. 临床表现

小动物腹痛，里急后重，痢下赤白脓血，黏稠如胶胨，或者有些病例初起一二日为水泻，继而转为脓血便且腥臭，肛门灼热，小便短赤。舌苔黄腻，脉滑数。

2. 辨证提要

（1）辨证要点。痢下赤白脓血、里急后重，肛门灼热，小便短黄。

（2）辨湿热。若热重于湿，痢下赤多白少，口渴喜冷饮。湿重于热见痢下白多赤少，口不渴，饮水减少。

（3）辨预后转归。湿热痢多为新病猝发，病程短，预后好。但如果小动物失治误治，导致湿热上攻于胃，呕吐、食欲废绝，可导致噤口痢。如果迁延不愈，会导致阴虚痢。若小动物因寒冷太过而致热从寒化，则可能转为寒湿痢。

3. 理法概要

湿热积滞，蕴结中焦，运化失常，传导失司，气血阻滞，肠中血络脂膜受损为基本病机。

4. 治法

清肠化湿，调气和血。

5. 方药运用

代表方：芍药汤

本方由黄连、黄芩、大黄、当归、芍药、槟榔、木香、官桂、甘草、银花组成。其中黄连、大黄、黄芩清热燥湿，同时可以消除积滞；木香、槟榔理气导滞；当归、芍药、甘草行血合营，缓急止痛。少量应用官桂，辛能散结，也可以防止黄连、黄芩的苦寒太过。若小动物痢下赤多白少，口渴喜冷饮，属于热重于湿，可搭配白头翁、秦皮、黄柏以清热解毒。若痢下鲜红，加丹皮、苦参、黑地榆等可凉血止痢。若痢下白多赤少，舌苔白腻，属于湿重于热，可去当归，大黄，加入茯苓、苍术、陈皮等健脾祛湿。若兼有饮食积滞，嗳腐口臭，可以加入莱菔子、山楂、神曲等消食化滞，或可直接搭配参麦健胃片。

若同时还表现出恶寒、发热、脉浮等表证，可以先解表达邪，使用荆防败毒散加减。若是夏季暑湿当令，可以加藿香、佩兰等芳香化湿。

若表邪未解，出现里热，泻下急迫或泻而不爽，口干贪饮，肛门红肿，舌红苔黄，脉浮数或滑数，治疗则可以直接使用葛根芩连片。

若是已出现痢下腐臭难闻，热毒郁结，肠中热盛肌腐，小动物腹痛难忍，食欲废绝，可以使用解毒生化丹。

（二）疫毒痢

1. 临床表现

主要指小动物临床常见的消化系统传染病，一般起病较急，痢下鲜紫脓血，腹痛剧烈，小动物饮水量和次数俱增，后重之感表现明显，频繁做出排便动作，舌质红绛，舌苔黄燥，脉数。甚至有些小动物有神昏惊厥的表现。

2. 辨证提要

（1）辨证要点。起病急骤，痢下鲜紫脓血为主要特征。可能会伴随高热和精神症状。

（2）辨病势、预后及转归。本病在小动物痢疾中病势急重，常见于犬、猫较为严重的传染病，预后较为凶险，除可能有神经症状外，疫毒上攻于胃，会引起小动物食欲废绝，形成噤口痢。若治疗不彻底，会转变为休息痢。

3. 理法概要

湿热毒邪壅盛肠道，灼伤气血，耗伤津液，是疫毒痢的主要病机。

4. 治法

清热解毒，凉血除积。

5. 方药运用

代表方：白头翁汤加减。

白头翁汤由白头翁、黄连、黄柏、秦皮为主，其中白头翁清热解毒凉血，为治疗热痢的要药，黄芩黄连秦皮清热燥湿，泄中焦之火。可以与芍药汤合用，起到增强清热解毒之功，同时具有调气行血导滞的效果。

如果见到小动物腹部膨胀严重，热毒秽浊壅塞肠道，拒绝检查腹部，粪便臭秽难闻，可加入大黄、枳实、芒硝。若小动物表现出神经症状，证明邪毒内陷营血，或热盛动风，可用神犀丹、紫血丹以凉营开窍息风。若下痢不甚但病势深重，属于热毒内闭，可以使用大承气汤联合白头翁汤治疗。

若针对疫毒痢治疗不及时，导致小动物暴痢致脱，出现晕厥休克或呼吸急促、脉微欲绝等厥逆之证，需要立即使用参附汤或独参汤，回阳救逆，待小动物病情略稳定，再依证施治。

（三）寒湿痢

1. 临床表现

痢下赤白黏胨，白多赤少，有时为纯白黏液，小动物有腹痛感，里急后重，食欲下降，精神萎靡，舌质淡，苔白腻，脉濡缓。

2. 辨证提要

（1）辨证要点。痢下白胨，白多赤少，舌淡，苔白腻。在小动物临床，舌质舌色不好辨别，只能将辨证重点放在粪便性质上。

（2）辨体质。一般幼龄或老年犬猫，因素体虚弱易发此病。

（3）辨预后转归。本证若小动物医生失治误治，则会导致脾肾亏虚，转化为虚寒痢或休息痢。若小动物本身脾阳虚弱，胃气上逆引起呕吐不食，可转变为噤口痢。

3. 理法概要

寒湿侵袭肠胃，气血瘀滞导致肠中津液凝滞，运化失常，传导失司，此为寒湿痢的主要病机。

4. 治法

温中燥湿，调气和血。

5. 方药运用

代表方：不换金正气散

本方由苍术、陈皮、半夏、厚朴、藿香、甘草、炮姜、桂枝、大枣组成。其中藿香可芳香化湿，陈皮、厚朴等健脾燥湿，并且可以行气消导。甘草、炮姜、大枣温中和胃。可以根据小动物疾病具体表现，酌情加入枳实、木香、桂枝、当归等温中导滞和血的药物。

若起病之初有表证表现，可以加入荆芥、防风以解表邪。若寒湿已经伤阳，脾胃阳虚，畏寒不渴，四肢不温，苔白，脉沉迟，可以使用理中汤，或者加入木香、肉豆蔻等药物以温中健脾行气。

（四）阴虚痢

1. 临床表现

痢下赤白脓血，迁延难愈，脓血黏稠，或下鲜血，粪便量少且里急后重感明显，有些小动物在半夜也会频繁下痢，整日表现神疲乏力，精神萎靡。舌红绛，少津。苔少脉细数。

2. 辨证提要

（1）辨证要点。痢下量少难出，犬、猫可能表现午后发热，舌红苔少，脉细数。

（2）辨病因、体质。本病多是由于小动物湿热伤阴，或本身阴虚导致久痢不愈。

（3）辨预后转归。本病日久不愈，就会转变为噤口痢。

3. 理法概要

阴液亏虚，余邪难尽是阴虚痢的特点。治疗此阴虚痢，清泄余邪和滋阴养津是主要方法，但临床应根据实际情况进行选择，二者不可偏废。

4. 方药运用

代表方：黄连阿胶汤合驻车丸。

黄连阿胶汤是由黄连、黄芩、白芍、阿胶、鸡子黄组成。黄连黄芩清热止痢，阿胶白芍养阴合营。可以加入甘草、乌梅等酸甘化阴和营。驻车丸有黄连、阿胶、当归、炮姜组成。佐以炮姜来防止黄连苦寒太过。若小动物表现口渴、尿少、舌干等，证明阴虚严重，可以加入北沙参、麦冬来滋阴生津。痢下血多者，可以加入丹皮、旱莲草等凉血止血。若阴虚化热，表现肛门灼热红肿者，可以加入白头翁、秦皮。

（五）虚寒痢

1. 临床表现

久痢不愈，痢下清稀，无腥臭，带有白胨，腹部检查时喜按，饮水减少，食少神疲，四肢不温。可能有滑脱不禁导致脱肛下坠。舌淡苔薄白，脉细弱。

2. 辨证提要

（1）辨证要点。久痢不愈，痢下清稀，带有白胨，伴食少神疲，或有肾脾阳虚证象。

（2）辨体质、预后。本证患病小动物多为脾肾素弱之体。若小动物医生失治误治，可能发展成为噤口痢重症。

3. 理法概要

脾肾阳虚、寒湿阻滞为基本的病机。治疗建议温补肾脾，收涩固脱。

4. 方药运用

代表方：桃花汤合真人养脏汤

真人养脏汤是由诃子、罂粟壳、肉豆蔻、人参、当归、白术、木香、肉桂、炙甘草、白芍组成，能够补虚固脱。桃花汤是由赤石脂、干姜、粳米组成，能够温中涩肠。病情较轻的小动物，可以使用理中汤加减，以温中健脾，祛寒化湿。中气下陷致肛脱者，可以合补中益气汤举陷升清，也可以在方剂中加入黄芪、柴胡、升麻、党参等。若有积滞未尽，完谷不化者，加入枳壳、山楂、神曲等，或直接联合参麦健胃片使用，消食导滞。

（六）休息痢

1. 临床表现

在小动物临床，休息痢也较为常见，时作时止，经久不愈。往往是由于饮食变化、受凉或过度牵遛而引发，也见于情绪应激，可由环境变化应激而导致。或痢疾发生时，收涩太早，闭门留寇。发作时，大便次数增加，粪便带有赤白黏胨，里急后重明显。舌质淡苔腻，脉弦细。

2. 辨证提要

（1）辨证要点。下痢时作时止为其诊断要点。

（2）辨病因。往往是因为治疗不彻底，或因小动物医生失治误治。

（3）辨虚实。本证多虚实夹杂。

3. 理法概要

痢疾初发，治疗不彻底，就会导致湿热积滞，脾胃正气虚弱，大肠传导失司是休息痢的主要病机。治疗建议健脾益中，消积化滞。

4. 方药运用

代表方：连理汤或资生丸，六君子汤合芍药汤加减亦可。

连理汤是由人参、白术、干姜、炙甘草、黄连、茯苓组成。可以加一些槟榔、木香、枳实等共同起到和胃祛湿，消积化滞之功。若因为小动物受到了环境或者小动物主人的刺激而导致，可以结合归脾汤治疗。下痢时湿热症状明显的，可以结合芍药汤治疗，但注意减少苦寒药用量，避免损伤脾阳。若颜色如酱，时作时止，可以用鸦胆子进行治疗。若寒湿症状明显的，可以联合温脾汤温热中焦。

（七）噤口痢

1. 临床表现

小动物因为严重下痢或者呕吐导致食欲废绝。实证表现口臭，舌苔黄腻，脉滑数。虚证则表现呕吐不止，形体消瘦，舌淡，脉细弱。

2. 辨证提要

（1）辨证要点。食欲废绝，不论是因为下痢引起还是因为呕吐引起，均为噤口痢。

（2）辨虚实。噤口痢有虚有实，往往虚实夹杂，一般情况下，如果是暴痢，则为实证，如果是久痢，则为虚证。

3. 理法概要

虚证多因小动物素体虚弱，或者久痢伤身，胃虚气逆所致。治疗则需补脾和胃，降逆止呕。实证则多由湿热或疫毒引起，上攻于胃，胃失和降所致，治疗则需要泻热燥湿和胃。

4. 方药运用

代表方：实证使用开噤散加减。开噤散是由人参、黄连、石菖蒲、丹参、茯苓、陈皮、冬瓜子等中药组成。其中黄连、冬瓜子具有苦辛通降，清热化湿。可加入荷叶蒂、石莲子等健脾养胃，开噤升清。丹参和血，人参益气，特别是顾护胃气，也可用成药参麦健胃片。也可加入半夏、代赭石等降逆清热，通腑泄浊。

虚证用香砂六君子汤（或参苓白术散）。此经典方较为常用，且有成药可供小动物医生选择。其中人参甘温大补元气，健脾养胃。白术茯苓健脾除湿。木香、陈皮等具有行气化湿，止呕温脾的作用。若小动物下痢不止，食欲废绝且四肢不温，应紧急使用四逆汤或人参汤益气救阳。

第六节 预防调护

预防小动物发生痢疾，小动物主人需要在饮食上多加注意，尽量不要饲喂人类的食物，并且注意变质腐败的食物被小动物误食，此外，还需要注意小动物亦不可营养过剩，饲喂高营养价值的食物，并且定量饲喂。同时注意季节的变换，避免六淫侵袭发生疾病。对小动物饮水也要关注，变质腐败或长时间放置的饮水要及时更换。

若小动物已经发生痢疾，除按照本章内容辨证论治以外，也要关注小动物的饮食护理，还是建议给予处方食品。若是因为疫毒或病情较为严重的小动物，可以先禁食数小时，待病情相对稳定，且小动物恢复食欲后，可以少量多次给予流质或半流质食物。

处方粮可以饲喂2~3个月，以帮助小动物恢复脾胃功能。

第九章

便血

第一节　定义及西医讨论范围

一、定义

便血指小动物排便时粪便带血或直接排出血液，是小动物临床常见的一种脾胃疾病症状。胃肠道脉络损伤，血液渗入肠道，从肛门排出，此为便血。临床有三种便血方式，可能与大便参杂而出，也可能是在大便前后排出，或者排出纯血。

二、西医讨论范围

西医所说的急性胃肠炎，大小肠溃疡性病变，胃肠道肿瘤、息肉以及某些血液学疾病，犬猫传染病、寄生虫，中毒以及微量元素缺乏等疾病，只要表现出大便带血时，都可以参照本章辨证论治。

需要注意的是，痢疾和某些肛门疾病也会出现大便带血的情况，不属于本病讨论的范围。小动物医生需要辨证论治。

第二节　病因病机

小动物肠道的脉络损伤，血液外溢肠道是便血的直接原因。但是造成脉络损伤的原因则分为以下几个方面。

一、病因

饮食不节，聚湿化热：小动物主人饲喂没有节制，或者长期摄入高脂高蛋白食物，损伤脾胃，纳运失常，湿浊内生而化热，湿热进一步损伤脾胃及肠道脉络，导致血溢脉外而发生便血。

胃热伤络，迫血妄行：小动物营养过剩，极易积热于肠胃，或者因为感受热邪，损伤肠胃脉络。除影响胃的受纳功能外，也会积热化火，灼伤脉络，热邪迫血妄行，溢于脉外，下渗肠道而引起便血。

脾胃虚弱，统摄无力：总论里有过论述，脾主运化水谷精微，主统血。脾气虚弱，不能统摄血液也是小动物出现便血的主要原因之一。有些小动物先天脾胃功能不强，或者因为久病体虚，或者长期的不节饮食，都可能出现因脾不能统血而溢于脉外，流于肠道导致便血。

肝气郁滞，损伤脉络：小动物的情绪人类难以理解，但各类应激导致小动物的情志问题，最终都会伤到肝脾，肝无疏泄之功，脾无统血之力，肝气郁结日久而气滞血瘀，血液不流动就会有溢于脉外的可能，最终破络血溢，导致便血。若小动物长时间肝气郁结，郁而化火，火热犯胃而至胃络损伤引起便血。

二、病机

本病都是发生在肠胃，整体病机均是因为各种原因引起机体的火与虚。火盛则伤脉络，迫血妄行。气虚则无法统血，血溢脉外，最终下渗大肠而导致便血。

小动物便血的病因病机演变如图9-1所示。

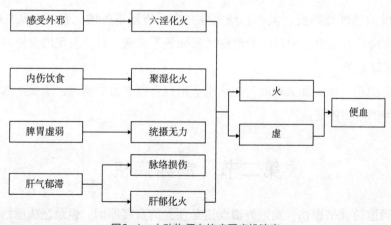

图9-1　小动物便血的病因病机演变

三、病位

本病主要发生于小动物的胃肠，发生于胃部及肠道前端，往往先便后血或黑便。若是发生在肠道后段，可能先血后便，或与粪便参杂而出。

第三节　辨治备要

小动物发生便血，临床较为常见，并且较易发现与诊断，表现为黑便、粪便带血或者纯血的，都属于便血范畴。但病因较为复杂，需要详细的问诊以发现引起便血的原因。

一、辨证纲要

1.辨寒热湿邪

六淫邪气引起便血，临床表现也各不相同。血色鲜红的多是由热引起，热入肠胃而出血；血色瘀者为寒，气推动血液流动，气入肠胃，故下瘀血。火热之邪侵入大肠，血色鲜赤或血下如溅，或先血后便，或便下纯血。若是中焦虚寒，脾不统血，血色多为暗紫和黑。

2.辨部位

出血的部位在胃肠，与粪便混杂而下，可能是先便后血，可能是黑色粪便。因为离经止血排出到体外需要较长的时间，引起出来的血液已经属于瘀血，所以颜色暗紫或黑，小动物医生往往称为柏油样便或者黑便。但如果出血部位在大肠或者离肛门较近，因此血色往往新红，或者先血后便。

3.辨虚实

因感受外邪，特别是火热伤脾胃脉络以及湿热内蕴，均属于实证。实证便血血色多鲜红或暗紫，口干而渴，喜冷畏热，脉数有力。但小动物因久病或久治，导致脾胃气虚，损伤脾胃之阳。则属虚证。虚证便血黑紫，食欲减退，精神萎靡，不喜运动，舌淡、苔薄，脉细无力。

4.辨顺逆

疾病初期，病情较轻，出血量小，经过治疗出血很快被止者为顺。若出血量较大，并且伴随吐血，泻下如黑豆汁，量多且次数频繁，小动物精神状态极差，食欲废绝者为逆，是气随血脱的表现，小动物医生要注意预后不良。

二、诊断

（1）便血通过视诊即可判断，但需要与其他引起红色或者黑色粪便的疾病相区分。

（2）可以结合粪检、腹部X线、腹部超声、肠道内镜进行检查。

三、鉴别诊断

本病需要与痢疾进行鉴别。

痢疾：起病急，病程短。粪便为脓血样病变，或者粪便会掺杂脓液、黏液、大便的次数多，量少，并且伴有腹痛，里急后重，肛门灼热等症状。便血则是因为胃肠道脉络损伤而导致的大便带血，以粪便混杂或便出纯血为特点。

四、治疗原则

对小动物便血的治疗应该针对病因，结合证候的虚实、部位以及严重程度进行辨证论治。便血的原因，属于实热的较多，治疗需要清热泻火，凉血止血，这是治疗便血的主要原则。针对虚寒的便血，治疗则需要补中益气，温中健脾，止血养血。

第四节　辨证论治

一、实证

（一）胃中积热

1. 临床表现

便血血色紫黑或暗黑，口渴且喜冷饮，小动物会有腹痛表现，大便干燥，舌苔黄，脉数。

2. 辨证提要

（1）辨证要。大便暗紫或黑、口干喜冷，大便干燥。

（2）辨病因。发病前有不节的饮食习惯。

（3）辨病位。出血的部位往往在胃及十二指肠。

（4）辨顺逆。起病急，出血量多，精神萎靡，往往预后不良；出血量少，经过治疗出血很快被止，正气尚未衰竭，或者有食欲的小动物，预后相对良好。

3. 理法概要

火邪内蕴于胃，灼伤胃络，血溢脉外，下注大肠而便血。治疗可以清胃泻火，止血凉血。

4. 方药运用

代表方：葛根芩连汤加味

此方中黄连、黄芩苦寒泻火，是为解决火邪病因。可以联合十灰散，利用十灰散凉血化瘀止血的功效。可以酌情配合三七止血。如果便秘的小动物，可以配合玄参、麦冬滋阴润燥。出血严重的可以联合生脉饮，益气养阴。如果是因为长期的情志因素导致肝火犯胃，可以联合使用逍遥丸加生地泻肝养阴。

（二）湿热蕴结

1. 临床表现

大便带血，血色不鲜或黑紫，大便黏腻，排便不畅，饮食减少，舌苔黄腻，脉濡数。

2. 辨证提要

（1）辨证要点。血色污浊，先便后血，舌苔黄腻，大便黏腻，便而不爽等为特点

（2）辨病因。小动物平时摄入高脂高蛋白饮食，容易感受湿热之邪，导致湿热蕴结肠道。

（3）辨病程。湿为阴邪，其性黏滞，病程较长，不易治愈，小动物医生要有预判。

（4）辨湿热。湿重于热，大便溏而难泻下，舌苔厚腻，热重于湿，便血不红，肛门灼热，口干不欲饮，舌苔黄脉数。

3. 理法概要

肥胖小动物或者营养过剩的小动物较多发。湿热蕴结大肠，损伤脉络。治疗建议清热化湿，凉血止血。

4. 方药运用

代表方：地榆散合赤小豆当归散加味

方中的地榆、茜草凉血止血。黄芩黄连清热燥湿，泻火解毒。茯苓淡渗利湿。赤小豆可以去水湿。通过整个方剂清热燥湿，脉络安宁而止血。热重于湿，可以合用解毒汤。如果湿重于热，可以合用脏连丸。大肠湿热导致的便血，治疗重在清热祛湿，不可以不加辨证而独用固涩止血药，以防留邪不去，加重便血的症状。

（三）热毒内积大肠

1. 临床表现

便血鲜红，腹痛，肛门红肿，口干鼻镜干燥，大便干燥甚至便秘。舌红苔黄，脉滑数。

2. 辨证提要

（1）辨证要点。血色鲜红，肛门红肿痛，口干为特点。

（2）辨病位。出血的部位大部分在回肠与大肠。

（3）辨疾病。需要与痢疾相鉴别。痢疾为粪便脓血，里急后重，这是痢疾的典型症状。二便血除肛门红肿外，没有以上表现，小动物医生应当辨别清楚。

3. 理法概要

火邪热毒，蕴结大肠，灼伤血络。治疗建议采用清热解毒，凉血止血的方法。

4. 方药运用

代表方：约营煎加减。

黄芩、槐花、地榆炭、生地、赤芍、乌梅、黄连、大黄等。黄芩泄肺与大肠之火，地榆炭可以凉血止血。槐花可以祛风止血，乌梅收涩止血。生地合营凉血。如果腹胀严重者，可以加入枳壳合木香行气消胀。

二、虚证

（一）脾胃虚寒

1. 临床表现

大便下血，血色黑暗，腹痛不明显，喜暖喜按，形寒肢冷，食欲减退，大便溏泄，舌质淡，脉沉细无力。

2. 辨证提要

（1）辨证要点。血色暗紫，四肢不温，便溏，脉沉细，皆为中焦虚寒的表现。

（2）辨病程。本病的发生多是由于疾病失治误治而导致病程延长，损伤脾胃。特别是长期使用口服抗生素。

（3）辨病位。出血的部位多在肠道前端，便下的血液多为暗紫色。

3. 理法概要

脾胃虚弱或者饮食不节，导致脾胃损伤，脾不统血，血随便而出，或者便血日久不愈，更近一步导致阳衰而阴阳不相守，加重便血。治疗则需要温补脾胃，坚阴止血。

4. 方药运用

代表方：黄土汤。

伏龙肝、白术、阿胶、黄芩、附子、干地黄。黄土汤温燥入脾，联合白术与附子，可以起到补气行气的作用。阿胶、甘草则可以补血。可以酌情加入炮姜、三七等温阳止血或化瘀止血的药物。若出血日久，损伤肾阳，可能会导致大便滑脱不禁，形寒肢冷，脉虚细无力。需要加入肉豆蔻或者鹿茸温补肾元。

（二）脾不统血

1. 临床表现

便血时多时少，时发时止。血色紫暗，牙龈和黏膜苍白，神疲乏力，食欲减退，舌淡、苔白、脉细弱。

2. 辨证提要

（1）辨证要点。血色紫暗，小动物表现精神不振，不喜运动，脉细弱等气虚之象。

（2）辨病因。多是幼龄或者老龄小动物发病，本身体质较弱，脾胃功能较差，也可能是久病体虚或饮食不节导致脾气衰微，不能统血。

（3）辨病性。脾不统血属于虚证，与火热内盛、湿热内蕴不同，本病无任何热象。

3. 理法概要

脾不统血为此病的主要病机。治疗则是补脾益气，养血摄血。

4. 方药运用

代表方：归脾汤。

党参、黄芪、茯神、桂圆肉、木香、当归、远志、炙甘草、大枣、酸枣仁等。其中党参黄芪为主药，补中益气，统血摄血。当归配合主药益气补血，远志、酸枣仁养心安神，木香、白术醒脾。生姜、大枣健脾和胃。大便稀溏的小动物，加入炮姜温中，腹痛的小动物加入香附理气止痛。便血导致滑脱的小动物，加入五倍子固涩。若小动物已经有气随血脱的证象，采用独参汤来固脱。

第五节　预防调护

（1）小动物需要注意饮食，减少食物变换对小动物脾胃的影响，可以使用处方粮进行脾胃的养护。

（2）减少小动物的应激，保持小动物情绪的稳定，对于疾病的康复会有很大的作用。医生与小动物主人也要随时关注小动物便血的情况，以便给予最佳的治疗方案。

（3）恢复期小动物，避免暴饮暴食，少量多次的给予食物，根据小动物的恢复情况调整食物组成。

第十章
胃痞

第一节　定义及西医讨论范围

一、定义

胃痞，又称为痞满，痞味痞塞不开，满为满闷不行，是以心下痞塞、胸膈满闷、触之无形、按之柔软且不痛为主要症状的病证。临床上小动物主要表现为食欲不振，食量减少，不喜运动等。往往是由于误下伤中，饮食不化，气郁痰凝，脾胃虚弱导致的脾阳不升，胃之浊阴不降所致。

二、西医讨论范围

西医学中的慢性胃炎、胃下垂和功能性消化不良皆属本病范畴，其他疾病过程中，也可能出现胃痞，凡是出现痞满症状的，都可以按照本章辨证论治。

第二节　病因病机

胃痞的病因主要包括寒、食、痰、虚、气等几个方面，但是脾胃虚弱，内外之邪乘虚而入，导致脾之清阳不升，胃之浊阴不降是胃痞发生的主要病机。

一、病因

饮食阻滞，损伤中阳：由于小动物主人饲喂没有节制，导致小动物饥饱无度，或者小动物本身饮食不洁，或营养过剩，超出了脾胃所能承载的消化能力，损伤中阳，饮食化积，痰湿内生，气机不畅而生痞满。

误下伤中，外邪入里：小动物机体感受外邪，气滞于内或小动物医生误用攻下，导致邪气内陷，结于脾胃，脾气不升，胃气不降，升降失司导致胃痞。

情志失调，气机失常：小动物受到情绪应激，出现忧思、恼怒或惊恐等情绪，肝气郁滞，失于舒泄，乘盛脾胃，脾胃升降失常，运化不利，气机失常导致胃痞。

脾胃虚弱，运化无力：小动物机体本身禀赋不足，或者因为疾病导致素体脾胃虚弱，中焦升降无力。也可能因为小动物气虚或阳虚，中焦失于温运，或痰湿化火伤阴，胃无阴液滋养而无法受纳，都会导致小动物出现胃痞。

二、病机

尽管胃痞的病因有很多，但是其主要病机归纳起来无外积滞、痰湿、外邪、气滞、体虚五个原因，单独出现比较少，往往是关联致病。无论是什么原因，最终都会引起小动物脾不升清、胃不降浊，中焦气机壅滞，发生胃痞。小动物胃痞的病因病机演变如图10-1所示。

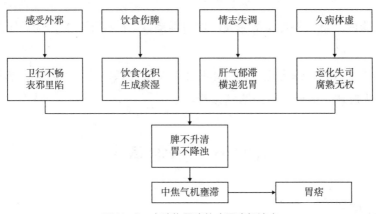

图10-1　小动物胃痞的病因病机演变

三、病位

本病主要发生的部位在胃，与脾和肝的关系密切。胃痞最开始发生的时候，往往是实证，因为外邪入里，导致小动物食滞不运，痰湿中阻，所以小动物发生胃痞的同时可能会出现恶寒发热，嗳腐纳呆，呕吐或干呕等相关症状。随着痞满发生的时间日久，机体无饮食滋养，实证转为虚证，小动物就会出现精神萎靡，不喜运动，四肢不温等阳虚的症状。或者出现了饥不欲食，大便秘结等胃阴虚的症状。

此外，胃痞久久不能治愈的话，气血瘀滞，可能会引发小动物出现胃痛，甚至血络损伤，出现呕血、黑便等情况。

第三节　诊断与鉴别诊断

一、诊断

（1）小动物临床上，胃痞的出现多以食欲减退或废绝，胸膈满闷不舒，同时伴有嗳气、干呕等症，按之柔软，压之无痛，望无胀形。

（2）小动物发病往往较为缓慢，小动物主人不易察觉，但会反复发作，病程较为漫长。

（3）一般都是因为小动物主人饲喂变化、小动物本身的应激、环境温度的变化引起。

（4）可以结合X线、超声、腹部CT、钡餐等诊断方法，有助于小动物医生诊断与鉴别诊断。

二、鉴别诊断

胃痞应当与胀满、聚证进行鉴别诊断。

1. 胀满

胀满是以腹内胀急，外见腹部膨大。胃痞则是自觉满闷不舒，但无外胀之形。

2. 聚证

聚证是以腹中胀气，痛无定处，时作时止为主要症状，发作的时候腹部膨大，气胀如鼓，触诊一般无肿块。需要与胃痞鉴别诊断。

第四节　辨治备要

一、辨证要点

1. 辨虚实

胃痞者，以不能食，或食少不化，大便利者为虚。能食而大便闭者为实。胃痞时减而喜按喜暖者为虚，痞满无时，拒绝触诊者为实。实痞往往多发于青年小动物，而虚痞则多发于老龄动物。实痞邪去则正安，易得易愈，虚痞虚不耐邪扰，容易反复。

2. 辨寒热

胃痞舌质红、苔黄腻，脉滑数，口渴喜冷者为热痞；舌质淡，苔白腻或薄白，脉沉迟，口不渴或渴而不思饮者为寒痞。

3. 辨气血

小动物发病早期，气机不畅，病位在表，或者小动物受到应激，情志不畅，嗳气频发，病位较浅。当临床医生失治误治，气滞血瘀，病位入里，舌质暗紫，体重减轻，此时病位较深。

二、治法方药

胃痞的基本病机为中焦气机不利，脾胃升降失常。所以治疗的总原则为调理脾胃升降，行气除痞消满。根据虚实、寒热进行分治，实者泻之，虚者补之，虚实夹杂者消补并用，寒热错杂的则需要寒热平调。扶正重在健脾益气，养阴益胃。驱邪则需要临证分别采用消食导滞、除湿化痰、清热除湿等方法。

治疗胃痞，"升、降、通、燥"四个字尤为重要。升指升发脾气，可以采用升麻、荷叶等药。降指通降胃浊，可以选择沉香、枳实等。通指六腑以通为用，可以使用大黄。燥指的是燥湿运脾，可以选择厚朴。

第五节　辨证论治

一、实痞

（一）邪热壅胃

1. 临床表现

心下痞满，按之不柔软，小动物可见恶心欲呕，肠鸣下利，舌质红，苔黄腻，脉滑数。

2. 辨证提要

（1）辨证要点。心下痞塞，按之不痛不硬。

（2）辨病因。伤寒表邪传里，或误下伤中，导致邪气入里。

3. 理法概要

表邪内陷化热，寒热互结中焦导致气机升降失常，胃气上逆则呕吐，脾气不运则肠鸣，泄泻。治疗则需要开结除痞，和胃降逆。

4. 治法

辛开苦降，寒热平调。

5. 方药运用

代表方：半夏泻心汤。

本方是半夏、干姜、黄芩、党参、黄连、炙甘草、大枣组成。方中半夏、干姜散寒温中，黄芩黄连苦降清热。党参、大枣等补中益气，此方剂可以起到苦降辛开，调和肠胃的作用。若呕吐明显，可以加入生姜、旋覆花。若食欲减退或废绝，可以加入鸡内金、麦芽。下痢较甚者，可以配合陈皮、炒白术、茯苓。

（二）饮食内停

1.临床表现

脘腹痞胀且拒按，嗳腐呕吐，或能食但大便不通，矢气频作，臭如败卵，舌苔厚浊，脉弦滑。

2.辨证提要

（1）辨证要点。食物积滞于胃肠，胃失和降而上逆，因此小动物表现胸脘满闷，腹满拒按，嗳腐吞酸。

（2）辨虚实。正气未衰，一般多属于实证，治疗需要以驱邪为主。

3.理法概要

饮食停滞，胃失和降，治疗则以消食化滞，调和胃气。

4.治法

消食和胃，行气消痞。

5.方药运用

代表方：保和丸。

本方是由山楂、神曲、半夏、茯苓、连翘、陈皮等组成。若是因为小动物主人饲喂不当，导致积食较为严重的，可以加入麦芽等。食积化热，大便秘结的小动物，在方剂中加入大黄、枳实等，或者可以直接于枳实导滞丸合用。脾虚导致便溏，加入白术等，或者直接与枳实消痞丸合用。

（三）痰湿中阻

1.临床表现

胃脘满闷，小动物常常表现恶心呕吐，因头晕身重可能伴有一定的运动障碍，食欲减退，口淡不渴，小便不利。舌苔白而厚腻，脉缓或滑。

2.辨证提要

（1）辨证要点。小动物机体痰湿内盛，或因为饮食无节，或因为劳倦，或因为惊恐忧思，导致脾不运化，胃失和降，最终出现痰湿，积聚为患。

（2）辨体质。往往肥胖且不喜运动的小动物，体内痰湿内盛。

3.理法概要

一般多是脾胃虚弱的小动物多发，脾胃虚弱导致小动物脾胃失运，水湿内停，蕴结生痰，清阳不升且浊阴不降而为痞满。

4.治法

健脾燥湿，理气化痰

5.方药运用

代表方：平胃二陈汤。

本方由陈皮、半夏、茯苓、苍术、厚朴、甘草组成。苍术能够健脾燥湿，陈皮则可理气化痰，半夏燥湿、茯苓健脾。此方运用则可理气宽中，痞满自除。若痰湿严重，则可重用枳实、紫苏、桔梗等。若气逆严重，嗳气不止，可以加入旋覆花、沉香等。脾胃虚弱的小动物，可以联合使用党参、白术等。

（四）肝郁气滞

1. 临床表现

小动物往往是因为长期的情绪应激引起，通过问诊可以发现诱因。临床表现嗳气恶心，大便不爽，小便短黄或短涩，舌苔薄白，脉弦。

2. 辨证提要

（1）辨证要点。小动物生活的环境都长期存在一个应激的因素，导致小动物烦躁易怒或情绪不稳定，脉弦。

（2）辨脏腑。肝主怒，脉弦，肝木克土，造成脾胃升降失司。

3. 治法

疏肝解郁，理气消痞

4. 方药运用

代表方：柴胡疏肝汤。

本方由柴胡、枳壳、青皮、甘草、陈皮、半夏等组成，以疏肝理气为主，肝气条达，脾胃升降正常，胃痞自然消除。柴胡、枳壳等疏肝理气，陈皮、半夏调中和胃，因此可以用于肝郁气滞。口苦口干的小动物，可以加入黄连黄芩，若小动物呕吐明显，则可加入生姜，重用半夏，嗳气严重的则可以加入沉香、竹茹。

二、虚痞

（一）脾胃虚弱

1. 临床表现

小动物胸脘不舒，时急时缓，无饥饿感也无食欲，喜热喜按，得温则舒，四肢不温，精神萎靡，不喜运动，大便溏薄，舌苔薄白，舌质淡，脉细弱。

2. 辨证提要

小动物表现无饥饿感，也无食欲，精神萎靡，四肢不温，所以小动物喜温喜按，大便不成形，舌苔薄白，脉细无力。

3. 理法概要

小动物机体脾胃虚弱，中气不足，可能是由于饮食劳倦所致，也可能是受到寒邪侵扰入里，伤及脾阳，也可能是久病体虚中气未复，都会导致胃滞纳呆，胃脘痞塞。

4. 治法

益气健脾，温中和胃，升清降浊。

5. 方药运用

代表方：补中益气汤。

此方是由人参、黄芪、白术、升麻、柴胡、陈皮、当归、炙甘草等组成。共同起到益气健脾、温中和胃的功效。若痞满较重者，可以加入木香、厚朴；如果四肢不温，便溏泄泻的小动物，在治疗时可以加入制附子、干姜，或者与理中汤合用。食欲减退或废绝的小动物，加入神曲、山楂等。

（二）胃阴不足

1. 临床表现

胃痞纳呆，饥不欲食，嗳气口干，干呕，大便秘结。舌红少苔，脉细。

2. 辨证提要

因小动物胃阴不足，因此会有呕吐动作但无食物吐出，并且因无阴液滋养脾胃，大便干燥甚至便秘，口臭严重，甚至会有发热。

3. 理法概要

胃阴不足往往是因为疾病久治不愈，损伤胃阴所致，治疗重点则在补益胃阴。

4. 治法

益胃养阴，调中和胃。

5. 方药运用

代表方：益胃汤。

本方是由沙参、麦冬、玉竹等组成。补胃阴，益胃气，若伤津严重的小动物，加入石斛。食欲废绝的小动物，加入麦芽。便秘严重的加入火麻仁。

第六节　预防调护

根据本病发生的原因，小动物临床中需要从以下3点进行预防及病后的护理。

（1）注意饮食，小动物需要摄入固定的易消化的食物，尽量不要饲喂人的食物或者是变质生冷的食物，避免损伤脾胃。

（2）注意减少小动物的应激，小动物主人需要关注小动物的情绪，为小动物提供稳定且舒适的生活环境。

（3）可以采用针灸、推拿等方法，选取脾经、胃经、肝经的相关穴位，施以针刺、艾灸、激光等治疗，帮助小动物恢复脾胃功能。

第十一章

腹痛

第一节 定义及西医讨论范围

一、定义

腹痛，是从小动物胃部下口幽门开始，到耻骨毛际的边缘，这中间的部位发生的疼痛。明代秦景明在《症因脉治·腹痛论》中有云："痛在胃之下，脐之四旁，毛际之上，名曰腹痛。"发生腹痛的小动物多表现出触诊按压后腹部紧张、回避或尖叫，食欲不振或厌食、嗳气反酸、呕吐，可有腹泻或便秘的症状。发病前或可有明显诱因，如环境、食物、家庭成员更换等应激因素，或饮食不科学、跌打损伤、腹部手术等病史。

二、西医讨论范围

腹痛的部位，内有肝、胆、脾、肾、大肠、小肠、膀胱、子宫等器官，所以腹痛既是一个独立的疾病症状，又是脾胃系多种疾病的一个症状，其发病与肝、脾失调有关。本章所讨论的，就是以脾胃疾病为中心，以腹痛为主要症状的小动物疾病。在西医角度而言，小动物胃肠痉挛、功能性消化不良、肠道易激综合征、急性胰腺炎、急性胃肠炎、肠粘连、不完全性肠梗阻等，以腹痛为主要症状时，都可以按照本章进行辨证论治。

第二节　病因病机

一、腹痛的病因

腹痛的病因主要有外感六淫、饮食不节、情志失调、素体阳虚、劳倦久病等。由于腹痛的部位是任、冲、带、手足三阴、足少阳、足阳明等经脉循行之处，内又有肝、胆、脾、肾、大小肠、膀胱、子宫等脏腑，所以各种原因导致腹部脏腑或以上经脉气血运行受阻，或者气血不足以温养，均可导致腹痛。即凡是小动物外感六淫凝结于胃肠、内伤七情肝气郁结、饮食不科学或不规律、跌打损伤、腹部手术、劳倦久病等，导致气血不畅、脉络痹阻，"不通则痛"；或气血不足、脉络失养，"不荣而痛"，皆会造成腹痛。

1. 外感六淫

小动物外感风、寒、暑、热、湿诸邪，侵入腹中，均可导致气机失畅，不通则痛。其中寒邪多为主因，外感风寒或寒冷，寒邪积滞于胃肠，造成中阳受损、气机阻滞、脉络受阻，发生腹痛。此外，外感暑热或湿热之邪，或寒邪入侵，郁而化热，亦可导致气机阻滞、腑气不通而发生腹痛。

2. 饮食不节

小动物的饮食不科学或进食不规律时，均可导致腑气不畅，不通则痛。如暴饮暴食、采食量未设上限等，饮食停滞可使胃失受纳，腑气停滞；或过量采食油腻肉食、吃人的食物，酿生湿热蕴结于胃肠，致腑气不通；或过量采食生冷食物，寒湿内停，中阳受损，腑气阻滞；或摄入变质腐败的食物，损伤脾胃，肠失通降，腑气壅滞，腹痛发生。此外，过量服用寒凉或温燥的中西药物，也会导致胃气的损耗，发生腹痛。

3. 情志失调

当环境中存在应激因素时，或当小动物处于压力的情绪状态中，则肝失疏泄，气机郁滞，可横逆乘脾，肝脾失和，进而气机不畅，发生腹痛。恼怒伤肝，忧思伤脾，肝失条达，脾失健运，则气机阻滞，气滞日久可致血瘀，脉络阻滞，腹部疼痛加重。

4. 跌打损伤、腹部手术

小动物近期发生过跌打损伤后腹部，或做过腹部手术，或可导致血络受损，血液溢出脉外，肠道或脏器粘连，会形成腹中的瘀血，以致脉络痹阻，不通则痛，小动物发生腹痛。

5. 素体阳虚

天生阳气虚的小动物会内生寒气，虚寒内盛则脾阳不振、气血生成不足，脏腑脉络不能温养，不荣而痛，发生腹痛。或小动物久病后中阳亏虚，或阴血不足，亦可致脉络失其温养而致腹痛。

二、腹痛的病机

腹痛的病位涉及脾、胃、肝、胆、大肠、小肠、子宫等多个脏腑，因此任何导致这些脏腑气机阻滞、气血运行不畅的疾病都会引发腹痛。脾主运化、转输水谷精微，脾气以升为健，若脾失运化，脾不升清，胃的和降受影响，则脾胃升降失常，腹中脏腑气机阻滞，导致腹痛。而肝主疏泄，具有助运化的作用，若小动物处于紧张焦虑状态，肝气郁结，也会使气机阻滞而腹痛，气滞日久则血瘀，二者随着发展可造成瘀血阻络，腹痛更甚。因此不论是小动物脾胃升降失常，或肝气郁结，都会导致气机郁滞，疼痛发生。

腹痛的部位是任、冲、带、手足三阴、足少阳、足阳明等经脉循行之处，所以任何导致这些脉络痹阻、经络失养的疾病，也会引发腹痛。因此，腹痛的基本病机就是脏腑气机阻滞，气血运行受阻，不通则痛；或脏腑经络失去温养，不荣而痛。

由上述可知，腹痛的病因有外感六淫、饮食不节、情志失调、素体阳虚、劳倦久病等，其中导致腹痛的病理因素主要是寒凝、火郁、食积、气滞以及血瘀，而病理性质即寒、热、虚、实四种。寒证即是寒邪凝滞于腹中脏腑经络，气机阻滞，不通则痛；热证是外感六淫后，邪气化热入里，湿热交阻，气机阻滞，不通则痛；由感受外邪、食积、情志、外伤等导致脏腑气机阻滞、血行不畅、脉络受阻者，为不通则痛，属于实证；由素体阳虚、劳倦久病生寒等导致气血不能温养脏腑经络者，为不荣而痛，属于虚证。但小动物临床中，此四者往往相互错杂，互相转化。

若寒凝日久，可郁而化热；若热证误治，可转化为寒，为寒热错杂证；若气滞不愈，可形成血瘀；若虚证感受外邪，可本虚标实，实证病久亦可虚实夹杂，如湿热困脾，或肝郁克脾，日久脾胃虚弱，为虚实夹杂证；若外感实证复加饮食所伤，则邪食相兼；若兼有气血痰食，气郁、血瘀、痰饮、食积，则渐致瘀积；若湿热雍滞，蕴结成实，腑气不通，可为肠结；若腹部手术后气滞血瘀，日久可变生积聚。因此，腹痛的病机转归是复杂多变的。小动物腹痛的病因病机演变如图11-1所示。

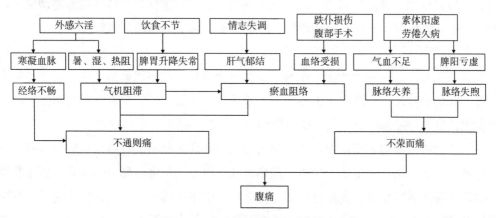

图11-1　小动物腹痛的病因病机演变

第三节　辨治备要

小动物腹痛多表现出触诊按压后腹部紧张、回避或尖叫，食欲不振或厌食、嗳气反酸、呕吐等，可有腹泻或便秘的症状，发病前或可有明显诱因，如环境、食物、家庭成员更换等应激因素，或暴饮暴食、饥饿等饮食不规律、不科学，或有不合理的用药史，以及跌打损伤、腹部手术等病史。在西医角度，腹部超声、X线检查、结肠镜、粪检等有助于本病的诊断，在中医而言，则需要进行辨证而论治。

一、辨证纲要

小动物腹痛的辨证应该区分寒热、虚实、疼痛部位、气血、缓急的不同，临床多有寒热错杂、虚实兼杂、气血同病等热点，需要根据小动物对于触诊后腹部的反应、饮食饮水情况、粪便状态、应激状态等临床表现，进行全面的分析与综合诊断，重点在于辨寒热、辨虚实、辨腹痛部位、辨气血与辨缓急。

1. 辨寒热

寒证腹痛小动物脉沉迟缓，多为爆发性突然疼痛，疼痛为持续性的，可听到肠鸣声，小动物口淡不渴，在寒冷环境下疼痛可加重，喜欢到温热处趴伏、温热环境疼痛减轻；热证腹痛小动物脉滑数，发作亦为急性，但疼痛多为阵发性的，小动物可有四肢耳部发热、体温升高、口渴多饮、大便燥结、便秘等症状，喜欢到阴凉处趴伏、在阴凉环境下疼痛可减轻。寒与热均有虚实之分，应进一步辨别虚实。

2. 辨虚实

虚证腹痛小动物体弱脉虚，往往病程绵长，小动物喜欢按压后腹部，多为空腹饥饿时身体蜷缩疼痛加重、采食后疼痛减轻，虚证大多病程长；实证腹痛小动物体壮脉盛，往往起病急，痛势急剧，触诊后腹部小动物反应强烈，且多为进食后身体蜷缩疼痛加重，可伴发腹胀、呕吐等症状，实证大多病程短，应进一步辨别不同的病理因素。

3. 辨腹痛部位

腹部范围较广，可分为大腹、小腹、少腹三个部分。肚脐以上为大腹，在小动物主要是脾胃、肝胆的部位；肚脐以下为小腹，主要是肾、膀胱、子宫及大小肠的部位；小腹两侧为少腹，是肝经经脉所过之处；肚脐周围称为脐腹，是部分小肠的部位。

触诊小动物大腹疼痛反应明显者，多为食积、外邪入侵所致；触诊小腹疼痛明显者，多是肾脏、膀胱疾病，主要属于瘀血、湿热所致；触诊少腹疼痛反应明显者，多为肝经气滞；触诊脐腹疼痛明显者，多是肾脏和冲任受病，以寒证居多。此外，腹痛同时伴有腹泻或便秘等消化道症状的小动物，疾病往往在肠道；有外伤或腹部手术病史的小动物，或是发病日久，往往有瘀血阻滞脉络。

4. 辨气血

一般初病在气，久病在血。腹痛初发，环境存在应激因素、小动物情绪处于紧张焦虑等状态，触诊按压小动物后腹部多处，均表现紧张疼痛，痛无定处者多属气滞；腹痛日久不愈，舌质紫暗或有瘀斑，偶见呕血或便血，在夜间小动物身体蜷缩或嚎叫、表现为入夜腹痛加重，触诊按压小动物后腹部同一位置，表现紧张疼痛，疼痛部位固定不移者多属血瘀。

5. 辨缓急

一般而言，发病急迫，腹痛反应较强烈的小动物，多为感受外邪、饮食不节、情志失调导致，且伴发的症状也较多；而发病缓慢，病程绵长，腹痛反应一般的小动物，多为阳虚内寒证，或是上文提到的初病在气、久病在血，气病及血的血瘀证。

二、辨析类证

小动物腹痛，应与胃痛、痢疾、霍乱、外科腹痛相鉴别。

1. 胃痛

在疼痛部位上，胃痛是胃脘近心窝处疼痛，而腹痛是胃脘以下，耻骨毛际以上整个部位的疼痛，范围更广。胃痛多与肝脾功能失常有关，常伴发嗳气、反酸等症状；而腹痛涉及了腹内脏腑气血郁滞及经络受病，一般没有嗳气、反酸的症状。

2. 痢疾

痢疾发生时常常伴有腹痛，单单只触诊后腹部小动物有疼痛反应，可能会混淆这两种疾病。但是痢疾具有典型的下痢赤白、里急后重等特征，腹痛一般没有此症状，所以临床不难鉴别。

3. 霍乱

霍乱发生时也常兼有腹痛，因此除触诊有疼痛反应外，二者也有很大不同。霍乱以猝然作痛、上吐下泻为主证，临床也不难鉴别。

4. 外科腹痛

外科造成的腹痛一般疼痛反应首先出现，随后小动物才表现出发热、疼痛加重的症状，且外科腹痛的疼痛部位局限，按压此处疼痛反应强烈。而内科腹痛往往是先发热、后腹痛，且疼痛部位不局限一处。

三、治疗原则

小动物腹痛的病理核心是外感六淫、饮食停滞、肝郁气滞、阳虚内寒等诸种因素导致腹中脏腑经脉气机阻滞，"不通则痛"或"不荣而痛"，所以治疗腹痛的重点在于一个"通"字。但此"通"并非单纯的通降、攻下通利，而是应该审证求因，辨别清楚寒、热、虚、实，疾病在气还是在血，从而确立相应的治疗方法。

实证采用祛邪导滞的方法，如寒证温中散寒、热证清热通腑、饮食所伤则消食导滞、气滞血瘀则理气化瘀；虚证以温补为主，腹痛虚证多为阳虚，治疗则温中补虚，若是气血失养而痛，则益气养血。腹痛日久，病势绵绵不愈的小动物，临床也可采取辛润活血通络之法。且慢性腹痛可虚实夹杂，如虚证感受外邪，可本虚标实；实证病久亦虚，如湿热困脾，或肝郁克脾，日久脾胃虚弱，治疗则需以补虚泻实为重点。

第四节　辨证论治

（一）寒邪内积

1. 临床表现

腹痛起病急，小动物突然蜷缩作一团，触诊后腹部拒按明显，遇冷则阳气闭，得温则阳气通，因此小动物在寒冷环境疼痛可加重，喜欢于温热处趴伏，疼痛可减轻。触摸四肢耳尖发冷，饮水量下降，排尿次数降低，尿液量减少，大便清稀或日久发生便秘，舌苔薄白，脉弦紧。

2. 辨证提要

（1）辨证要点。起病急，畏寒喜暖，腹痛遇冷加重，得温减轻，饮水量下降，多发生于采食冰冷食物或因环境受凉后。

（2）辨诱因。由于采食冰冷食物导致的腹痛，可兼见食滞，伴有食欲下降或便溏等症状；由于环境受凉导致的腹痛，常伴有发热等症状。

（3）辨体质。小动物生来脾胃虚弱者，当外感寒邪，可进一步损伤脾阳，此时触摸四肢耳尖无温度，腹痛部位按揉疼痛可缓解；小动物生来即肾阳不足者，当外感寒邪，可兼见脐腹剧痛，触诊反应强烈；若小动物体质无天生虚弱，当外感寒邪较严重时，可兼有怕冷发热的症状；老龄或幼龄小动物，寒邪入侵易损中阳，小动物可能出现食欲下降、四肢温低、困倦、舌质淡、脉虚弱等虚寒之象。

3. 理法概要

寒为阴邪，其性收引，寒邪内侵腹部，或小动物过度摄入生冷食物，可阻遏脾胃阳气，阳气不通，气血运行被阻，气机不通畅，以致腹痛暴发。因此治疗时，以温中散寒、理气止痛为主，并且根据小动物兼有体虚、表寒、食滞等症状，联合采用益气、解表、消食等治法。

4. 方药运用

代表方：正气天香散。

常用药：干姜、紫苏、乌药、陈皮、香附。

方中干姜、紫苏有温中散寒的功效；乌药、陈皮、香附则有理气止痛之功效，整方共奏温中散寒、理气止痛之功。如果小动物腹痛反应剧烈，可加高良姜、木香、元胡，以加温中止痛功效；如果小动物肠鸣声明显且频繁，可加附子、制半夏，以温阳降逆；若小动物为少腹疼痛，可加茴香、吴茱萸，以暖肝散寒；若触摸小动物四肢耳尖冰凉，可加附子、肉桂，以温肾通阳；如果小动物寒湿较严重，腹泻且舌苔白腻，可以于方中加入藿香、苍术、厚朴，以温中化湿；如果小动物伴有畏寒喜暖等表寒症状，可以加入桂枝，以温经解表；伴有食滞症状的小动物，可加神曲、炒麦芽、鸡内金，以消食和胃；若是老龄、幼龄小动物或脾胃虚弱者，可以加入党参、茯苓、白术，或加爱迪森参麦健胃片，以补中益气。

（二）热结肠胃

1. 临床表现

腹痛起病急，小动物突然蜷缩作一团，触诊后腹部胀满且拒按明显，或因疼痛急迫不停嚎叫，对于刺激反应激烈，腹痛为阵发性。小动物饮水量增加，大便秘结，或腹泻臭秽，尿液色黄，舌质红、舌苔黄腻或焦黄，脉弦数。

2. 辨证提要

（1）辨证要点。起病急，腹痛为阵发性，腹部胀满且拒按明显，大便秘结。

（2）辨转化。若湿热同时为饮食所伤，可伴发食滞，内壅于肠，可致气血凝滞，瘀热内结，日久发展为急腹症，右后腹部位按压疼痛明显，可触摸到包块，小动物可有发热、呕吐、腹壁肌肉紧张等症状。

3. 理法概要

热结于肠胃，气机壅滞，以致腑气不通，不通则痛，所以治疗需通腑泄热、行气导滞。如果实热积滞胃肠可灼伤津液，小动物饮水量上升，有此类阴伤、津液耗损的症状，则需加养阴治法。

4. 方药运用

代表方：大承气汤。

常用药：生大黄、厚朴、枳实、芒硝。

方中大黄苦寒，有通腑泄热的功效；芒硝咸寒，有软坚破结的功效；厚朴、枳实则行气导滞，共奏通腑泄热、行气导滞之功。如果小动物有腹泻的症状，且粪便黏腻，可加苍术、薏苡仁、黄芩，或合爱迪森葛根芩连片，以清热利湿；如果小动物饮水量大幅上升，且按压腹部反应剧烈，可加蒲公英、土茯苓、金银花，以清热解毒；若小动物腹部胀满较严重，可加木香、槟榔，以助行气导滞之力；若小动物热盛伤阴，表现出口渴贪饮、舌红少苔至无苔、脉细数，需加石斛、沙参、知母、麦冬等养阴清热；若发展为急腹症，可改用大黄牡丹皮汤加薏苡仁、瓜蒌仁、败酱草、桃仁，以清热化瘀消肠痈。

（三）饮食停积

1. 临床表现

小动物触诊后腹部胀满且拒按明显，饮食停滞胃肠，脾胃升降失司，因此采食后小动物疼痛反应加重，排便后积食减而邪消，则疼痛反应减轻。嗳气，食欲下降，可有呕吐、便秘症状，舌苔厚腻，脉沉滑，可有暴饮暴食病史。

2. 辨证提要

（1）辨证要点。触诊后腹部胀满且拒按明显，食欲下降，呕吐，腹痛在采食后加重、排便后减轻。

（2）辨诱因。饮食所伤，有油腻肉食所伤、过多淀粉食物所伤、生硬难以消化食物所伤等区别，应当通过详细的病史调查，而用以不同的药物。

（3）辨病程。通过病史调查，伤食不久的小动物，多属于实证；而食物停滞于胃时间较长的小动物，多属于虚实夹杂的情况。需根据不同的情况，用以不同的药物。

3. 理法概要

宿食停滞胃肠，脾胃运化失司，肠胃壅滞，腑气阻滞，不通则痛，发生腹痛。治疗应当以消食导滞、下气和胃为主，如果小动物宿食不化、浊气上逆，有呕吐倾向，也应以吐法治疗，促进食物排出；如果小动物宿食燥结、腑气不行，表现为便秘，则应以通法治疗，清热散结。

4. 方药运用

代表方：保和丸或参麦健胃片。

常用药：炒山楂、莱菔子、陈皮、半夏、茯苓、神曲、川朴、连翘。

方中山楂酸温，善消油腻肉食之积滞；莱菔子辛甘，可下气消面食淀粉积滞；神曲辛温，亦善消谷面之积，三者消食导滞兼能下气；陈皮、半夏、茯苓祛湿和胃降逆；连翘清热散结，共同发挥消食导滞、下气和胃的功效。若小动物积食严重，可加麦芽、鸡内金、枳实，以助消食导滞之力；若小动物腹部胀满严重，且舌苔白腻，可加藿香、佩兰以化浊；如果小动物兼有便秘，且舌苔黄腻，可合厚朴三物汤，以通腹泻热；如果小动物腹部疼痛反应剧烈，可加木香、枳壳，以助行气止痛之功；若是老龄、幼龄小动物或脾胃虚弱者，可以加入党参、茯苓、白术，以益气化积。

（四）气滞腹痛

1. 临床表现

小动物触诊腹部胀满且拒按，气属于无形，走窜游移，因此疼痛部位不固定一处，两胁及少腹是肝经通路，因此气滞腹痛可波及两胁或少腹，易激惹，情绪激动时疼痛反应加重，频繁嗳气，嗳气后气机稍微得到疏通，则疼痛反应减轻。舌苔薄，脉弦，病史调查有家庭成员变更、环境改变、食物变化等应激性因素。

2. 辨证提要

（1）辨证要点。触诊腹部胀满拒按，疼痛部位不定，可波及两胁或少腹，频繁嗳气，易激惹，应激或情绪刺激是辨证的重要因素。

（2）辨病势。初次发作时，病机在气滞，但反复发作后，气滞可导致血瘀，气滞可影响水津的敷布，导致痰湿，所以疾病日久，小动物往往出现血瘀和痰浊。

3. 理法概要

应激或情绪刺激使小动物肝失疏泄，气机郁滞，不通而痛，治疗需疏肝理气、缓急止痛。小动物疾病日久，还应考虑有无血瘀、痰浊的情况，分别给予活血化瘀、祛湿化痰的治法。

4. 方药运用

代表方：柴胡疏肝散合芍药甘草汤。

常用药：醋柴胡、白芍、川芎、香附、陈皮、枳壳、炙甘草。

方中柴胡、香附、陈皮、枳壳可疏理肝气而止痛；川芎主要行气活血而止痛；白芍、炙甘草缓急止痛，共同发挥疏肝理气、缓急止痛的功效。若小动物按压两胁疼痛反应明显，可加川楝子、元胡，以增加疏肝止痛的功效；若小动物疼痛部位时常转移，且疼痛反应明显，可加沉香、木香、郁金香、乌药，以增加理气止痛的功效；若疼痛部位主要在少腹，可加荔枝核、橘核、小茴香，以行少腹之气；如果时常听到肠鸣音，小动物在排便后疼痛反应减轻，可加白术、防风，以痛泻要方；如果小动物频繁嗳气，可加半夏、旋覆花，以和胃降逆；若疾病反复发作，导致血瘀者，可加丹参、当归、乳香、没药等化瘀通络；疾病日久导致痰浊的小动物，可加半夏、白芥子、莱菔子，以解郁化痰。

（五）血瘀腹痛

1. 临床表现

小动物触诊腹部拒按，疼痛部位固定为一处，可触摸到积块，因疼痛而嚎叫可在入夜后加重，持续时间长，或出现呕血、便血、黑粪等症状，舌质紫暗或有瘀斑，脉细涩。

2. 辨证提要

（1）辨证要点。本证以触诊腹部拒按，疼痛部位固定为一处，且持续时间已久为辨证要点。

（2）辨诱因。疼痛反应在应激或情绪刺激后加重的小动物，多属于气滞血瘀型；疼痛反应在摄食后加重者，多为食瘀交并；疼痛反应若在环境受凉或饮食冷物后加重，多为寒凝血瘀型。

（3）辨病势。小动物疾病持续时间已久，或反复发作，大多为虚实交杂、虚瘀夹杂；若血瘀日久，可阻塞脉络，使血不循经而外溢，小动物出现吐血、便血等症状。

3. 理法概要

食积、痰湿、气滞、寒凝等皆会阻碍气机，气为血之帅，气是血液生成和运行的动力，气机阻碍则血行不畅，导致瘀阻；或者虚证为主时，气虚则无力推动血液运行，也可导致血瘀。血属有形，瘀血停滞，络脉受阻，不通则痛，小动物发生腹痛，且疼痛部位固定不移，因此治疗应当以活血化瘀、通络止痛为主。当小动物兼有食积、痰湿、气滞、寒凝、气虚等证时，则需配合消食、化痰、行气、散寒、补气等治法治疗。

4. 方药运用

代表方：少腹逐瘀汤。

常用药：当归、小茴香、元胡、蒲黄、五灵脂、没药、川芎、干姜、官桂、赤芍。

方中当归、川芎、赤芍以养血和营为主；生蒲黄、五灵脂、没药、元胡以活血化瘀、散结止痛为主；小茴香、干姜、官桂以温经理气而止痛，共奏活血化瘀、通络止痛的功效。如果是跌打损伤导致的血瘀，可加红花、泽兰、桃仁，以散瘀破血；如果是腹部手术后经脉损伤导致的血瘀，可加王不留行、丹参，化瘀同时补法；若小动物兼有便秘，可加大黄、枳实，以通腑荡滞；小动物兼有积食时，可加鸡内金、焦三仙等，或加爱迪森参麦健胃片以消食导滞；小动物兼有痰湿时，可加半夏、厚朴、茯苓等燥湿化痰；小动物兼有寒凝时，可加桂枝、干姜、附子等散寒化瘀，若无阴寒内凝，可减去干姜；小动物兼有气虚时，可加党参、黄芪等补中益气；血不循经而外溢出现吐血、便血、黑粪的小动物，可加三七粉、花蕊石、大黄等止血化瘀。

（六）脾胃虚寒

1. 临床表现

虚寒腹痛为绵长性疼痛，时而发作，小动物触诊腹部无回避，且喜按揉，喜到温热处趴伏，得温得按得食寒气稍散，腹痛会稍微减轻。脾阳受损，运化失常，小动物腹泻溏薄。中阳不足，生化乏源，小动物不喜活动常趴伏不动，触摸四肢及耳尖冰凉，且舌质淡，苔薄白，脉沉细。

2. 辨证提要

（1）辨证要点。触诊腹部无回避，喜温喜按，不喜活动，常到温热处趴伏。

（2）辨虚实。脾胃虚寒往往可导致气滞、痰湿、食滞、血瘀、肝郁等证，以致出现脾胃虚寒为本，兼有气滞、痰湿、食滞、血瘀、肝郁为标的各种不同的虚实夹杂证候。

（3）辨病程。虚寒证多为久病或其他疾病损伤中阳所致，因此病程都较长。且脾胃虚寒日久，可致中气下陷或阴血失统。中气下陷的小动物脉虚弱甚至出现脱肛；阴血失统的小动物大便呈黑色或柏油样，或呕血、血色暗淡。

3. 理法概要

中阳虚弱，寒从内生。脾胃虚寒的小动物，络脉失去温煦，气血不足以温养脏腑，以致不荣而痛，发生腹痛，治疗当以温中散寒、缓急止痛为主。并且根据小动物气滞、痰湿、食滞、血瘀、肝郁、失血等兼证，配合以行气、化痰、消食、活瘀、疏肝、止血等治法。

4. 方药运用

代表方：小建中汤。

常用药：芍药、桂枝、生姜、大枣、饴糖、炙甘草。

方中桂枝、生姜、大枣、饴糖有温中散寒、补虚建中的功效；芍药、炙甘草则缓急止痛，共奏温中散寒、缓急止痛之功。如果小动物阴寒内盛，表现出疼痛反应剧烈、呕吐剧烈不能自主采食等症状，可改用大建中汤，以温中补虚、降逆止痛；如果小动物腹泻兼有肠鸣不止、四肢耳尖冰凉症状，可改用理中汤；如果触诊疼痛部位在少腹，可加肉桂、小茴香、乌药，以温暖下元；如果触诊疼痛部位在脐腹，可加附子、葱白，以温肾通阳。另外，小动物兼有痰湿时可见干呕欲吐、口黏苔腻，需加厚朴以燥湿化痰；小动物兼有食滞时可见厌食反酸嗳气，需加鸡内金、焦三仙等，或加爱迪森参麦健胃片以消食导滞；小动物兼有血瘀时可见舌质紫暗、瘀斑，需加丹参、元胡、桃仁、丹皮等活血化瘀；小动物兼有肝郁时可见触诊胁肋亦有回避反应、容易激惹，需加香附、小茴香、青皮等疏肝畅胃；若小动物阴血失统出现黑色便、呕血、便血，需加干姜炭、伏龙肝、白及等温中止血。

第五节　预防调护

小动物患有腹痛时，应当根据具体病因给予正确科学的护理，若为实证腹痛，属于湿热壅滞证，且按压疼痛反应强烈的小动物，在治疗早期应该注意暂时禁食，药物也可以稍凉后再服用；若是湿热蕴结已经形成便秘，腑气不通至药物难以排出，必要时可考虑使用外科手段治疗。若为虚寒证腹痛，或是外感寒邪实证腹痛，可给予后腹部热敷，以减轻疼痛感，其药物也应该热服。

虚寒腹痛的小动物可少食多餐，多摄入温性的食物；食滞腹痛的小动物应控制饮食量，避免暴饮暴食，刚采食后避免运动，以免损伤脾胃；肝气郁结的小动物，应注意环境舒适，避免应激因素或精神刺激，以防加重病情。若小动物有呕吐的症状，药物、食物均应少量多次服用。避免小动物处于大风寒冷或炎热的环境，以防暑热、寒湿入侵。腹痛的预后，病程较短还未伤到正气的小动物，一般预后良好；若是病程较长且已损伤正气的小动物，或是老龄小动物体质较差者，预后较差，需勤于调理。

患腹痛小动物尤其要注意饮食，需使用消化率高的食物，并定时定量给予，可建议小动物主人选择高消化率的胃肠处方粮。腹痛初治愈时也可使用处方膏作善后调理，避免复发，饮食则需注意避免采食生冷、油腻肉类以及腐败变质的食物，建议可持续使用药食同源的处方粮，调理脾胃，使脾胃气机顺畅。

第十二章
便秘

第一节　定义及西医讨论范围

一、定义

便秘，是以小动物排便困难、排便频率降低为特征的疾病，排便频率正常时可表现为粪便干硬、排出艰难；或是粪便无干硬，但频繁有排便姿势，却排便不畅。诊断的关键点在于排便困难，所以小动物虽有大便干燥，但无排便困难及其他不适时，是不属于便秘的范畴的。

《素问·厥论》曰："太阴之厥，则腹满脏胀，后不利。"《素问·举痛论》曰："热气留于小肠，肠中痛，瘅热焦渴，则坚干不得出，故痛而闭不通矣。"由此得见，《黄帝内经》中将便秘称为"后不利"或"大便难"，指出便秘与脾胃、小肠、肾有关。东汉·张仲景的《伤寒论》中亦有"脾约""阴结""阳结"等病名。

《金匮要略·五脏风寒积聚病脉证并治》曰："跗阳脉浮而涩，浮则胃气强，涩则小便数，浮涩相搏，大便则坚，其脾为约，麻仁丸主之。"其中指出寒、热、虚、实都会导致大便不通。宋代《圣济总录·大便秘涩》有云："大便秘涩，盖非一证，皆荣卫不调，阴阳之气相持也。若风气壅滞，肠胃干涩，是谓风秘；胃蕴客热，口糜体黄，是谓热秘；下焦虚冷，窘迫后重，是谓冷秘。或肾虚小水过多，大肠枯竭，渴而多秘者，亡津液也。或胃燥结，时作寒热者，中有宿食也。"

综合历代医家所论，便秘以病因分类，有气秘、风秘、寒秘、热秘、湿秘、风燥、热燥、燥结、阴结、阳结之分；从病机分类，有实秘、虚秘之分，这种虚实分类的方法至今仍是临床概括便秘的纲领，为后世辨治本病提供了宝贵经验。

二、西医讨论范围

便秘既是一个独立的疾病症状，又是脾胃系多种疾病的一个症状，其发病与大肠传导功能失常有关。本章所讨论的，就是以脾胃疾病为中心，以便秘为主要症状的小动物疾病。在西医角度而言，小动物的习惯性便秘、肠蠕动减弱引发便秘、直肠炎、肠道功能紊乱引发便秘、肛裂等肛门疾病引发的便秘，都可以按照本章进行辨证论治。

第二节　病因病机

一、便秘的病因

胃肠以通降为顺，外邪结于肠腑，或气血阴阳不足，均会导致大肠传导失司，便秘发生。因此便秘的病因，主要有外邪侵袭、饮食不节、情志失调、久病体虚等，当小动物外感寒凉、风热等诸邪，饮食结构不科学，处于精神压抑或应激状态，久病或运动过度，均会伤害脾胃之气，使其升降失司，进而影响到大肠功能，导致便秘发生。

1. 外邪侵袭

小动物外感风热诸邪，可导致大肠传导失常，便秘发生。小动物外感风热，可耗伤津液，肠道失于滋润，可使大便燥结，排便困难，导致便秘；过服寒凉食物药物，也可使阴寒内结于胃肠，脾气紊乱，以致肺气肃降失常，大肠传导失司，便秘发生。

2. 饮食不节

小动物的饮食结构不科学时，如过量采食人的食物、营养过度或过量服用寒热药物等，均会影响到大肠，使得便秘发生。临床以"热秘"居多，即饮食不科学导致小动物肠胃积热，津液耗伤，肠道失润而干涩，粪便干燥硬结难以排出，导致便秘。

3. 情志失调

当环境发生变化，存在应激因素，或小动物长期处于精神压抑状态，也可引发便秘。忧愁思虑，易伤脾气；抑郁恼怒，则肝郁气滞。"气秘"即气机不畅，使腑气郁滞，通降失常、传导失司，粪便内停，排出困难，以致便秘。

4. 久病体虚

小动物久病，气血阴阳均会亏虚，气虚则大肠传送无力，阴血虚则肠道失于濡养，阳虚则温煦无力阴寒凝结，皆可导致大肠传导功能失常，引发便秘。或者老龄小动物、产后小动物，素体虚弱者，也可因气血阴阳亏虚，导致便秘发生。

二、便秘的病机

便秘的病位主要在大肠，但与脾、胃、肺、肝、肾等多个脏腑的功能失调皆相关。胃主受纳、腐熟水谷，脾主运化、转输水谷精微，最后糟粕由大肠传送排出。脾气以升为健，则清气得以输布；胃气以降为顺，则浊阴得以下行。若脾胃气机紊乱，必然会导致升降失司，浊阴下行受阻，大肠传导阻碍，糟粕排泄不畅，以致便秘发生。小动物生理结构中胃也与肠道相连，若胃热炽盛，可下传到大肠，则大肠热盛，耗伤津液，粪便燥结、难以排出而便秘发生。肺与大肠相表里，肺之燥热也可下移至大肠，引发便秘。而肝主疏泄气机，所以当小动物处于精神压抑或应激状态时，则肝气郁滞，脾胃肝胆同属中焦，气机不能畅通则脾胃升降失常，进而大肠传导失司，粪便排出困难，便秘发生。肾主五液而司二便，如果肾阴不足，肠道必失去润泽，粪便燥结而成便秘；如果肾阳不足，肠道则失去温煦，大肠传送无力、粪便排出不畅而成便秘。

因此可知，便秘的病理基础是气机的升降失常，而便秘的病理特点则为大肠传导失司，这也是便秘的基本病机。大肠为传导之官，主化物、排泄糟粕，肺与大肠相表里，大肠的传导必须借助肺气的肃降才能完成，而肺气的充盈又依赖于脾气的强健，所以脾肺气虚，则大肠传导失司，粪便排出不畅而成便秘。同理，大肠的传导功能与阳气的温煦、阴血的濡养也是密切相关。当阳气不足，肠道失去温煦，轻则大肠传送无力而成便秘，重则阴寒凝结肠道引发便秘；而当阴血亏虚，肠道失去濡养，则粪便燥结而成便秘。

便秘的病性包括寒、热、虚、实四个方面，肠胃积热的"热秘"、气机郁滞的"气秘"，均为实证，属于"实秘"；而阳气不足、阴寒凝结的"寒秘"，气血阴津亏虚所致的便秘，均为虚证，属于"虚秘"。但是便秘不同证候之间常常相互兼杂、互相转化，也可因实致虚，或因虚致实。如肠胃积热与气机郁滞可以同时兼有，阴寒凝滞与阳气虚衰可以同时兼有；而气秘日久可化火转而为热秘，热秘久延不愈可耗损津液转而为虚秘，阳虚便秘若摄入生冷食物，可致寒凝转而为实秘，小动物久病气血虚弱，又加之不科学饮食或受应激，则虚实夹杂。

综上所述，便秘与脾、胃、肺、肝、肾等多个脏腑的功能失调密切相关，又包含寒、热、虚、实四个方面，但不论是胃热过盛、耗伤津液，阴寒凝结、积滞胃肠，或气机郁滞、升降失常，抑或气血阴阳亏虚、肠道无力，皆会影响到大肠的传导功能，进而导致便秘。因此，小动物便秘总体以"大肠传导失司"为病机特点。小动物便秘的病因病机演变如图12-1所示。

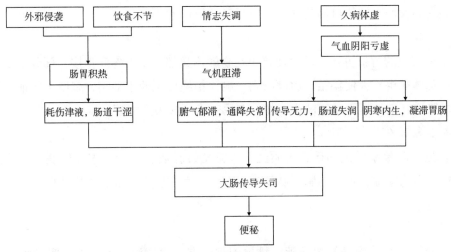

图12-1 小动物便秘的病因病机演变

第三节 辨治备要

小动物便秘多表现为粪便干结、排出困难，或排便频率降低、每周少于3次，或粪便不硬、但频繁有排便姿势，却无太多粪便排出，排便不畅。常常伴有按压腹部膨胀、口臭、食欲降低等症状，发病前可有明显诱因，如饮食结构不科学、环境食物更换等应激因素、运动减少等。除去临床症状与病史调查，在西医角度，腹部触诊、肛门指诊、大便常规检查、超声、X线检查、钡餐造影、结肠镜等有助于本病的诊断，在中医而言，则需要进行辨证而论治。

一、辨证纲要

小动物便秘的辨证应该区分寒、热、虚、实的不同，临床多有气热同病、虚实兼杂等特点，需要根据小动物粪便的性状、触诊前腹部的反应、排便频率、舌象脉象、饮食饮水情况、应激状态等临床表现，进行全面的分析与综合诊断，重点从便秘的证候特点、腹候、舌象脉象、虚实等方面加以辨别。

1. 辨证候特点

总体来讲，小动物粪便干硬，肛门红肿，多属于热证、实证；小动物粪便无干硬，或前段干硬后段便溏，多属于寒证、虚证。其中热秘多表现为大便干结，肛门红肿，伴有便血，排便频率可数日才一次；气秘多表现为常有排便姿势，但无太多粪便排出，触诊腹部胀满；气虚便秘多表现为大便无干结，频频努责但无粪便排出；血虚便秘多表现为大便干结，皮肤被毛无光彩；阳虚便秘多表现为大便无干硬，但努责无力，触摸耳尖冰凉；阴虚便秘多表现为大便干结，口渴贪饮，排便频率可数日才一次。

2. 辨腹候

从证候特点的辨证可知，部分便秘小动物触诊腹部表现为疼痛拒按，部分小动物则无此表现。总体来讲，大便秘结，腹部胀满，触诊拒绝按压的小动物，多属于实证、热证；而腹部虽胀满，但按压无回避的小动物，多属于虚证或阳虚寒证。

3. 辨舌象脉象

从舌象、脉象来辨别的话，舌质红、舌苔黄、脉数有力者，多为热证；舌苔薄白、脉象沉迟，多为寒证；舌苔厚腻、脉象实而有力，大多属于实证；舌质淡白、脉象缓弱无力，大多属于虚证。

4. 辨虚实

实证便秘，小动物粪便多干硬，排出困难，多伴有口渴贪饮、腹部胀满拒按、口臭等症状，常多发于幼龄至成年小动物；虚证便秘，粪便可有干结，也可无干硬，小动物频频努责却无太多粪便排出，多伴有不喜运动、喜到温热处趴伏等症状，常多发于老龄小动物，或病后、产后的小动物。

二、辨析类证

小动物便秘，应与肠结、积聚相鉴别。

1. 肠结

小动物便秘与肠结均会排便不畅，肠结是由肠道气血瘀结所致，可继发于便秘，小动物大便秘结，腹部胀满且疼痛拒按，伴有呕吐症状，相比于便秘，肠结的小动物已经无法正常排出矢气，需要结合外科手段治疗才可；但便秘是由于大肠传导失司导致，虽然大便难以排出，也可伴有腹部胀满、食欲减少等症状，但按压腹部可于肛门正常排气，一般也无须采取外科措施。

2. 积聚

小动物便秘与积聚均可见腹胀、排便不畅，但积聚为肝脾同病，基本病机为气机阻滞、瘀血内结，是以腹部出现包块为典型表现，如肝脾肿大、增生型肠结核、腹腔肿瘤等都属于此范畴；而便秘的基本病机在大肠传导失司，或粪便干结、排出艰难，或粪质不硬、频频努责排便不畅，是以排便不畅为主证的疾病。

三、治疗原则

小动物便秘的病理核心是阴寒凝滞胃肠、热盛耗伤津液、气机郁滞、肠道失濡润等诸种因素导致大肠传导失司，因此治疗应当以通下为主，来恢复大肠传导功能，保持大便通畅。应针对不同的病因而采取相应的治法，阳结者寒下，阴结者温下，津少者润下，气滞者疏导之。

1. 寒下法

适用于外邪侵袭或饮食不科学所致的肠胃积热、大便内结的实证。如果小动物气滞较严重，则还需搭配理气的药物，使气机通畅，通降功能恢复；如果是老龄小动物或素体虚弱的小动物，则还需搭配扶正的药物，补虚祛邪，以攻补兼施。

2. 温下法

适用于阴寒凝滞胃肠的里寒证。里实证不应因为实证而徒用攻下法，如其中的下焦阳虚阴盛，单纯攻下法会使阳气更虚，但若只用温阳之法，则便结难开。因此攻下与温阳相结合最适宜，组成温下之法，既温补阳气，又攻下便结，达到标本同治的效果。

3. 润下法

适用于肠胃热盛日久，耗损津液，大肠失于濡润所致的便秘，或阴血亏虚，燥屎内结所致便秘。此类便秘若只用攻下法，则复伤津血，若只用润燥法，则燥结不开。因此润与下相结合，组成润下之法，则可养阴生津、攻逐燥屎。如果小动物存在津血不足的情况，还需搭配益气或养血的药物。

4. 外导法

适用于较严重、服药无用的便秘，或老龄小动物、素体虚弱小动物，不耐药力，则可用此法。常用方有张仲景的蜜煎导和猪胆汁导法，需要注意的是，此法治标不治本，因此使用外导法通便后，应审视病因进行针对性治疗。而反复便秘的小动物，考虑平素精血不足、阴津亏损，可在食物中加入黑芝麻、蜂蜜等滋阴润肠、食药同源之品，以防微杜渐。

第四节　辨证论治

一、实秘

（一）肠胃积热

1. 临床表现

小动物排出的粪便干燥或成颗粒状，腹部胀满，触诊按压回避，排便不畅可数日排一次，口臭，口渴贪饮，尿液呈现深黄色至褐色，舌质红，舌苔黄或黄燥，脉滑数。

2. 辨证提要

（1）辨证要点。小动物排出的粪便干燥缺少水分，排便不畅可数日才排一次，腹部胀满，触诊拒绝按压。

（2）辨体质。相较于老龄小动物，成年小动物阳气较盛，更容易耗损胃阴，从而出现口渴贪饮、舌质红、苔燥少津等胃阴亏损的表现。

（3）辨类证。本证需要与阳明腑实证相鉴别，阳明腑实证是邪热内盛到阳明之里，然后与肠中糟粕相搏，导致燥屎内结，因此阳明腑实证也有大便秘结、腹部胀满拒按、苔黄燥、脉沉实等症状，但因胃经有络脉经过心，所以热至阳明会扰心神，小动物可表现出乱叫、不入睡，而肠胃积热所致便秘则没有此类表现。

3.理法概要

肠胃积热，耗伤津液，热邪与燥屎结于肠道，则大便干结、小便短赤。而热邪蕴积于肠胃，熏蒸于上，所以小动物会有口臭、口渴贪饮等表现。热邪积于肠胃，则腑气不通，因此小动物会腹部胀满、拒绝按压。因此，治疗时应以泻热导滞、润肠通便为主，并且根据小动物兼有咳喘、便血等症状，联合采用清肺降气、清肠止血等治法。

4.方药运用

代表方：麻子仁丸或麻子仁丸加减。

常用药：大黄、麻子仁、枳实、厚朴、杏仁、白芍、白蜜。

大黄、枳实、厚朴通腑泄热，麻子仁、杏仁、白蜜润肠通便，白芍养阴和营，共同发挥泻热润肠通便的功效。若粪便干结至坚硬，可加芒硝以软坚通便；若口渴贪饮甚重，则加生地黄、玄参、麦冬以滋阴生津；小动物兼有肺热咳喘症状，则加瓜蒌仁、苏子、知母以清肺降气；小动物兼有便血症状，则加槐花、地榆以清肠止血。

（二）气机郁滞

1.临床表现

小动物粪便可有秘结或干结不明显，可见排便姿势却无粪便排出，或每次只排少量粪便，听诊腹部可有肠鸣声，嗳气频繁，腹部胀满拒按，食欲降低，舌苔薄腻，脉弦。

2.辨证提要

（1）辨证要点。大便秘结，可见排便姿势却无粪便排出，触诊腹部拒绝按压，频繁嗳气。

（2）辨类证。气机郁滞所致便秘主要为肝脾气滞、腑气不通，若气郁化火，小动物则会有热象，因此应与肠胃积热证相鉴别。气机郁滞与肠胃积热均为实证，但气机郁滞小动物可有应激或精神压抑病史，且有频繁嗳气，舌苔白腻，脉弦；而肠胃积热小动物则无以上情况，舌脉象为舌红苔黄，脉滑数。

3.理法概要

气机郁滞所致便秘是因精神压抑或处于应激状态所导致，此状况会耗伤小动物脾胃之气，肝郁气滞，导致肝脾皆气郁、腑气不通，气失升降则大肠传导失常，导致便秘。腑气不通，胃气上逆，所以小动物嗳气频繁；气机郁滞，脾失健运，所以小动物腹部胀满拒按，食欲降低。因此治疗应当以舒肝理脾、降气通便为主，并且根据小动物兼有咳嗽气喘、粪便黏腻等症状，联合采用宣肺、祛湿等治法。

4.方药运用

代表方：六磨汤或六磨汤加减。

常用药：沉香、木香、乌药、槟榔、枳实、大黄。

方中沉香降气、木香调气、乌药顺气，三药共同理气降逆；槟榔、枳实、大黄破气行滞，通腑通便。应激反应明显的小动物，可加青皮、莱菔子以疏肝理气；气郁化火、舌红苔黄的小动物，可加栀子、龙胆草；若小动物肺失宣降，兼有咳嗽气喘，则加苏子、杏仁、瓜蒌仁以宣肺平喘；若小动物兼有粪便黏腻不畅，则加皂角子、蚕沙以祛湿通便。

二、虚秘

（一）脾肺气虚

1.临床表现

小动物可有频繁排便姿势，用力努责，但无太多粪便排出，大便大多无干硬，不喜运动，多趴伏不动，舌质淡、苔薄白，脉虚弱。

2.辨证提要

（1）辨证要点。实秘大便干硬，脾肺气虚便秘的大便多不干硬，小动物可见用力努责，但无太多粪便排出。

（2）辨病势。便秘日久，气虚伤及阳，可导致脾阳虚，小动物表现出舌淡、苔白、脉沉迟，触摸四肢冰凉，按压腹部无回避且舒适。气虚日久，亦可致中气下陷，小动物表现出肛门重坠，甚或脱肛不收。

（3）辨虚实夹杂。脾主运化，负责水液的吸收转输，易为湿所困；胃主受纳腐熟水谷，功能失常就会出现纳呆、食滞等症状。因此，脾肺气虚所致便秘虽为虚证，但容易兼有湿滞、食滞等实证，需结合小动物实际情况给予相应的治法。

3.理法概要

脾肺气弱，宗气不足，则大肠传导无力，糟粕内停，形成便秘。大肠传导无力，所以小动物虽频繁用力努责，却无太多粪便排出。脾运化精微上输心肺，宣发至全身，故脾肺气虚小动物无精打采，不喜运动。治疗应当以补脾益肺、润肠通便为主，并且根据小动物兼有湿滞、食滞、血虚、脱肛等症状，联合采用健脾祛湿、和胃消食、补血养血、补中益气等治法。

4.方药运用

代表方：黄芪汤或黄芪多糖口服液。

常用药：黄芪、火麻仁、白蜜、陈皮。

方中黄芪培补脾肺之气，火麻仁、白蜜润肠通便，陈皮理气和胃，达到补脾益肺、润肠通便的效果。若小动物兼有湿滞，粪便黏腻，舌滑苔腻，则加炒白扁豆、生薏苡仁以健脾祛湿；若小动物兼有食滞，反酸嗳气，前腹部膨胀，则加砂仁、炒麦芽以和胃消食；若小动物兼有血虚，可加制首乌、生地以补血养血；若小动物兼有脱肛症状，可加升麻、柴胡以升提中气。

（二）阴血亏虚

1. 临床表现

小动物粪便干燥结团或成颗粒状，皮毛干燥，不喜运动，口渴贪饮，体重下降，黏膜色淡，舌质淡红，舌苔少，脉细或细数。

2. 辨证提要

（1）辨证要点。大便燥结，不喜运动，好趴伏不动。

（2）辨阴虚与血虚孰轻孰重。阴虚生内热，故阴虚重的小动物舌红苔少，脉细数，可有体重下降；血虚则失荣养，故血虚重的小动物舌淡脉虚，黏膜色淡，好趴伏不动。

（3）辨病因。小动物久病，或者老龄小动物、产后小动物，素体虚弱者，均会使阴血亏虚。其中久病、产后失血过多者，多为血虚；而热病后期，或者呕吐、泄泻、尿频尿多者，多为津液亏损。

3. 理法概要

血虚阴亏，营血不足，肾阴不足，不能滋润大肠，大肠失于濡润则肠道干涩，大便干结。阴血亏虚，不能荣养，所以小动物可有皮毛干燥，黏膜色淡，体重下降等症状；阴虚内火动，所以小动物可有粪便干燥，口渴贪饮，舌质红等症状。治疗应当以养血滋阴、润肠通便为主，并且根据小动物阴虚与血虚的轻重，将药方进行加减。

4. 方药运用

代表方：润肠丸加减。

常用药：生地、油当归、火麻仁、桃仁、枳壳、熟首乌。

方中生地、油当归、熟首乌滋阴养血；火麻仁、桃仁润肠通便；枳壳行气宽中，共同发挥养血滋阴、润肠通便的效果。若小动物阴虚内热较重，则加玄参、知母、玉竹以清热润燥；如果是产后小动物，可加白芍、阿胶、肉苁蓉以养血温润；若便秘反复发生，时通时秘，可合用五仁丸以加强润肠通便效果。

（三）脾肾阳虚

1. 临床表现

小动物粪便可干硬或无干硬，排出困难，腹部触诊回避，喜到温热处趴伏，触摸四肢耳尖冰凉，尿液色淡且尿量增加，舌质淡，苔白，脉沉迟或微涩。

2. 辨证提要

（1）辨证要点。大便艰涩，难以排出，腹部触诊回避。

（2）辨阴阳俱虚。脾肾阳虚，若治疗时温燥过度，则伤其津液，导致阴阳俱虚；或阳虚损及阴，可见阴阳并虚之证。

3. 理法概要

脾肾阳虚，阳气不布，肠道失去温煦，则阴寒内结，凝于肠道，导致大肠传导失司，糟粕不行，而成便秘；或阳不布津，肠道失去津液，则大便涩滞，排出困难。阴寒凝结，气机阻滞，所以小动物触诊腹部回避，喜到温热处趴伏；阳虚不能温煦，所以触摸小动物四肢耳尖冰凉；肾阳虚弱，气化不利，所以小动物膀胱失其约束，尿量增加。因此，治疗应以补肾温阳、润肠通便为主，并且根据小动物兼有寒凝、气滞、气虚、呕吐等症状，联合采用温阳、行气、补气、止呕等治法。

4. 方药运用

代表方：温脾汤加减或济川煎、半硫丸。

常用药：附子、大黄、干姜、党参、肉苁蓉、当归、肉桂、木香。

方中附子为大辛大热之药，可温脾肾之阳，散内结之阴寒；大黄虽苦寒，但善攻下，可除肠道积滞；干姜、党参温补阳气；肉苁蓉、当归补肾养血；肉桂、木香理气止痛，共奏补肾温阳、润肠通便之功效。若小动物兼有寒凝气滞，腹部拒按明显，可加乌药、厚朴、川椒、茴香以温阳行气；若小动物兼有气虚，可加黄芪或黄芪多糖口服液以补气；若小动物兼有呕吐症状，可加半夏、砂仁、姜汁以降逆止呕。

第五节　预防调护

当小动物患有便秘时，应当根据具体病因给予正确科学的护理，寒、热、虚、实诸多病性，既可单独发生，也容易相互兼杂、互相转化，如气郁化火、热久伤津、气虚及阳、阳虚及阴等，因此需要及时跟进小动物病情，详细辨证其病机转化，从而灵活变通治疗方法。老龄小动物或便秘日久的小动物，可能会因为过度用力努责出现痔疮、便血甚至前腹部明显拒按等症状，为防止此情况发生，可在其食物中加入食药同源的黑芝麻、蜂蜜等，以滋阴润肠。如果是服药无用的便秘，或老龄小动物不耐药力，可配合灌肠等外治法治疗。

气机郁滞的小动物，应注意环境管理，避免环境变化、应激因素或精神刺激，以防加重病情。猫可使用流动性水盆，以促进其多饮水，犬的主人需养成定时遛狗排便的习惯，并保持肛门清洁，也需增加犬猫的运动量，以加快肠道蠕动。患便秘的小动物尤其要注意饮食，避免食用人的食物，亦不可过食生冷的食物，需使用粗纤维含量高的食物，并定时定量给予；也可建议小动物主人选择粗纤维含量高的处方粮，初治愈时可用作善后调理，避免复发；或者持续使用药食同源的处方粮，调理脾胃，升降有序，使大肠功能正常运转。

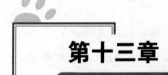

第十三章

厌食

第一节　定义及西医讨论范围

一、定义

厌食，即食欲下降甚至食欲废绝，指小动物在较长时间内摄入的食物量减少，或完全不吃食，拒绝饮食。严重者甚至看到、闻到食物表现出呕吐姿势，此类又称为恶食。厌食在小动物临床非常常见，一年四季皆可发生，除了脾胃系疾病，其他系统疾病亦可继发本病。中医所讲的纳呆、纳差、不思食、不知饥等均属于厌食的疾病范畴，只是疾病程度有所区别。

厌食的记载，首见于《黄帝内经》，如《素问·脉解篇》曰："所谓恶闻食臭者，胃无气，故恶闻食臭也。"说的是胃气不充足，胃的消化功能下降，就厌恶闻到食物的气味，可见恶心呕吐姿势。张仲景的《金匮要略·腹满寒疝宿食病脉证治》中记载："下利不欲食者，宿食也。"这里所谓的宿食，即积食，讲的是腹泻且食欲下降者，和积食、消化不良有关系。

元代开始有医家对厌食提出其他病因，《丹溪心法》有云："抑郁伤脾，不思饮食。"这里提出情志所伤，即情绪精神压抑因素也可导致食欲的下降。明朝《景岳全书·杂证谟》载："怒气伤肝……致妨饮食……病后胃口不开，饮食不进者，有二证，盖一以浊气未净，或余火未清……一以脾胃受伤，病邪虽去而中气未复。"不仅提到情绪可导致食欲下降，而且将本病区分为实证和虚证。

至清代，医家对厌食的认知更加全面，如《张氏医通》曰："胃主受纳，脾司运化，故不食皆为中土受病，……胃实则痞满气胀，胃虚则饮食不甘，胃热则饥不能食，胃寒则胀满不食，……脾虚则食后反饱。"这里指出厌食皆为脾胃受病，进而影响到胃的消化功能与脾运化水谷精微的能力，而且需从虚、实、寒、热四个方面进行辨证。这些理论和经验至今仍有效指导着临床的实践，为后世辨治本病提供了宝贵经验。

二、西医讨论范围

厌食既是一个独立的疾病症状，又是多种疾病的一个临床症状，其发病与胃、脾、肝的功能失调有关。本章所讨论的，就是以脾胃疾病为中心，以厌食为主要症状的小动物疾病。在西医角度而言，小动物消化不良，慢性胃炎，消化性溃疡，急、慢性肝炎，胆囊炎等疾病，凡是以厌食为主要临床表现的，都可以按照本章进行辨证论治。

第二节　病因病机

一、厌食的病因

厌食的病因，主要有外邪侵袭、饮食不节、情志失调、脾胃虚弱等，当小动物外感风、寒、暑、湿、热诸邪内客于胃，饮食不规律或结构不科学，处于应激状态或长期精神压抑等，导致胃容纳失常，脾运化失司，不思饮食；或小动物素体脾虚、久病或运动过度导致脾胃虚弱，脾失健运则食不化，胃失和降则谷不纳，均可导致厌食的发生。

1. 外邪侵袭

小动物外感风、寒、暑、湿、热诸邪，尤其风寒暑湿之气内客于胃，导致胃脘气机失调，脾胃纳化失司，发生厌食。其中寒邪客胃，或外感寒湿之邪，湿困中焦，易导致寒湿困脾，中阳受遏，使脾胃纳化失常，发生厌食；外感热邪亦容易携湿，多发生于夏季，湿热中阻，阻碍气机，脾胃升降失常，纳化失司，发生厌食。

2. 饮食不节

小动物的饮食不规律，如暴饮暴食，或饮食结构不科学，如摄入过多生冷食物、吃人的食物、营养过度等，均可引发积食、消化不良，食滞于胃，胃伤则不能纳，脾运化不及，或内生湿热，或内生寒湿，使中焦气机阻滞，脾胃纳化失职，导致厌食，甚至恶食。

3. 情志失调

忧愁思虑，易伤脾气，脾伤则不能化；抑郁恼怒，则肝郁气滞。当环境中存在应激因素，使小动物处于紧张焦虑抑郁的情绪状态，或长期精神压抑，可致肝气郁滞，横逆犯胃，胃失和降，脾失健运，脾胃纳化失司，则水谷不纳、饮食不化，发生厌食。

4. 脾胃虚弱

脾胃主受纳和运化水谷，如果小动物久病或运动过度损伤中气，均可导致脾胃虚弱，胃阴不足、胃失濡养则无以受纳腐熟水谷，脾胃气虚则纳化无力，导致厌食的发生。或者老龄幼龄小动物、素体脾虚者，也可因脾胃纳化失司，导致厌食发生。

二、厌食的病机

厌食的病位主要在脾胃，但与肝的功能失调也密切相关。胃主受纳、腐熟水谷，脾主运化、转输水谷精微，二者共同完成食物的消化与吸收。脾胃调和，食物得到良好的消化吸收，则口能知五谷饮食之味。如果脾胃功能受损，则受纳与运化功能失常，食物未能被很好消化吸收，以致食欲下降或废绝。或食滞于胃，阻碍气机；或胃阴不足，失于濡润；或脾阳受损，运化不能；或脾胃虚弱，纳化无力，均会导致厌食发生。肝主疏泄，具有助运化的作用，所以肝失疏泄时，必然会影响到脾胃的功能。当小动物处于精神压抑或应激状态时，则肝郁气滞，肝失疏泄，而肝气横逆，势必克脾犯胃，导致脾胃功能受损，受纳与运化功能失常，厌食发生。

脾胃纳化失司是厌食的基本病机，因病因、病程、体质的差异，其病理性质又有虚、实之分。外感寒湿之邪，客于脾胃；初为饮食所伤，食滞肠胃；遭遇情志因素，横犯脾胃等，湿浊或气滞困脾，脾气失展，胃纳不开，导致脾运化功能失健、胃受纳功能失常，以实证为主。而久病后或病程较长可有阴虚或气虚之象，胃为阳土，喜润而恶燥，以阴为用，胃阴亏虚则不能腐熟水谷，食物的消化受到影响；脾为阴土，喜燥而恶湿，得阳则运，脾气虚弱则不能运化，食物的吸收受到影响。抑或老龄幼龄脾虚小动物、素体脾胃虚弱者，以脾胃气阴不足为病理特点。故凡是脾气、胃阴不足，皆能导致受纳、运化失职而厌食，此类以虚证为主。

但是厌食的虚实之间常常相互兼杂、互相转化，也可因实致虚，或因虚致实。比如，小动物脾胃纳化功能受损，食物积滞于胃，日久可由食积而化热；又如，小动物胃阴不足日久，阴损及气，可致气阴两虚；或湿热内蕴于中焦，阻碍脾胃气机，但热病日久损耗胃阴，呈现因实致虚之象；或脾气虚弱，运化无力，导致水湿内停，困于脾胃，呈现因虚致实之象；或脾虚不能化物，而食滞肠胃，亦为因虚致实。

综上所述，厌食与脾、胃、肝多个脏腑的功能失调密切相关，又包含虚、实的不同病性，但不论是湿寒困脾、中阳被困，食滞于胃、脾运不及，湿热中阻、脾胃不和，或气机郁滞、升降失常，抑或脾胃气、阴不足，腐熟不能、运化无力，皆会影响到脾胃的受纳与运化功能，进而导致厌食。因此，小动物厌食总体以"脾胃纳化失司"为病机特点。小动物厌食的病因病机演变如图13-1所示。

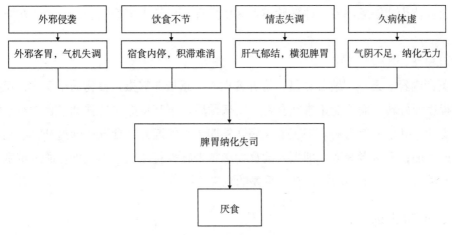

图13-1　小动物厌食的病因病机演变

第三节　辨治备要

　　小动物厌食多表现为摄入的食物量减少，或完全不摄入食物，且此情况持续较长时间。小动物临床常表现为食欲下降、食欲废绝，严重的患病小动物看到、闻到食物甚至会呈现呕吐姿势。发病前可有明显诱因或患有消化系统疾病，如暴饮暴食、环境食物更换等应激因素、受凉或患有胃炎、消化道溃疡、肝炎、胆囊炎等疾病。除去临床症状与病史调查，在西医角度，血常规、腹部超声、X线检查、钡餐造影等有助于本病的诊断，在中医而言，则需要进行辨证而论治。

一、辨证纲要

　　小动物厌食的辨证重要的是区分寒、热、虚、实的不同及疾病多归属哪个脏腑，但临床也常见虚实兼杂、寒热错杂、肝脾同病的情况，因此要辨别其中的不同，则需要根据小动物厌食的特点、厌食的病因、病程长短，以及触诊前腹部的反应、舌象脉象等兼证，进行全面的分析与综合诊断，重点在于辨寒热、辨虚实、辨顺逆。

　　1. 辨寒热

　　有摄入生冷食物或受凉病史、喜欢到温热处趴伏、四肢耳尖偏凉、口淡不渴、舌苔白、脉迟缓者多为寒证；喜欢到阴凉处趴伏、口渴多饮、舌质红、舌苔黄、脉滑数多为热证。寒与热均有虚实之分，应进一步辨别虚实。

　　2. 辨虚实

　　触诊腹部胀满或可拒绝按压、嗳气、反酸、体壮脉盛者多属实证，实证大多病程短，应结合寒热、脏腑归属辨别不同的病理因素；小动物不喜活动、触诊腹部无回避、舌淡红或偏红、舌苔少或缺乏津液、体弱脉虚者多属虚证，虚证大多病程长，应进一步辨别气虚与阴虚。

3. 辨顺逆

《黄帝内经》云："纳谷者昌，绝谷者亡。"意指能够摄入食物的小动物，疾病也会随着病程逐渐好转，而不能正常饮食者，疾病预后也不甚良好。这强调了食欲对于疾病转归的重要性，其中前者为顺，即正常疾病恢复期，胃气渐开，食欲逐渐提升，小动物采食量应逐渐增加；而后者为逆，即摄入的食物量越来越少直至完全不吃食。通过辨别顺逆，对疾病的预后、及时干预治疗，都有重要的意义。

二、辨析类证

小动物厌食，应与噎嗝相鉴别。

噎嗝是指食物吞咽困难、下行受阻，或食入即吐的病证，临床大多为食管疾病或贲门痉挛导致。噎嗝与厌食的小动物均有长期持续的采食量下降，但厌食者触诊腹部可有胀满或回避现象，噎嗝者触诊腹部多无异常，而触诊胸部可有拒按表现，且噎嗝者频频有吞咽动作，若有呕吐可发生于刚摄入食物后，严重的甚至刚饮入的水也会吐出。由于噎嗝的病位主要在食道，因此随病情发展采食量会逐渐下降，可呈现无法饮食、全身消瘦、气血衰败的危候。

三、治疗原则

小动物厌食的病理核心是外邪客于脾胃、饮食停于胃肠、肝气横犯脾胃、脾胃虚弱等诸种因素导致脾胃受纳与运化功能失调，所以治疗的重点在于调理脾胃，恢复其纳运之功能。应针对实证以祛邪为主，针对虚证以扶正为主，而虚实夹杂的情况则应当补虚泻实。

1. 实证祛邪

厌食实证以祛邪为先，应区别寒湿、积食、湿热、肝郁的不同，给予不同的治法。外感寒湿之邪，则需散寒化湿；饮食停滞于胃，则应消食化积；湿热阻滞中焦，则需清热利湿；肝气郁结、横犯脾胃，应当疏肝理气、健脾益胃。厌食实证通过祛邪的治法，使脾胃的纳化功能恢复，食欲得以改善。

2. 虚证扶正

厌食虚证以扶正为要，应区别阴虚、气虚与气阴两虚的不同，给予不同的治法。阴虚者胃阴不足、耗损津液，治疗则应养胃生津；气虚者运化无力，治疗则当健脾益气；气阴两虚者多为胃阴不足日久，阴损及气所致，治疗应当养阴生津、益气健脾。这些都属于扶正之法，厌食虚证通过扶正而复脾胃纳化之能。

3. 补虚泻实

用于厌食虚实夹杂证，由于长期厌食的病理特点多为虚实夹杂，因此治疗的重点就是补虚泻实。如脾虚时运化无力，水谷精微与水津的运化皆受影响，即可致食滞肠胃或水湿内停，治疗则需益气健脾与消食开胃或淡渗利湿相结合；阴虚可生内热，若胃阴不足导致内热滋生时，治疗则应养胃生津与清泻胃热相结合；肝脾不调的小动物，多属于肝郁脾虚，治疗需要疏肝与健脾相结合。厌食的虚实夹杂证，通过补虚泻实，使气机顺畅、脾胃功能协调，厌食从而获愈。

第四节 辨证论治

一、厌食实证

（一）寒湿困脾

1. 临床表现

小动物食欲不振，频繁呈现呕吐姿势，触诊腹部胀满，或腹部拒按、大便溏稀，触摸四肢耳尖冰凉，喜到温热处趴伏，舌苔白腻，脉濡缓，可有感寒或食冷病史。

2. 辨证提要

（1）辨证要点。食欲下降，发病急，频繁呕吐姿势，多发生于采食冰冷食物或因环境受凉后。

（2）辨病因。由于冬季环境受凉或夏季空调感寒的小动物，为外感寒湿之邪，多有表证，如四肢耳尖冰凉，喜到温热处趴伏，发热等；由于采食冰冷食物导致的厌食，少见此类表证，需根据症状分辨寒与湿的偏重，寒重者喜到温热处趴伏，湿重者不喜活动，舌苔厚腻。

（3）辨体质。湿气重的小动物，容易因采食冰冷食物而伤生冷，导致湿困中焦，属于实证；老龄、幼龄小动物，或素体脾虚者，容易受寒邪侵袭，属于实证挟虚，小动物可能出现食欲下降、消化不良、四肢温低、不喜活动、舌质淡、脉虚弱等象。

3. 理法概要

寒邪入侵，客于脾胃，则中阳受损，易寒湿困脾，脾胃纳化功能失常，厌食发生；或采食生冷食物，湿盛伤生冷，易湿困中焦，中阳被遏，脾胃不和，纳化失司。因此治疗时，以散寒化湿、醒脾开胃为主，并且根据小动物寒湿之偏胜，选择相应药物重用，兼有脾虚、表证者，联合采用补虚、解表等治法。

4. 方药运用

代表方：藿香正气散加减。

常用药：藿香、苏叶、白芷、陈皮、半夏、厚朴、白术、茯苓、甘草、生姜、大枣。

方中藿香为主药，有芳香化湿、理气和中、解表的功效；苏叶、白芷、生姜起到解表散寒的功效；陈皮、半夏、厚朴，有苦温燥湿、理气和胃的功效；白术、茯苓、大枣，有益气健脾之功效；最后以甘草调和诸药，共同发挥散寒化湿、醒脾开胃之疗效。根据小动物寒湿之偏胜，寒重于湿者，需选择性重用白芷、生姜；湿重于寒者，需重用陈皮。兼有食滞的小动物，可加山楂、神曲、麦芽，以消食导滞；兼有表证的小动物，可加荆芥、防风，以解表证；兼有脾虚的小动物，可以加入党参，或加爱迪森参麦健胃片，以补中益气。

（二）宿食内停

1. 临床表现

小动物食欲下降明显，可有暴饮暴食病史，嗳气、反酸，闻到或看到食物呈现呕吐姿势，甚至呕吐出未完全消化的食物，呕吐物味道腐臭，触诊前腹部胀满，可有便秘发生，舌苔厚腻，脉滑。

2. 辨证提要

（1）辨证要点。食欲下降，闻到或看到食物有呕吐姿势，嗳气、反酸，多发生于不科学饮食后。

（2）辨病因。饮食所伤，有油腻肉食所伤、过多淀粉食物所伤、生硬难以消化食物所伤、生冷食物所伤等区别，应当通过详细的病史调查，而用以不同的药物。

（3）辨病程。通过病史调查，伤食不久的小动物，多属于实证、热证；而积食时间较长的小动物，多挟脾虚，属于虚实夹杂的情况。需根据不同的情况，用以不同的药物。

（4）辨体质。成年或健壮的小动物，多阳盛，则食物积滞更容易化热成燥，小动物可能出现便秘的症状，且因燥热而津液缺失，导致舌苔干燥、脉滑数；而老龄或幼龄小动物，脾胃相较之虚弱，食物积滞可能出现大便溏稀的症状，且舌质淡、舌苔垢腻。

3. 理法概要

暴饮暴食或不科学饮食后，食物停滞于胃，胃失和降、脾运不及，使得气机阻滞，发生厌食。治疗应当以消食化积、理气和胃为主，并因势利导，有呕吐倾向的小动物，也应以吐法治疗，促进食物排出；便秘的小动物则应该以通法治疗，导而下之；为生冷食物所伤的小动物，需温而散之；积食化热成燥者，则需清而泻之。

4. 方药运用

代表方：保和丸加减或参麦健胃片。

常用药：山楂、炒莱菔子、炒麦芽、陈皮、半夏、茯苓、连翘。

山楂酸温，善消油腻肉食之积滞；莱菔子辛甘，善消面食淀粉之积滞，且能宽中理气；炒麦芽亦善消米面之积，同时宽中下气；陈皮、半夏、茯苓和胃降逆，理气祛湿；食积易于化热，连翘清热散结，整方共同发挥消食化积、理气和胃的功效。为生冷食物所伤的小动物，可加生姜、肉桂，以温中化积；食物积滞化热成燥者，可加大黄、枳实，以通腹泻热；若小动物摄入食物十分难以消化，则加鸡内金、穿山甲，以软坚消食；若是老龄、幼龄小动物或脾胃虚弱者、有脾虚之象者，可以加入白术、扁豆、党参，以健脾益气。

（三）湿热中阻

1.临床表现

小动物食欲下降明显，尤其拒绝肉类油腻食物，触诊前腹部胀满，可有反流酸水、尿液黄，不喜活动常趴伏不动，大便溏稀且有多次排便姿势，每次排出少量粪便，舌质红，苔黄腻，脉濡数。

2.辨证提要

（1）辨证要点。食欲下降明显，触诊前腹部胀满，不喜活动常趴伏不动为辨证要点，此病多发生于夏秋季节或饮食常有肥肉、人类食物的小动物。

（2）辨湿热孰轻孰重。热重于湿者，口渴贪饮，饮水量明显增加，舌红，苔滑，脉滑数；湿重于热者，触诊前腹部胀满，不喜活动常趴伏不动，舌苔腻而微黄、脉濡数。

（3）辨寒热。前文所提寒湿困脾，与湿热中阻，均为湿邪致病，但性质不同，一寒一热。寒湿困脾多由摄入生冷食物或素体脾虚而致寒湿内侵，中阳被遏，症状多表现为食欲下降，饮水量正常或下降，舌淡苔白；湿热中阻多由过量摄入肥肉、人类食物而致蕴生湿热，中焦阻滞，症状多表现为食欲下降，前腹部胀满，饮水量增加，有多次排便姿势但每次排出少量粪便，舌红苔黄腻、脉数。

3.理法概要

过量摄入肥肉或人类食物后，湿热内蕴于脾胃，壅阻气机，导致脾胃升降失调、纳化失司，发生厌食。所以治疗需清热利湿、行气和胃，根据小动物湿热的轻重，选择不同的治疗方法，热重于湿者以清热为主，湿重于热者以利湿为主。药方的选取既不可过量使用苦寒药物，以防伤胃碍湿；亦不可过量使用香燥药物，以防助其热势。

4.方药运用

代表方：三仁汤加味或葛根芩连片。

常用药：杏仁、白蔻仁、薏苡仁、滑石、通草、竹叶、厚朴、半夏。

方中杏仁宣肺开上；白蔻仁化湿和中；薏苡仁淡渗利湿，三者共同醒脾导湿。而半夏、厚朴行气和胃；滑石、通草、竹叶清利湿热，诸药合用，可疏利气机、宣畅三焦、上下分消，共奏清热利湿、行气和胃之功。热重于湿的小动物，可以加栀子、连翘以清热；

湿重于热的小动物，可以加藿香、佩兰以芳香化湿，醒脾开胃；湿热均严重的小动物，表现出黏膜黄染至全身黄染，触诊腹部肋骨处回避，此时可合茵陈蒿汤，以加强清热利湿；兼有积食的小动物，可加山楂、神曲、麦芽以消食化积。

（四）肝脾不调

1. 临床表现

小动物食欲下降，触诊腹部胀满，或拒绝按压，频繁嗳气，环境存在应激因素或长期处于精神压抑状态，情绪焦躁易激惹，舌苔薄白，脉弦。

2. 辨证提要

（1）辨证要点。食欲下降，触诊腹部胀满或拒按，应激因素可加重病情。

（2）辨脾与胃。肝气犯胃与肝脾不调虽然同属于肝病，但有虚实之分。肝气犯胃为小动物受应激因素影响或长期处于精神压抑状态，导致肝气郁结，横犯于胃，使胃失和降、肝胃气逆，主要症状为频繁嗳气，多属于实证热证；而肝脾不调在肝郁的同时，小动物也存在脾虚的情况，导致脾胃纳化失常，主要症状为腹部胀满、粪便性状出现异常。

3. 理法概要

小动物受应激因素影响或长期处于精神压抑状态，导致肝气郁结，气机不畅，脾失健运，以致脾胃纳化失常，发生厌食。治疗应当以疏肝解郁、理气健脾为主，当小动物兼有食积、脾虚、热证时，则需配合消食、补虚、泻热等治法治疗。若肝郁横逆于胃，则需要以泻肝和胃为主要治疗方向。

4. 方药运用

代表方：逍遥散加味。

常用药：当归、白芍、柴胡、白术、茯苓、炙甘草、煨姜、薄荷。

方中当归、白芍养血柔肝；柴胡疏肝解郁；白术、茯苓、炙甘草健脾和中；煨姜温中，加入少许薄荷，以加强柴胡的效果，共奏疏肝解郁、理气健脾之功效。若小动物兼有积食时，可加山楂、鸡内金、麦芽等，或加爱迪森参麦健胃片以消食化积；当小动物脾虚明显时，可加党参、白扁豆以健脾益气；若肝郁化火、横逆于胃，治疗则需以泻肝和胃为主，可选方剂化肝煎。

二、厌食虚证

（一）胃阴不足

1. 临床表现

小动物对食物有兴趣，但闻味即走或采食少量即停，表现出口渴贪饮、饮水量增加，大便干燥秘结，尿液量减少，舌红苔少缺乏津液，脉细或细数。

2. 辨证提要

（1）辨证要点。对食物闻味即走或采食少量即停，口渴贪饮、饮水量增加，舌红、少苔，多发生于热病后期，或呕吐、泄泻太过者。

（2）辨气阴两虚证。胃阴不足日久，阴可损及气，小动物可出现不喜运动、常趴伏不动，舌淡红、无苔等症状。

3. 理法概要

肝郁化火、胃热过盛，或过量服用温燥药物、热病后期，均会灼烧耗损胃阴，胃阴不足、胃失濡润，则不能腐熟水谷，润降失司，导致厌食发生。故治疗需以养阴生津、消食开胃为主，当小动物兼有肝郁、脾虚、热证时，则需配合疏肝、补虚、泻热等治法治疗。

4. 方药运用

代表方：益胃汤加味。

常用药：沙参、麦冬、生地黄、玉竹、冰糖、花粉、山楂、生甘草。

方中沙参、麦冬滋养胃阴以益胃生津，加入花粉可助养阴生津之力；生地黄、玉竹、冰糖养阴清热；山楂、甘草酸甘化阴、消食开胃，共奏养阴生津、消食开胃之功。若小动物兼有肝郁，可选用方剂一贯煎；若小动物兼有脾虚，可加茯苓、黄精、山药，以益气健脾；若小动物兼有热证为阴虚内热，可加石膏、知母，以清泻胃热。

（二）脾胃气虚

1. 临床表现

小动物食欲下降明显，采食少量食物即停，触诊前腹部胀满，不喜活动常趴伏不动，可有大便稀薄，舌质淡红，苔薄白，脉缓而弱。

2. 辨证提要

（1）辨证要点。食欲下降，采食少量食物即停，触诊前腹部胀满，不喜活动常趴伏不动。

（2）辨病势。气虚为阳虚之渐，阳虚为气虚之甚，阳虚会累积为气虚，气虚日久也会导致阳虚。脾胃气虚日久，易致阳虚，阳气可温暖身体、温煦脏腑，亏乏则导致寒从中生，小动物可有触摸四肢耳尖冰凉、喜到温热处趴伏等脾胃虚寒之象。若脾虚不纳食，气血生化缺少原料，日久可见气血两亏，小动物表现为不喜活动、无精打采、体重下降。

（3）辨虚实夹杂。慢性疾病或长期精神压抑的小动物，可引发脾胃气虚。脾主运化，脾虚运化无力时水津失布，可导致水湿内停，小动物表现为整日睡眠、常有呕吐姿势；胃主受纳，脾胃气虚时纳化失司、不能化物，可导致食滞，小动物表现为前腹部胀满、频繁嗳气，所以脾胃气虚的小动物常兼有痰湿、食滞等实证。

3.理法概要

脾胃气虚,气虚则无力,导致脾胃纳化不能,发生厌食。因此治疗应以健脾益气、和胃补中为主。且兼有脾胃虚寒、痰湿、食滞的小动物,需加以温阳、化湿、消食等治法。

4.方药运用

代表方: 香砂六君子汤加味。

常用药: 党参、白术、茯苓、陈皮、半夏、木香、砂仁、炙甘草。

党参、白术、茯苓、炙甘草益气健脾、补中养胃,为主药,以补虚为主;陈皮、半夏和中化湿、行胃之滞,以通降为主;木香、砂仁助脾运化、理气和胃、补而不壅,共同发挥出健脾益气、和胃补中的功效。若小动物阳虚明显甚或脾胃虚寒,可加干姜、桂枝,以温中散寒;若小动物肾阳不足,可加附子、肉桂,以温肾助阳;若小动物兼有痰湿,可加薏苡仁、扁豆,以淡渗利湿;若小动物兼有食滞,可加鸡内金、焦三仙,或爱迪森参麦健胃片,以消食开胃;若小动物疾病日久、气血两虚,可合四物汤以养血;若小动物心脾两亏,可合归脾汤,以健脾养心;若小动物气虚下陷,可合补中益气汤,或爱迪森黄芪多糖口服液,以升提中气。

第五节　预防调护

当小动物发生厌食时,应当根据具体病因给予正确科学的护理,若为寒湿困脾,其药物应热服,若为湿热中阻,药物可稍凉服用,以免刺激胃肠。若小动物有频繁呕吐姿势或直接呕吐出未完全消化的食物,药物则应当少量多次服用。肝气犯胃、肝脾不调、肝郁热的小动物,应注意环境舒适,避免应激因素或精神刺激,以防加重病情,也应注意防寒保暖,保持环境适宜。同时注意适宜活动,避免运动过度。患厌食的小动物尤其要注意饮食,避免食用人的食物,亦不可过食肥腻、生冷的食物,需使用消化率高的食物,并定时定量给予,避免暴饮暴食,可建议小动物主人选择高消化率的胃肠处方粮。厌食初治愈时也可使用处方膏作善后调理,避免复发。

第十四章

口疮

第一节　定义及西医讨论范围

一、定义

口疮，又称口疡、口疳、口破，是指唇部、舌头、颊及上颚等处的黏膜，发生单个或多个如豆样大的黄白色溃疡点，且刺激小动物溃疡处有回避的疼痛反应，以此为特征的病变统称为口疮。小动物多表现出精神紧张、易激惹，可有睡眠时间减少、消化不良、呕吐或腹泻出未消化完全的食物、便秘或粪便干硬等诱因。口疮容易反复发作，老年犬猫少见，多发于成年犬猫，且于冬春季节多发。

口疮的记载，首见于《黄帝内经》，如《素问·五常政大论》曰："少阳司天，火气下临，肺气上从……鼻窒口疮。"指出口疮的发病，与天气变化、气候炎热有关系。隋·巢元方《诸病源候论》记载："脏腑热盛，热乘心脾，气冲于口与舌，故令口舌生疮也。"这里认为口疮与热乘心脾有关。宋朝《圣济总录》有曰："口疮者，由心脾有热，气冲上焦，熏发口舌，故作口疮也。又有胃气弱，谷气少，虚阳上发而为口疮者，不可执一而论，当求所受之本也。"这里指出除实火口疮外，也存在虚火口疮，应当辨证而论治。

二、西医讨论范围

口疮是一个有特征的病变，多由外感风热诱发，其发病与心、脾失调有关，虚证会涉及肾。本章所讨论的，就是以口疮为主要病变的各种小动物疾病。在西医角度而言，小动物的创伤性口腔黏膜溃疡、口腔黏膜结核性溃疡、白塞综合征、复发性口疮，以及许多感染性疾病伴发的口腔溃疡，包括内科疾病中的胃炎、消化性溃疡、高血压病、糖尿病、B族维生素缺乏症、甲亢、白细胞减少症、坏血病等并发的口腔溃疡，都可以按照本章进行辨证论治。

第二节　病因病机

一、口疮的病因

口疮的病因既有外因，也有内因。外因多由外邪侵袭、饮食不节、情志失调所致，而内因多是小动物生来阴亏，或久病体虚导致脾肾阳虚而罹患本病。《诸病源候论·唇口病诸候·口舌疮候》有曰"手少阴心之经也，心气通于舌；足太阴脾之经也，脾气通于口。脏腑热盛，热乘心脾，气冲于口与舌，故令口舌生疮也"。说的是心开窍于舌，心脉通于舌上；脾开窍于口，脾络通于口；而肾脉循喉咙连接舌，胃经经循颊络齿龈，因此无论是外感还是内伤，凡是化热、化火者，都可以循经上炎，熏蒸口舌而发生口疮。

1. 外邪侵袭

以外感风、火、燥邪多见，外感风热是口疮的主要病因。当外邪入侵，客于脾肺，导致脾气凝滞、肺胃蕴热，而口腔是肺与胃的门户，当肺胃之邪热上蒸，必然导致口舌生疮。

2. 饮食不节

当小动物的饮食不科学或不规律时，如过量摄入油腻肉类、吃人的食物、摄入腐败变质的食物、营养过剩等，或过量服用燥热的中西药物，均可导致脾胃生热，脾胃蕴热可循经上蒸，小动物发生口疮。

3. 情志失调

当环境中存在应激因素或小动物环境、食物等发生了变化，使小动物处于紧张焦躁的情绪状态，心火妄动，可有心烦不安的表现，心火炽盛，热毒可循经上炎，发生口疮。

4. 久病体虚

如果小动物因久病或过量采食寒凉食物、药物，损伤到脾胃之阳，或小动物生来脾肾阳虚，这些情况均会导致阴寒内盛，格阳于外，虚阳外浮，引发口疮。此类口疮外观微微红肿，貌似热证、火证，但本质却是阳虚寒证，为无根之火上浮所致口疮。

5. 素体阴虚

虚证口疮多反复发作或久延不愈，小动物生来阴亏，或热病后期阴伤，或过度运动损耗真阴，都可导致机体阴液不足，内热由之而生，熏蒸于口腔，口疮发生。多见于瘦弱的小动物，在睡眠不足、剧烈运动、情绪刺激后可发生，或已有口疮加重。

二、口疮的病机

口疮的病位在心、脾、胃、肾，病性虽有虚实之分，但其基本病机皆为火热循经上炎，熏蒸口舌，发为口疮。实火导致的口疮相对容易康复，难以形成痼疾，临床多由风热乘脾、肺胃蕴热以及心脾积热所致。风热乘脾的小动物，多是外感风热之邪，外邪侵袭于肌表，内乘于脾胃，风热毒邪侵袭易引动脾胃的内热，而脾开窍于口，胃络于齿龈，所以内热上攻于口腔及齿龈，口疮发生，若是同时兼有湿热，则可见口腔糜烂。心脾积热的小动物，可由外界应激因素或饮食不科学引发，情志失调、饮食不节，则心火妄动，脾胃蕴积生热，内火偏盛，邪热内积于心脾，循经上炎口腔，发为口疮。

而虚火导致的口疮多为真正的复发性口腔溃疡，又有气虚、阳虚与阴虚的不同。元代名医李东垣有云："脾胃气虚，则下流于肾，阴火得以乘其土位。"说的是一旦脾胃气虚，则胃中水谷之清气不能率先上行于心肺，化生为营气、卫气，反而下陷于肾中，下焦包络之火则趁中焦脾胃气虚，上逆于土位，土位即脾所开窍的口腔部位，最后导致阴火上炎口腔，口疮发生。阳虚火浮的小动物，多是素体脾肾阳虚，或因久病损伤到脾胃之阳，导致阴寒内盛，虚阳外浮，发生口疮，临床上多数复发性口腔溃疡属于此类。阴虚火热的小动物，多是素体阴虚，或热病伤阴，导致阴液不足而生内热，内热熏蒸于口腔，发生口疮。

心开窍于舌，脾开窍于口，口腔是经脉循行的要冲，足阳明胃经、足少阴肾经均循行于此。因此，口疮的病位在心、脾、胃、肾，小动物临床上有很多种病因可导致口舌生疮，但其基本病机皆为火热循经上炎，熏蒸口舌，发为口疮。小动物口疮的病因病机演变如图14-1所示。

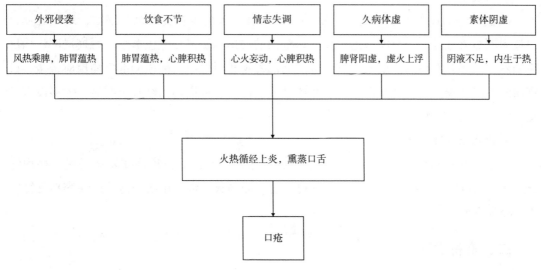

图14-1 小动物口疮的病因病机演变

第三节　辨治备要

小动物发生口疮时很好辨认，只要见到唇部、舌头、颊及上颚等处的黏膜有溃疡点，溃疡为黄白色，可有单个或多个，如豆子样大小，并且触碰溃疡点，小动物有回避、嚎叫等疼痛反应，即是口疮的典型表现。发病前可有明显诱因，如睡眠时间减少、消化不良、呕吐或腹泻出未消化完全的食物、便秘或粪便干硬等。除去临床症状与病史调查，在中医角度而言，还需要进行辨证论治。

一、辨证纲要

小动物口疮的辨证应该区分寒热、虚实的不同，临床需要根据小动物溃疡点的大小、颜色、渗出物等性状，以及疼痛程度、口臭情况等临床表现，进行全面的分析与综合诊断，重点在于辨寒热、辨虚实、辨病程和预后。

1. 辨寒热

小动物口疮的颜色和疼痛程度对辨别寒、热属性有重要意义，口疮局部的四大特征分别是凹、黄、红、痛，"凹"指的是溃疡点的凹陷，凹陷浅的病情偏轻，凹陷深的病情偏重；"黄"指的是溃烂处覆盖有黄色或者黄白色、黄灰色的分泌物；"红"指的是口疮局部红肿以及口疮微肿周围有红晕。红肿的颜色越深，表明热证越严重；如果是淡红色或淡白色，则属于虚寒证，且颜色越淡，表明虚寒越厉害。"痛"即是触摸口疮部位小动物的回避反应，疼痛反应剧烈的，多属于实热，疼痛反应一般，则更多考虑为虚寒。

2. 辨虚实

实证口疮的局部外观可见大小不等，口疮表面多覆盖有黄白色分泌物，基底红赤，口疮周围显著红肿，伴有明显的口臭，口疮面的渗出物较多，颜色黄浊，触摸局部疼痛反应剧烈，多伴有发热的症状。虚证口疮的局部外观相对较小，触摸局部疼痛反应轻微，口疮面的渗出物较少，呈现灰白色，基底淡红或淡白，口疮周围的红肿不明显，大多没有口臭、发热等全身症状。

3. 辨病程和预后

实证、热证口疮一般发作急，病程短，但虚证、寒证的口疮往往发病缓慢，病程绵长。实火口疮容易治疗，一般1~2周即可治愈；而虚火口疮在单次治愈后往往容易反复发作、经久不愈。

二、辨析类证

小动物口疮，应与狐蜇病、口糜相鉴别。

1. 狐蜃病

中医的狐蜃病即白塞综合征，白塞氏病与复发性口腔溃疡关系密切，有90%甚至100%的患病小动物均可发生复发性口疮，但白塞综合征不仅是侵犯口腔，眼部、生殖器都会有皮肤损害，且累及关节、胃肠道以及全身各大、中、小血管，甚至神经系统损害，不同于口疮的溃疡点仅局限于口腔。

2. 口糜

口糜的发病较急，口腔舌头发生如米粥样的白色斑点，不同于口疮的溃疡点，口糜的白色斑点可擦拭掉，但很容易再生，且彼此可以融合形成大片状，蔓延迅速，可扩展到整个口腔，常伴有发热的全身症状。

三、治疗原则

小动物口疮的基本病机是火热循经上炎，熏蒸口舌。此火有虚实之分，临床应当根据口疮不同的辨证类型进行不同的施治，实火者清热、泻热，虚火者补虚、温寒。同时内治与外治相结合，局部与整体病证相结合，疗效乃佳。

1. 泻热

用于口疮实证，通过泻热的方法，使实热清除。口疮实证应区别心脾积热或肺胃蕴热，如是心脾积热，需要清心火、泻脾热；如是肺胃蕴热，需要清肺热、泻胃火。而且应当根据心火上炎、积热伤阴、脾胃伏火、肝经郁热等不同的证候，使用不同的药物。

2. 补虚

用于口疮虚证，补虚法即通过补益的方法，达到清除虚热的目的。口疮虚证应区分阴虚与阳虚，如是阴虚以致虚火上炎，需要滋阴降火；如是阳虚以致无根之火上浮，需要温补敛火。而且应当根据脾阴不足、肾阴不足、脾肾阳虚或兼有湿热、寒湿的情况，使用不同的药物来进行治疗。

第四节　辨证论治

（一）心脾积热

1. 临床表现

小动物口腔黏膜突然出现黄豆样大小的溃疡点，溃疡表面大多有黄白色的分泌物，溃疡周围颜色鲜红，微微红肿，溃烂处触诊回避明显或尖叫，常伴发有口臭。小动物每次睡眠时间减少，睡眠间隙可见来回走动，饮水量增加，单次尿液量减少且颜色偏深黄色，粪便干燥，舌质红，舌苔黄，脉滑数。当过量采食燥热食物后口腔溃烂可加重，病史调查可有家庭成员变更、环境改变、食物变化等应激性因素。

2. 辨证提要

（1）辨证要点。应激或情绪刺激可明显加重病情，溃疡点周围颜色鲜红，表面有黄白色分泌物，触诊回避明显或尖叫。

（2）辨病因。心脾积热所致口疮多由应激因素、情绪刺激导致，或小动物过量采食燥热的食物导致，因此在病史调查时，应询问仔细，排除病因。

（3）辨心火上炎证。溃疡点面积相对较小，但数目较多，主要分布在舌尖、舌两侧及舌头腹部，颜色鲜红，小动物每次睡眠时间减少，睡眠间隙可见来回走动，单次尿液量减少且颜色偏深黄色，舌质红尤以舌尖最为明显，舌苔黄，脉数。

（4）辨积热伤阴证。相比于心火上炎证，积热伤阴的小动物由于郁热日久，伤及脾胃之阴，导致阴虚，小动物表现出口渴贪饮、饮水量上升，甚至没有舌苔。口疮表面黄白色分泌物变少，溃疡周围颜色变浅、红肿偏小，小动物舌质红，舌苔变少，脉细数。

3. 理法概要

小动物过量采食燥热食物或受应激因素刺激，导致脾胃积热、心火妄动，心脾积热后循经络上炎，熏蒸于口腔，小动物发生口疮，因此治疗需清心火、泻脾热。但应当辨别心火上炎证与积热伤阴证，病程长已经伤阴的小动物还需加入药物，以滋阴清热。

4. 方药运用

代表方：泻黄散合导赤散加减。

常用药：栀子、生石膏、藿香叶、甘草、防风、生地、木通、竹叶。

泻黄散善于清泻脾胃之伏火，方中栀子、生石膏以清脾热；藿香叶以醒脾；防风以升发伏火。导赤散善于清泻心火，方中生地、木通、竹叶以清心凉血，将心经之热随尿液导出。二方合用，共奏清心火、泻脾热之功效。如小动物热证严重，有发热表现，可加黄芩、黄连、玄参，以增清热之功；如小动物病程已久、伤阴者，可加沙参、知母、石斛，以滋阴清热。

（二）肺胃蕴热

1. 临床表现

小动物口疮突然发生，数量多且大小不等，表面多有黄白色分泌物，溃疡周围红肿或有水疱，可见小动物咽喉部红肿，多伴有发热症状，咳嗽，饮水量增加，粪便干燥或便秘，尿液颜色深黄，舌质红，舌苔黄，脉洪数。

2. 辨证提要

（1）辨证要点。起病急，口疮数量多，表面有黄白色分泌物，口疮周围红肿，伴有咳嗽症状。

（2）辨偏于脾胃伏火口疮。口疮部位常发生在口唇口颊处，伴有口臭，便秘，舌质红，舌苔黄厚，脉滑数或弦数，调查病史多有过量食用人的食物。

（3）辨偏于肝经郁热口疮。此类口疮调查病史有明显情绪刺激或环境变化等应激因素，且再次应激后口疮症状会加重，小动物表现易激惹状态，舌质红尤其舌尖偏红，舌苔黄，脉弦数。

3. 理法概要

多由外感热邪所致，邪热积聚于肺胃，循经络而上炎，熏蒸口腔肌膜，而成口疮，因此治疗应当清泻肺胃之热。但应当辨别脾胃伏火证与肝经郁热证的主次，来选择加减的药物，疗效乃更佳。

4. 方药运用

代表方：凉膈散加减。

常用药：栀子、黄芩、大黄、芒硝、薄荷、连翘、竹叶、甘草。

方中栀子、黄芩、连翘主要清泻膈上之肺热；大黄、芒硝以清热泻火、攻下通便；竹叶以清肺胃之热，阴伤者且可生津；薄荷疏邪辟秽，以芳香植物的清正之气，起到匡扶正气、祛除浊气的作用；甘草则解毒，调和诸药，共奏清泻肺胃之热的功效。若小动物伴有咳嗽、咽喉红肿的症状，可加板蓝根、桔梗、牛蒡子、山豆根，以清热、消肿、止咳；若小动物口疮的周围发生水疱，可加薏苡仁、木贼、木通、滑石、车前子，以清热化湿。

（三）阴虚火旺

1. 临床表现

小动物口疮病程缠绵，容易反复发作，溃疡点的部位多数在舌根或舌下，溃疡周围轻微红肿，触诊溃疡点有轻微回避反应。小动物饮水量增多，睡眠时间减少，四肢脚垫潮热，舌质红但津液缺失、略显干燥，舌苔减少甚至光剥无苔，脉细数。

2. 辨证提要

（1）辨证要点。口疮反复发作，多发生在舌根或舌下，口疮周围红肿不明显。

（2）辨偏于胃阴不足证。胃为阳土，喜润恶燥，当胃阴不足时，胃失濡养，小动物口腔干燥津液缺少，但饮水量并无明显增多。胃中津液充足，才能消化水谷，胃阴亏虚小动物食欲下降，消化不良。口疮部位多发生在舌头边缘、舌下、舌腹，小动物不喜运动，喜趴伏一处不动，粪便前段偏硬、后段稀软，舌质红，舌苔减少，脉濡数。

（3）辨兼湿热证。湿性黏腻，兼有湿热的小动物口疮表面会有大量黄色污浊、垢腻的分泌物，且口疮周围红肿，触摸之下疼痛反应剧烈。湿性缠绵，兼有湿热的口疮更易反复发作，绵延不愈，小动物口腔干燥，舌质红，舌苔少，脉细数。

3. 理法概要

阴虚可由多种原因引发，病久伤阴、过量服用温燥药物、热病后期，或生来阴虚，均会灼烧耗损阴液，导致真阴匮乏，阴虚则生内火，虚火循经上炎，发生口疮，因此治疗应当以滋阴降火为主。

4. 方药运用

代表方：知柏地黄丸加味。

常用药：知母、黄柏、熟地、山药、山萸肉、丹皮、泽泻、茯苓、天冬、麦冬、沙参、玄参。

方中熟地、山茱萸肉、丹皮、泽泻、山药、茯苓乃是六味地黄汤组成，主要起滋阴补肾的功效；而沙参、玄参、天冬、麦冬均可滋水养心；知母、黄柏可降虚火，共奏滋阴降火之功效。若是脾阴不足的小动物，可加味沙参麦门冬汤，以增滋阴之功；若是兼有湿热的小动物，可加味甘露饮，以增清热祛湿之功效。

（四）阳虚火浮

1. 临床表现

小动物口疮颜色偏淡，相比其他证候并不发红，口疮的面积大，凹陷深，表面呈灰白色，日久不愈，触摸溃疡点疼痛反应轻微，但在喂服凉性食物、药物后症状可加重。触摸小动物腹部膨胀，虚寒小动物喜暖，故触摸四肢及耳尖冰凉，不喜活动、喜欢到温热处趴伏，表现出食欲降低，粪便稀软便溏，舌质淡，舌苔白，脉沉弱或浮大无力。

2. 辨证提要

（1）辨证要点。口疮色淡不红，触摸疼痛反应轻微，日久不愈，喂服凉性食物、药物后症状可加重。

（2）辨寒湿困脾。寒湿困脾小动物的口疮表面颜色发白，周围无红肿，触摸无疼痛反应，触摸小动物四肢及耳尖冰凉，小动物困倦嗜睡，食欲减少，便溏，舌质淡，舌苔白腻，脉濡缓。

3. 理法概要

久病体虚或生来脾肾阳虚的小动物，阳虚生内寒，寒气在内，虚火在外，无根之火上浮，熏蒸口腔，造成口疮，因此治疗应当以温补脾肾、敛火散寒为主。并且根据小动物兼有痰湿的情况，配合以健脾祛湿的治法。

4. 方药运用

代表方：附子理中汤。

常用药：党参、甘草、白术、干姜、附子。

附子理中汤是治太阴虚寒证的主方，具有温中复阳、调理中焦阴阳的作用，故名曰理中汤。方中党参、白术可补中益气、主补脾气；干姜、附子可温阳散寒、温化寒湿；甘草补中益气，调和诸药，共同发挥温补脾肾、敛火散寒的功效。脾阳振，寒湿去，则清浊升降复常。若是湿阻中焦的小动物，可加茯苓、泽泻，以健脾祛湿。

第五节　预防调护

当小动物患有口疮以后，平时应注意保持小动物口腔清洁，可使用清洁口腔的漱口水类产品，或者将金银花、连翘、大青叶、板蓝根、甘草煎熬出汤汁后，做漱口使用。定期查看小动物粪便情况，保持粪便通畅，一旦发现便秘，及时使用通降类产品。喂食时间及每次喂食量确定，保持小动物饮食规律，不过度运动，创造安静舒适的睡眠环境，保证小动物充足的睡眠。心火妄动、心脾积热的小动物，应注意环境舒适，不要发生变化，避免应激因素或情绪刺激，以防加重病情。

患有口疮的小动物，尤其需要注意饮食的选择，应当根据具体证候给予正确科学的护理。实火口疮的小动物应注意不要摄入人的食物，尤其规避带有辣味或油腻肥肉、鱼类食物。阳虚的小动物应注意不要摄入生冷食物如水果、冰激凌等。同时，选用流质湿粮或软质的日粮，可避免过硬、颗粒过大的食物损伤口腔溃疡处。

参考文献

陈武，姜代勋，2023. 小动物针灸学[M]. 北京：中国农业出版社.

何晓辉，2024. 内经脾胃理论新运用[M]. 北京：中国中医药出版社.

胡元亮，2019. 中兽医验方与妙用精编[M]. 北京：化学工艺出版社.

胡元亮，2023. 中兽医学[M]. 北京：科学出版社.

贾海忠，2020.《脾胃论》临证解读[M]. 北京：人民卫生出版社.

李杲，2021. 脾胃论[M]. 吕凌，战佳阳，校注. 北京：科学出版社.

罗永江，郑继方，2018. 中兽医古籍选释荟萃[M]. 北京：中国农业出版社.

秦韬，2023. 兽医中药药理学[M]. 北京：中国农业出版社.

吴勉华，石岩，2021. 中医内科学[M]. 北京：中国中医药出版社.

许文武，2021. 犬针灸穴位图谱[M]. 沈阳：辽宁科学技术出版社.

赵学思，2019. 宠物中医药临证指南[M]. 北京：中国农业科学技术出版社.

钟秀会，2010. 中兽医手册[M]. 北京：中国农业出版社.

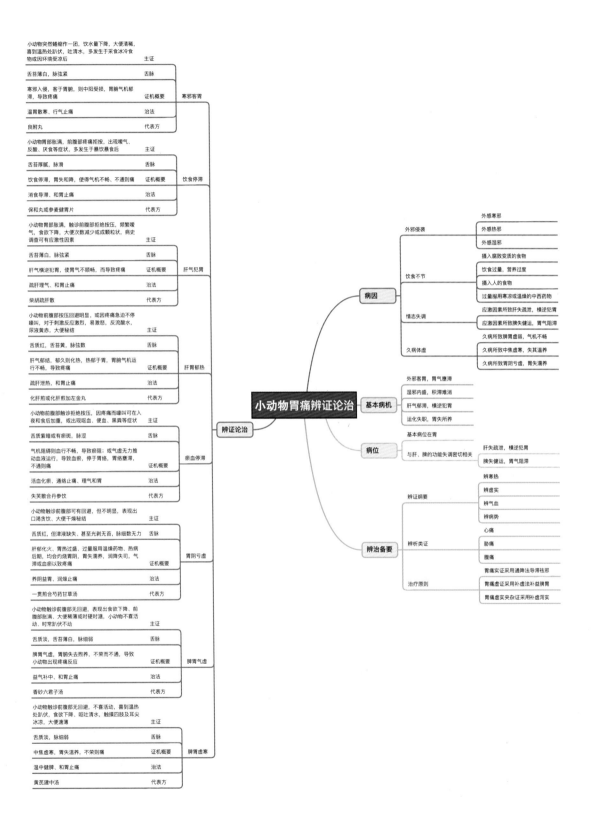

小动物突然蜷缩作一团，饮水量下降，大便清稀，喜到温热处趴伏，吐清水，多发生于采食冰冷食物或因环境受凉后 —— 主证

舌苔薄白，脉弦紧 —— 舌脉

寒邪入侵，客于胃脘，则中阳受损，胃脘气机郁滞，导致疼痛 —— 证机概要

温胃散寒、行气止痛 —— 治法

良附丸 —— 代表方

寒邪客胃

小动物胃部胀满，前腹部疼痛拒按，出现嗳气、反酸、厌食等症状，多发生于暴饮暴食后 —— 主证

舌苔厚腻，脉滑 —— 舌脉

饮食停滞，胃失和降，使得气机不畅、不通则痛 —— 证机概要

消食导滞、和胃止痛 —— 治法

保和丸或参麦健胃片 —— 代表方

饮食停滞

小动物胃部胀满，触诊前腹部拒绝按压，频繁嗳气，食欲下降，大便次数减少或成颗粒状，病史调查可有应激性因素 —— 主证

舌苔薄，脉弦紧 —— 舌脉

肝气横逆犯胃，使胃气不顺畅，而导致疼痛 —— 证机概要

疏肝理气、和胃止痛 —— 治法

柴胡疏肝散 —— 代表方

肝气犯胃

小动物前腹部按压回避明显，或因疼痛急剧不停嚎叫，对于刺激反应激烈，易激怒、反流酸水，尿液黄赤、大便秘结 —— 主证

舌质红，舌苔黄，脉弦数 —— 舌脉

肝气郁结，郁久则化热，热郁于胃，胃脘气机运行不畅，导致疼痛 —— 证机概要

疏肝泄热、和胃止痛 —— 治法

化肝煎或化肝煎加左金丸 —— 代表方

肝胃郁热

小动物前腹部触诊拒绝按压，因疼痛而嚎叫可在入夜和食后加重，或出现呕血、便血、黑粪等症状 —— 主证

舌质紫暗或有瘀斑，脉涩 —— 舌脉

气机阻滞则血行不畅，导致瘀阻；或气虚无力推动血液运行，导致血瘀，停于胃络，胃络瘀滞，不通则痛 —— 证机概要

活血化瘀、通络止痛、理气和胃 —— 治法

失笑散合丹参饮 —— 代表方

瘀血停滞

小动物触诊前腹部可有回避，但不明显，表现出口渴贪饮、大便干燥秘结等 —— 主证

舌质红，但津液缺失，甚至光剥无苔，脉细数无力 —— 舌脉

肝郁化火、胃热过盛、过量服用温燥药物、热病后期，均会灼伤胃阴，胃失濡养，润降失司，气滞或血瘀以致疼痛 —— 证机概要

养阴益胃、润燥止痛 —— 治法

一贯煎合芍药甘草汤 —— 代表方

胃阴亏虚

小动物触诊前腹部无回避，表现出食欲下降、前腹部胀满、大便稀薄或时硬时溏，小动物不喜活动，时常趴伏不动 —— 主证

舌质淡，舌苔薄白，脉细弱 —— 舌脉

脾胃气虚，胃脘失去濡养，不荣而不通，导致小动物出现疼痛反应 —— 证机概要

益气补中、和胃止痛 —— 治法

香砂六君汤 —— 代表方

脾胃气虚

小动物触诊前腹部无回避，不喜活动，喜到温热处趴伏，食欲下降、呕吐清水，触摸四肢及耳尖冰凉，大便溏薄 —— 主证

舌质淡，脉细弱 —— 舌脉

中焦虚寒，胃失温养，不荣则痛 —— 证机概要

温中健脾、和胃止痛 —— 治法

黄芪建中汤 —— 代表方

脾胃虚寒

辨证论治

小动物胃痛辨证论治

病因
- 外邪侵袭
  - 外感寒邪
  - 外感热邪
  - 外感湿邪
- 饮食不节
  - 摄入腐败变质的食物
  - 饮食过量，营养过度
  - 摄入人的食物
  - 过量服用寒凉或温燥的中西药物
- 情志失调
  - 应激因素所致肝失疏泄，横逆犯胃
  - 应激因素所致脾失健运，胃气阻滞
- 久病体虚
  - 久病所致脾胃虚弱，气机不畅
  - 久病所致中焦虚寒，失其温养
  - 久病所致胃阴亏虚，胃失濡养

基本病机
- 外邪客胃，胃气壅滞
- 湿邪内盛，积滞难消
- 肝气郁滞，横逆犯胃
- 运化失职，胃失所养

病位
- 基本病位在胃
- 与肝、脾的功能失调密切相关
  - 肝失疏泄，横逆犯胃
  - 脾失健运，胃气阻滞

辨治备要
- 辨证纲要
  - 辨寒热
  - 辨虚实
  - 辨气血
  - 辨病势
- 辨析类证
  - 心痛
  - 胁痛
  - 腹痛
- 治疗原则
  - 胃痛实证采用通降法导滞祛邪
  - 胃痛虚证采用补虚法补益脾胃
  - 胃痛虚实夹杂证采用补虚泻实

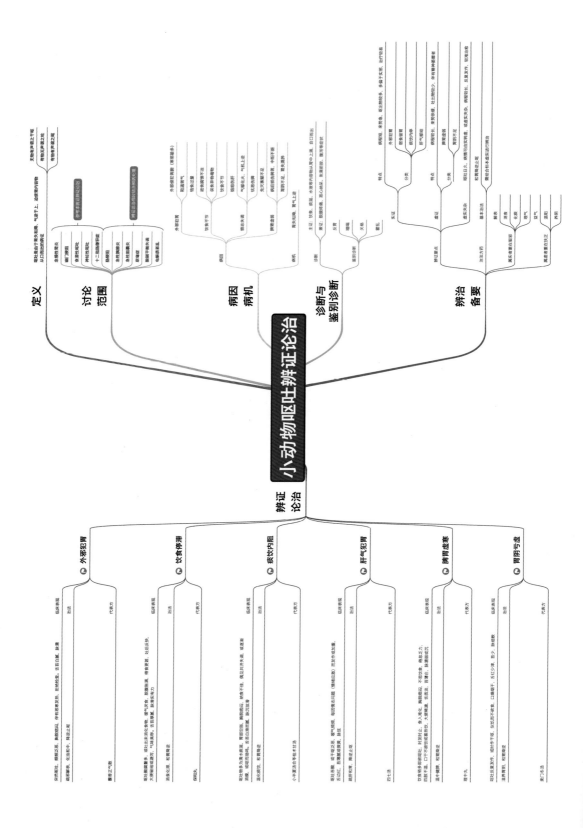

小动物泄泻辨证论治

证治分类

寒湿内盛
- 泄泻清稀，甚则如水样 —— 主证
- 脘闷食少，腹痛肠鸣，若兼外感风寒，则恶寒发热，喜卧拒按，苔薄白，脉浮 —— 兼证
- 舌质淡，苔白腻，脉濡缓 —— 舌脉
- 寒湿内盛，脾失健运，清浊不分 —— 证机概要
- 散寒化湿 —— 治法
- 藿香正气散 —— 代表方

湿热伤中
- 泄泻腹痛，泻下急迫或泻而不爽，粪色黄褐，气味臭秽 —— 主证
- 肛门红肿，抓咬，口干贪饮，小便短黄 —— 兼证
- 舌质红，苔黄腻，脉滑数或濡数 —— 舌脉
- 湿热壅滞，损伤脾胃，运化失常 —— 证机概要
- 清热燥湿，分利止泻 —— 治法
- 葛根芩连片 —— 代表方

食滞胃肠
- 腹痛肠鸣，泻下粪便，臭如败卵，泻后痛减 —— 主证
- 脘腹胀满，嗳腐酸臭，不思饮食 —— 兼证
- 舌苔垢浊或厚腻，脉滑 —— 舌脉
- 宿食内停，阻滞肠胃，传化失司 —— 证机概要
- 消食导滞 —— 治法
- 保和丸、枳实导滞丸、参麦健胃片 —— 代表方

脾胃虚弱
- 大便时溏时泻，迁延反复，稍进油腻食物则大便次数明显增加 —— 主证
- 食少，食后脘闷不舒，面色萎黄，神疲倦怠 —— 兼证
- 舌质淡，苔白，脉细弱 —— 舌脉
- 脾虚失运，清浊不分 —— 证机概要
- 健脾益气，化湿止泻 —— 治法
- 参麦健胃片、参苓白术散、理中丸、补中益气汤 —— 代表方

肝气乘脾
- 兼有胸胁胀满，嗳气食少，每因抑郁恼怒或情绪紧张之时则发生腹痛泄泻 —— 主证
- 腹中雷鸣，攻窜作痛，生气频发 —— 兼证
- 舌淡红，脉弦 —— 舌脉
- 肝气乘脾，气机不利，脾失健运 —— 证机概要
- 抑肝扶脾 —— 治法
- 痛泻要方 —— 代表方

肾阳虚衰
- 黎明前，脐腹作痛，肠鸣泻下，泻下完谷，泻后则安 —— 主证
- 形寒肢冷，腰膝酸软 —— 兼证
- 舌淡，苔白，脉沉细 —— 舌脉
- 温肾健脾，固涩止泻 —— 治法
- 四神丸加减、附子理中丸 —— 代表方

病因
- 感受外邪
  - 寒湿
  - 湿热
- 饮食所伤
  - 饱食过量-宿食内停
  - 恣啖生冷-寒食交阻
  - 酒酪肥厚-湿热内蕴
  - 腐馊不洁-伤及脾胃
- 情志失调
  - 郁怒伤肝-木横乘土
  - 忧思气结-脾失健运
- 劳倦伤脾
- 病后脾虚 —— 脾肾阳虚

基本病机
- 脾虚
- 湿盛

病位
- 大肠、小肠
  - 小肠不能分清泌浊
  - 大肠传导失常
- 肝
  - 肝气不舒，横逆侮脾
  - 脾胃虚弱，土虚木乘
- 肾
  - 脾病及肾
  - 久病伤肾
  - 年老肾衰

辨证纲要
- 辨暴泻、久泻
- 辨虚实
- 暴泻辨寒热
- 久泻辨脏腑

治疗原则
- 健脾化湿
- 抑肝扶脾
- 温肾健脾

小动物痢疾辨证论治

病因

- 外感时邪疫毒
  - 湿热
  - 疫毒
  - 寒湿
- 内伤饮食
  - 饮食不洁
  - 暴饮暴食
- 肠中有滞

基本病机

- 气血为滞
- 湿邪蕴结

病位

- 基本病变在大肠
- 与其他脏器密切相关

辨治备要

- 辨证明要
  - 脾
  - 胃
  - 肝
- 辨证类证
  - 辨虚实
  - 辨寒热
  - 辨痢色
  - 辨痢疾预后
- 治疗原则
  - 泄泻
  - 痢疾
  - 热痢实则清之
  - 寒痢虚则温之
  - 初病实者通之
  - 久痢虚则补之
  - 寒热交错者清温并用
  - 虚实夹杂者攻补兼施

辨证论治

湿热痢

- **主证**：小动物腹痛，里急后重，痢下赤白黏血，黏稠如胶冻，或者有些病例初起一二日为水泻，继而转为黏液脓血便且腥臭，肛门灼热，小便短赤
- **舌脉**：舌苔黄腻，脉滑数
- **证机概要**：湿热积滞，运化失常，传导失司，气血阻滞，肠中血络脂膜受损
- **治法**：清肠化湿，调气和血
- **代表方**：芍药汤

疫毒痢

- **主证**：主要指小动物临床表现为急性的消化系统性传染病，一般起病较急，痢下鲜紫脓血，腹痛剧烈，小动物饮水量和次数增加，后重之感表现明显，频繁做出排便动作
- **舌脉**：舌质红绛，舌苔黄燥，脉数
- **证机概要**：湿热疫邪壅盛肠道，灼伤气血，耗伤津液
- **治法**：清热解毒，凉血除积
- **代表方**：白头翁汤加减

寒湿痢

- **主证**：痢下赤白黏液，白多赤少，有时为纯白冻，黏血黏稠，或下鲜血，里急后重，小动物有精神倦怠，里急后重，食欲下降，精神萎靡
- **舌脉**：舌质淡，苔白腻，脉濡缓
- **证机概要**：寒湿秽浊阻肠中津凝凝滞，运化失常，气血凝涩导致肠中津液凝滞，传导失司
- **治法**：温中燥湿，调气和血
- **代表方**：不换金正气散

阴虚痢

- **主证**：痢下赤白黏液，迁延难愈，黏血黏稠，或下鲜血，真使量少且里急后重明显，有些小动物在半夜也会频繁下痢，整日表现神疲乏力，精神萎靡
- **舌脉**：舌红绛，少津，苔少，脉细数
- **证机概要**：阴液亏虚，余邪积滞肠中虚热内生
- **治法**：养阴清肠，清肠化湿
- **代表方**：黄连阿胶汤合驻车丸

虚寒痢

- **主证**：久痢不愈，无腹痛，带有白冻，腹部畏寒时喜按，饮水减少，食少神疲，四肢不温，可能有滑脱不禁导致脱肛下坠
- **舌脉**：舌淡苔薄白，脉沉细弱
- **证机概要**：脾肾阳虚，寒湿阻滞
- **治法**：温补脾肾，收涩固脱
- **代表方**：桃花汤合真人养脏汤

休息痢

- **主证**：在小动物临床中，休息痢也较为常见，时作时止，经久不愈，往往是由于饮食变化，变凉或过度奉饲等导致，也见于情绪应激，可由环境变化应激等导致，或腹痛发生时，或腹痛也导致，收湿太早，大便次数增多，粪便带有赤白黏冻，里急后重则显著
- **舌脉**：舌苔腻，苔腻，脉濡细
- **证机概要**：病邪留连，治疗不彻底，脾胃虚弱，大肠传导失司，休息痢留的为主要病机
- **治法**：温中清肠，调气和血
- **代表方**：连理汤

噤口痢

- **主证**：小动物因为严重下痢或者呕吐导致食欲欲废绝，实证表现口臭，舌苔黄腻；也见于虚证，虚证表现胃阴败以下止，形体消瘦
- **舌脉**：舌淡，脉细弱
- **证机概要**：虚证多因小动物素体虚弱，或者久病伤身，或者气阴两亏，胃气上逆所致
- **治法**：补脾和胃，降逆止呕
- **代表方**：开噤散加减

小动物便血辨证论治

病因
- 胃热伤络
- 肝气郁滞
- 饮食不节
- 脾胃虚弱

基本病机
- 火
- 虚

病位
- 胃肠
  - 先便后血
  - 纯下黑便
- 大肠
  - 血色鲜赤
  - 先血后便

辨证纲要
- 辨部位
  - 胃肠
  - 大肠
- 辨寒热湿邪
  - 寒
  - 热
  - 湿
- 辨虚实
  - 实 — 火热损伤胃肠、湿热内蕴胃肠
  - 虚 — 脾胃气虚、素体虚弱
- 辨顺逆
  - 出血量少，治疗很快止血为顺
  - 出血量多，精神萎靡者为逆

治疗原则
- 实热者
  - 清热泻火
  - 凉血止血
- 虚寒者
  - 补中益气
  - 养血止血
- 寒热虚实夹杂
  - 攻补兼施
  - 寒热并用

辨证论治

实证

胃中积热
- 临床表现：便血血色紫黑或暗红，口渴且喜冷饮，小动物会有腹痛表现，大便干燥，舌苔黄，脉数
- 证机概要：火邪内蕴于胃，灼伤胃络，血溢脉络外，下注大肠而便血
- 治法：清胃泻火，止血凉血
- 代表方：葛根芩连汤加味

热毒内结大肠
- 临床表现：便血鲜红，腹痛，肛门红肿，口干鼻镜干燥，大便干燥至便秘，舌红苔黄，脉清数
- 证机概要：火邪热毒，蕴结大肠，灼伤肠络
- 治法：清热解毒，凉血止血
- 代表方：约营煎加减

湿热蕴结肠道
- 临床表现：大便带血，血色不鲜或黑紫，大便黏腻，排便不畅，饮食减少，舌苔黄腻，脉满数
- 证机概要：肥胖或者营养过剩的小动物较多发。湿热蕴结大肠，损伤肠络
- 治法：清热化湿，凉血止血
- 代表方：地榆散合赤小豆当归散加味

虚证

脾胃虚寒
- 临床表现：大便下血，血色黯淡，腹痛不明显，喜暖喜按，脉沉细，形寒肢冷，大便溏泄，舌质淡，细无力
- 证机概要：脾胃虚弱或者饮食不节，导致脾胃损伤，脾不统血，血随便而出，或者便血日久不愈，更近一步导致阳衰而阴阳不相守，加重便血
- 治法：温补脾胃，坚阴止血
- 代表方：黄土汤

脾不统血
- 临床表现：便血时多时少，时发时止。血色紫暗，牙龈和粘组织膜苍白，神倦乏力，食欲减退，舌淡，脉弱
- 证机概要：脾不统血为此的主要病机
- 治法：补脾益气，养血摄血
- 代表方：归脾汤

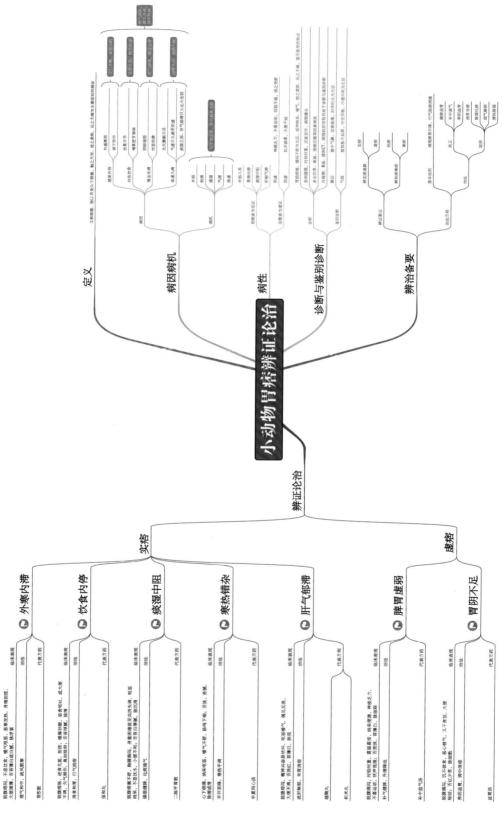

小动物腹痛辨证论治

病因
- 外感六淫 — 外感风、寒、暑、热、湿诸邪入侵腹中
- 饮食不节
  - 摄入腐败变质的食物
  - 饮食过量，营养过剩
  - 摄入人的食物
  - 过量服用寒凉或温燥的中西药物
- 情志失调
  - 家庭成员、环境、食物等发生变化
  - 多猫家庭等长期处于精神压抑状态
- 素体阳虚
  - 天生阳虚体质
  - 久病后中阳亏虚
  - 久病后阴血不足
- 跌打损伤，腹部手术 — 跌打损伤或腹部手术形成腹中瘀血

基本病机
- 气机阻滞，脉络痹阻，不通则痛
- 脾阳亏虚，气血不足，不荣而痛

病位
- 病位在脾胃、肝胆、肠腑
- 与肝、脾、肠道的功能失调密切相关

辨治备要
- 辨证纲要
  - 脾失健运，气机阻滞
  - 肝失疏泄，气机阻滞
  - 肠道腑气不利，气机阻滞
  - 辨寒热
  - 辨虚实
- 辨析类证
  - 辨腹痛部位
  - 辨气血
  - 辨缓急
  - 胃痛
  - 痢疾
  - 霍乱
  - 外科腹痛
- 治疗原则
  - 腹痛实证法阴导滞
  - 腹痛虚证温中补虚
  - 虚实夹杂证实泻虚实

辨证论治

寒邪内积
- 主证：起病急，畏寒喜暖，腹痛遇冷加重，得温减轻，饮水量下降，多发生于采食冰冷食物或居环境受凉后
- 舌脉：舌苔薄白，脉弦紧
- 证机概要：寒邪内积，阳气不通，气血痹阻
- 治法：温阳散寒，理气止痛
- 代表方：正气天香散

热结肠胃
- 主证：起病缓，腹痛为阵发性，腹部胀满拒按明显，大便秘结
- 舌脉：舌质红，舌苔黄腻或焦黄，脉弦数
- 证机概要：热结肠胃，腑气不通，以致疼痛
- 治法：通腑泻热，行气导滞
- 代表方：大承气汤

饮食停积
- 主证：触诊腹部胀满拒按明显，嗳气，腹痛在采食后加重，排便后减轻，食欲下降
- 舌脉：舌苔厚腻，脉沉滑
- 证机概要：饮食停积，肠胃壅滞，不通而痛
- 治法：消食导滞，下气和胃
- 代表方：保和丸或枳实导滞丸

气滞腹痛
- 主证：触诊腹部胀满拒按，疼痛部位不定，可波及腹部或少腹，频繁嗳气，易怒，应激或情绪刺激数是辨证的重要因素
- 舌脉：舌苔薄，脉弦
- 证机概要：肝气郁滞，气机郁滞，不通而痛
- 治法：疏肝理气，缓急止痛
- 代表方：柴胡疏肝散合甘草汤

血瘀腹痛
- 主证：触诊腹部拒按，疼痛部位固定为一处，且持续时间已久
- 舌脉：舌质紫暗或有瘀斑，脉细涩
- 证机概要：瘀血停滞，络脉受阻，不通而痛
- 治法：活血化瘀，连络止痛
- 代表方：少腹逐瘀汤

脾胃虚寒
- 主证：触诊腹部无回避，喜温喜按，不喜活动，常到温热处卧伏状
- 舌脉：舌质淡，苔薄白，脉沉细
- 证机概要：脾胃虚寒，络脉失养，气血不畅
- 治法：温中散寒，缓急止痛
- 代表方：小建中汤

小动物便秘辨证论治

病因

- 外邪侵袭
  - 外感风热诸邪
- 饮食不节
  - 饮食过度，营养过度
  - 过量采食人的食物
  - 过量服用寒凉或温燥的中西药物
  - 环境变化等应激因素
- 情志失调
  - 长期处于精神压抑和状态
- 久病体虚
  - 久病所致阴血虚，大肠传送无力
  - 久病所致阳虚，肠道失于温养
  - 久病所致阴虚，肠道阴寒凝结

基本病机

- 肠胃积热，耗伤津液
- 气机郁滞，通降失常
- 脾肺气虚，糟粕内停
- 阴血亏虚，肠道失润
- 脾肾阳虚，阴寒内结

病位

- 基本病位在大肠
- 与脾、胃、肺、肾的功能失调密切相关

辨治备要

- 辨证纲要
  - 脾胃升降失司，浊阴下行受阻
  - 肠失下移大肠，津枯粪便燥结
  - 肝气郁滞中焦，大肠传导失司
  - 肾阳不足；肾阴亏损，肠道传导无司
- 辨析类证
  - 辨证候特点
  - 辨证候
  - 辨病象虚实
  - 辨虚实
  - 聚散
  - 肠结
  - 积聚
- 治疗原则
  - 肠胃积热则用寒下法
  - 阴寒凝滞则用温下法
  - 津液耗损，阴血亏虚则用润下法
  - 软不严重，服药无用便秘则用外导法

辨证论治

肠胃积热

- 主证：小动物粪质干燥，排便不畅可数日才排一次，腹部胀满，触诊拒绝按压
- 舌脉：舌质红，舌苔黄或黄燥，脉滑数
- 证机概要：肠胃积热，耗伤津液，热邪与脾结于肠道，则大便干燥
- 治法：泻热导滞，润肠通便
- 代表方：麻子仁丸或麻子仁丸加减

气机郁滞

- 主证：大便秘结，可见排便姿势却无大便排出，频繁嗳气部拒绝按压，频繁嗳气
- 舌脉：舌苔薄腻，脉弦
- 证机概要：精神压抑或处于应激状态、肝郁气滞耗伤脾胃之气，腑气不通，气失升降则大肠传导失常，导致便秘
- 治法：舒肝理脾，降气通便
- 代表方：六磨汤或大磨汤加减

脾肺气虚

- 主证：可有频繁排便姿势，用力努责，但无大多类便排出，大便又无干硬，不蓄运动，多则状不动
- 舌脉：舌质淡，苔薄白，脉虚细弱
- 证机概要：脾肺气虚，宗气不足，则大肠传导无力，糟粕内停，形成便秘
- 治法：补脾益肺，润肠通便
- 代表方：黄芪汤、失笑散合丹参饮

阴血亏虚

- 主证：小动物粪便干燥或成颗粒状，排出困难，皮毛干燥，触摸下降，翻卷膜色淡
- 舌脉：舌质淡红，舌苔少，脉沉迟或细数
- 证机概要：血虚阴亏，肾阴不足，不能滋润大肠，大肠失于濡润肠道干涩则肠道干涩，大便干结
- 治法：润肠通便
- 代表方：润肠丸

脾肾阳虚

- 主证：小动物粪便干硬或无干硬，排出困难，腹部触诊温凉，喜到温热处卧伏，触摸四肢耳尖冰凉，尿液色淡且尿量增加
- 舌脉：舌质淡，苔白，脉沉迟或微弱涩
- 证机概要：脾肾阳虚，阳气不布，肠道失去温煦，则阴寒内结，凝于肠道，导致大肠传导失司，而成便秘
- 治法：补肾温阳，润肠通便
- 代表方：温脾汤或济川煎，半硫丸

小动物厌食辨证论治

辨证论治

寒湿困脾
- 食欲下降，发病急，频繁呕吐姿势，多发生于采食冰冷食物或因环境受凉后 — 主证
- 舌苔白腻，脉濡缓 — 舌脉
- 寒邪入侵，客于脾胃，中阳受损，易寒湿困脾，脾胃纳化失常，发生厌食 — 证机概要
- 散寒化湿、醒脾开胃 — 治法
- 藿香正气散 — 代表方

宿食内停
- 食欲下降，闻到或看到食物有呕吐姿势，嗳气、反酸，多发生于不科学饮食后 — 主证
- 舌苔厚腻，脉滑 — 舌脉
- 饮食停滞，胃失和降，使得气机阻滞，发生厌食 — 证机概要
- 消食化积、理气和胃 — 治法
- 保和丸或参麸健胃方 — 代表方

湿热中阻
- 食欲下降明显，触诊前腹部胀满，不喜活动常趴伏不动 — 主证
- 舌质红，苔黄腻 — 舌脉
- 湿热内蕴于脾胃，壅滞气机，导致脾胃升降失调、纳化失司，发生厌食 — 证机概要
- 清热利湿、行气和胃 — 治法
- 三仁汤或葛根芩连汤 — 代表方

肝脾不调
- 食欲下降，触诊腹部胀满或拒按，应激因素可加重病情 — 主证
- 舌苔薄白，脉弦 — 舌脉
- 肝郁结，气机不畅，脾失健运，以致脾胃纳化失常，发生厌食 — 证机概要
- 疏肝解郁、理气健脾 — 治法
- 逍遥散 — 代表方

胃阴不足
- 对食物闻味即走或采食少量即停，口渴贪饮、饮水量增加 — 主证
- 舌红，苔少，缺乏津液，脉细或细数 — 舌脉
- 肝郁化火、胃热过盛、热病后期，可灼烧损胃阴，胃失濡润不能腐熟水谷，润降失司，发生厌食 — 证机概要
- 以养阴生津、消食开胃 — 治法
- 益胃汤 — 代表方

脾胃气虚
- 食欲下降，采食少量食物即停，触诊前腹部胀满，不喜活动常趴伏不动 — 主证
- 舌质淡红，苔薄白，脉缓慢而弱 — 舌脉
- 脾胃气虚，气虚则无力，导致脾胃纳化不能，发生厌食 — 证机概要
- 健脾益气、和胃补中 — 治法
- 香砂六君子汤 — 代表方

病因

外邪侵袭
- 外感寒邪
- 外感热邪
- 外感湿邪

饮食不节
- 摄入腐败变质的食物
- 饮食不规律，营养过度剩
- 摄入人的食物
- 过量服用寒凉或温燥的中西药物

情志失调
- 应激因素所致肝失疏泄，横逆犯胃
- 应激因素所致脾失健运，纳化失司

脾胃虚弱
- 久病所致胃阴不足
- 运动过度损伤中气

基本病机
- 外邪客胃，气机失调
- 宿食内停，积滞难消
- 肝气郁结，横逆犯胃
- 气阴不足，纳化无力

病位
- 基本病位在脾胃 — 脾胃失调，纳化失司
- 与肝的功能失调密切相关 — 肝失疏泄，横逆犯胃

辨治备要

辨证纲要
- 辨寒热
- 辨虚实
- 辨顺逆
- 辨喘

辨析类证

治疗原则
- 厌食实证以祛邪为先
- 厌食虚证以扶正为要
- 虚实夹杂证需补虚泻实

小动物口疮辨证论治

病因

- 外邪侵袭：以外感风、火、燥邪多见
- 饮食不节
  - 摄入腐败变质的食物
  - 饮食过量，营养过剩
  - 摄入人的食物
  - 过量服用燥热的中西药物
- 情志失调
  - 家庭成员、环境、食物等发生变化
  - 多纽家庭等长期处于精神压抑状态
- 素体阴虚
  - 天生阴虚阳明
  - 热病后期阴伤
- 久病体虚
  - 过度运动损伤脾胃之阳
  - 久病或过量采食凉食物、药物，损伤到脾胃之阳
  - 天生脾胃阳虚

基本病机

火热循经上炎，熏蒸口舌，发为口疮

病位

- 病位在心、脾、胃、肾
- 病性有虚实之分

辨治备要

- 辨证纲要
  - 心脾积热，循经上炎
  - 肺胃蕴热，循经上炎
  - 阴虚内热，循经上炎
  - 阳虚浮火，循经上炎
- 辨性虚实
  - 辨虚热
  - 辨实
- 辨析类证
  - 辨病程及预后
  - 抓鉴别病
  - 口糜
- 治疗原则
  - 实火者清热、泻热
  - 虚火者补虚、温寒

辨证论治

心脾积热

- 主证：应激或情绪刺激可明显加重病情，溃疡点周围颜色鲜红，表面有黄白色分泌物，触诊回避明显或尖叫
- 舌脉：舌质红，舌苔黄，脉滑数
- 证机概要：脾胃积热，心火妄动，心脾积热后循经上炎，发生口腔，熏蒸于口腔，发生口疮
- 治法：清心火、泻脾热
- 代表方：泻黄散合导赤散

肺胃蕴热

- 主证：起病急，口疮数量多，表面有黄白色分泌物，口疮周围红肿，伴有咳嗽症状
- 舌脉：舌质红，舌苔黄，脉洪数
- 证机概要：邪热积聚于肺胃，循经络而上炎，熏蒸口腔咽喉，而成口疮
- 治法：清泻肺胃之热
- 代表方：凉膈散

阴虚火旺

- 主证：口疮反复发作，多发生在舌根或舌下，口疮周围红肿不明显
- 舌脉：舌质红，略感干燥，舌苔减少苔至光剥无苔，脉细数
- 证机概要：真阴匮乏，生内火，虚火循经上炎，发生口疮
- 治法：滋阴降火
- 代表方：知柏地黄丸

阳虚火浮

- 主证：口疮色淡不红，触摸疼痛反应轻微，喂服凉性食物，药物后症状可加重
- 舌脉：舌质淡，舌苔白，脉沉弱或浮大无力
- 证机概要：阳虚生阴寒，虚火在外，无根之火上浮，造成口疮
- 治法：温补脾肾，敛火散寒
- 代表方：附子理中汤

太子参   净山楂   乌梅

木瓜   炙甘草   山药

三七

茵陈

干姜

藿香

黄芪

人参